U0737709

"十二五"职业教育国家规划教材
经全国职业教育教材审定委员会审定

钢 筋 计 量

主 编 张 英
副主编 刘志彤
参 编 沈 蕾 余寅春 毛江才 赵 伟

机 械 工 业 出 版 社

本书是"十二五"职业教育国家规划教材，经全国职业教育教材审定委员会审定。全书依据 11G101 系列混凝土结构施工图平面整体表示方法制图规则和构造详图图集、《房屋建筑与装饰工程工程量计算规范》（GB 50854—2013）《混凝土结构设计规范》（GB 50010—2010）及近年陆续发布的系列规范，以实践能力模块来组织学习内容，以实际工程案例为主线，分 8 个能力模块培养钢筋计量的能力。模块内容主要包括平法钢筋计量背景知识，柱、剪力墙、梁、板、楼梯、基础等构件的钢筋计量，钢筋计量软件的运用。

本书可作为工程造价等相关专业的教材，也可供相关技术人员参考。

为方便教学，本书配有电子课件，凡使用本书作为教材的教师可登录机械工业出版社教育服务网 www.cmpedu.com 注册下载。咨询邮箱：cmp-gaozhi@sina.com。咨询电话：010-88379375。

图书在版编目（CIP）数据

钢筋计量/张英主编 . —北京：机械工业出版社，2016.8

"十二五"职业教育国家规划教材　经全国职业教育教材审定委员会审定

ISBN 978-7-111-54482-1

Ⅰ . ①钢… 　Ⅱ . ①张… 　Ⅲ . ①钢筋混凝土结构 – 结构计算 – 高等职业教育 – 教材　Ⅳ . ①TU375.01

中国版本图书馆 CIP 数据核字（2016）第 181272 号

机械工业出版社（北京市百万庄大街 22 号　邮政编码 100037）

策划编辑：覃密道　责任编辑：覃密道　于伟蓉

责任校对：张　薇　封面设计：陈　沛

责任印制：李　洋

三河市国英印务有限公司印刷

2016 年 9 月第 1 版第 1 次印刷

184mm×260mm·13 印张·309 千字

0001—3000 册

标准书号：ISBN 978-7-111-54482-1

定价：30.00 元

前　言

　　随着建筑业的快速发展，行业对从事钢筋计量的技术管理人才需求量越来越大。我国把职业教育作为社会发展的重要基础和教育工作的战略重点，培养建筑行业具备钢筋计量能力的应用型人才是职业教育发展的需要。为适应当前建设工程发展过程中钢筋计量人才的培养需要，我们编写了本书。

　　本书依据11G101系列混凝土结构施工图平面整体表示方法制图规则和构造详图图集、《房屋建筑与装饰工程工程量计算规范》（GB 50854—2013）、《混凝土结构设计规范》（GB 50010—2010）及近年陆续发布的系列规范编写，对平法原理及识读规则、构件受力分析及配筋计算、构件构造要求及施工工艺、钢筋计量理论和计算方法、构件间节点构造、实例工程钢筋计量流程和方法进行讲解，并分不同类型构件对钢筋计量的具体步骤、方法和技巧进行了系统阐述。经过系统整合，本书优化、实用化、体系化了钢筋计量能力构建模式，理清了构件钢筋计量的知识体系，融合了多门课程间的知识点，打通了课程间的壁垒，突出了各能力培养间的逻辑关系。

　　本书以工程实际案例为导线，注重内容的系统性、学习的实用性、应用的可操作性、知识体系的完整性、体系结构的合理性，理论与实践的紧密性。整本教材结构体系清晰，模块内深度逐步递进，阐述简明扼要、注重实用，图文并茂，重点突出。本书在编写过程中融通了钢筋计量能力培养中的瓶颈，强调实用能力的培养。本书在编写内容与形式方面的特色如下：

　　1. 搭建起从"点"到"体"的系统钢筋计量能力

　　本书对接岗位要求，将钢筋计量综合能力层层细化为数个模块学习目标，详细梳理出了柱、梁、墙、板、楼梯、基础工程等的钢筋计量知识体系，不仅能够帮助读者掌握具体的钢筋计算这个"点"，更重要的是能够为读者建立起整幢建筑结构中钢筋计量知识系统的"体"。

　　2. 构建起清晰的模块知识体系

　　本书将建筑结构体系拆解为不同类型构件，每一类型构件的钢筋计量为一个能力模块。模块内遵循"受力分析—构件设计—平法识图—钢筋构造图解—钢筋计量—钢筋计量实训"的流程，逐步进行能力构建，搭建起便于读者理解的钢筋计量平台。

　　3. 推进以学生为主体的职业能力形成性学习

　　本书分8个能力模块，除模块一和模块八外，其余模块均由模块导读、能力模块学习目标、能力模块单元学习内容、实例工程钢筋计量实训、能力模块内容回顾、模拟测试组成。通过这种符合学习规律的逐层递进式能力形成引导，推进以学生为主体的模块能力形成性学习。

4. 以实用为核心，强调动手能力培养

本书以实践能力模块来组织学习内容，以实际工程案例为主线，从工程识图到钢筋计量，整个分析过程逻辑性强、条理清晰。教材中大幅度增加工程案例和技能训练内容，尽可能做到内容既客观实用、贴近工程实际，又简明扼要，达到培养读者独立进行钢筋计量的能力目标。

5. 模块内能力递进层级合理

本书通过对整套结构实例工程的钢筋计算，详细讲解了基础、柱、剪力墙、梁、板、楼梯等构件钢筋计量的基本原理和方法。模块培养目标清晰，模块内能力培养要求层层递进，知识体系环环相扣。

本书内容可按照 45~60 学时安排，建议学时分配如下：模块一（钢筋计量背景知识）为 4~6 学时；模块二（柱钢筋计量）为 8~10 学时；模块三（梁钢筋计量）为 8~11 学时；模块四（剪力墙钢筋计量）为 7~9 学时；模块五（板钢筋计量）为 6~8 学时；模块六（基础钢筋计量）为 8~10 学时；模块七（楼梯钢筋计量）为 4~6 学时。教师可根据不同的使用专业及教学要求灵活安排学时。模块八（钢筋计量软件）内容可作为学生能力提升的深入，供选（自）学。

本书由浙江水利水电学院张英担任主编，并负责统稿；由浙江水利水电学院刘志彤担任副主编。其他参与编写的人员有：浙江工业大学之江学院沈蕾、杭州莱茵达枫潭置业有限公司余寅春、杭州建设工程质量安全监督总站毛江才、浙江兴隆建设有限公司赵伟。本书编写人员全部具备国家相关职业资格，具备丰富的工程钢筋计量实践经验。本书具体编写分工为：张英编写模块一至模块七，刘志彤编写模块八，沈蕾、余寅春、毛江才、赵伟在本书的编写中提出了很好的建议，并提供了许多工程资料。

本书在编写过程中兼顾教学用书和读者自学，可作为工程造价、建筑经济、建筑管理、工程监理等专业的教材，也可作为建筑工程技术、造价管理、建筑经济人员在钢筋计量和工程管理方面自学的参考书目，还可作为土建施工类、工程管理类等考试的培训教材。

本书在编写过程中，参考和引用了国内文献资料，在此谨向原书作者表示衷心的感谢！

由于作者水平所限，书中难免有疏漏和不妥之处，敬请各位同行专家和广大读者批评指正（邮箱：zhangying_zj@126.com），以便我们不断改进，谢谢！

编　者

目　　录

引　言

1. 课程性质

本课程是工程造价、建筑经济、建筑工程管理专业的主干课程，是一门从基础理论融通到工程实际、从下部基础贯穿到上部主体结构的综合性强、涉及面广、强调实践能力的应用型课程。

本课程依据 11G101 系列混凝土结构施工图平面整体表示方法制图规则和构造详图图集、国家相关建筑结构规范和建筑结构图纸准确地编制钢筋工程量清单，进行建筑结构钢筋工程的计量。

2. 课程研究内容和任务

在工程造价的确定和控制过程中，钢筋计量是最复杂、最繁琐、非常综合、操作性强、又很实用的内容。钢筋计量能力的培养不仅需要熟练读图、识图，还需要熟悉工程力学、建筑结构、建筑材料、混凝土结构施工工艺和流程，更要深入理解结构规范、平法标准图集。钢筋计量在工程造价确定工作中是一个独立的分支，是造价人员的核心专业能力之一。

针对课程内容要求，本书以建筑结构体系为核心，以实例工程为导线，进行建筑结构中常见构件的钢筋计量。钢筋计量必须具备体系化的通用基础知识，本书设置了模块一综合阐述此部分内容。考虑到信息化技术的应用，读者对钢筋计量软件也要有所了解。

3. 课程特点及学习方法

钢筋计量是非常重要的经济性工作，其计量结果的正确性直接关系到工程造价的真实性和精确性。对于涉及建筑工程多门基础知识（工程力学、建筑结构、结构识图、建筑材料、施工工艺、施工组织）的这样一门实践性课程，正确的学习方法至关重要。

钢筋计量能力的培养，本书推荐的学习方法如下：

（1）正确进行建筑结构施工图的读图、识图

钢筋计量的前提是读图和识图，读者必须具有通过结构图纸信息迅速搭建整体建筑结构，快速在脑海中勾勒出构件三维空间实体及细部构造的能力。

（2）熟悉并理解相关规范及图集

钢筋工程量计算的主要依据是规范和图集，读者必须对国家颁布的相关结构设计计算和构造要求的技术规定、标准、规范以及混凝土结构设计平法图集有比较透彻的理解，如11G101 系列混凝土结构施工图平面整体表示方法制图规则和构造详图图集、《混凝土结构设计规范》（GB 50010—2010）和《房屋建筑与装饰工程工程量计算规范》（GB 50854—2013）等。

（3）掌握钢筋计量的流程

本书在编写过程中，考虑到知识学习到能力构建流程的特点，将整体建筑结构进行了拆分，即知识讲解按照"建筑结构—单根构件—单根钢筋"进行。书中的每个模块都是一类构件，模块内部的讲解根据单根钢筋进行，模块间的组合就是整个结构，即能力的整合遵循"点知识（单根钢筋）"—"面知识（单根构件）"—"体知识（建筑结构）"的顺序，据

此培养读者的整体计量能力。

本书中每一类型构件的钢筋计量为一个能力模块，模块内按照"受力分析—构件设计—平法识图—钢筋构造图解—钢筋计量—钢筋计量实训"的流程逐步进行能力构建，模块理清了构件钢筋计量的知识体系，融合了多门课程间的相关知识点，打通了课程间的壁垒，搭建起便于读者理解的钢筋计量平台。

（4）强调本课程与基础课程的关系

钢筋计量能力的构建需要建筑工程多门基础课程的支撑。学习钢筋计量课程中，必须综合运用多门课程的知识去解决问题。建筑材料提供了混凝土和钢筋的强度、材料性能；工程力学提供了不同类构件的内力计算参数；建筑结构研究构件的配筋和设计；施工工艺说明了施工过程中的钢筋制作、安装、接长的操作。

（5）重视工程实践和规范图集的具体应用

钢筋计量是一门理论性和实践性都较强的课程。在学习过程中，一方面要重视基础知识和基本理论的学习；另一方面还应有目的地到施工现场参观、学习，增强感性认识，积累工程经验。

（6）熟练使用钢筋计量软件

钢筋计量软件可以显著加快计算的速度，提高计算效率，修改方便，所出报表质量较好，用钢筋计量软件进行计量是整个行业发展的必然趋势。

模块一　钢筋计量背景知识

模块导读

本模块主要介绍进行钢筋计量所需要的基础知识。

本书以建筑结构体系为核心，将建筑结构拆解为柱、剪力墙、梁、板、楼梯、基础等构件，针对每一类构件展开模块能力构建的阐述。进行钢筋计量所需要的通用知识在本模块中进行统一的介绍。

能力模块学习目标

通过对本能力模块的学习，要求掌握钢筋计量基本理论、建筑结构构造、抗震设计基础知识、建筑材料基础等，掌握混凝土结构施工图平面整体表示方法的相关知识。

能力单元 1　钢筋计量基本理论和要求

1.1　钢筋计量的基本理论

1.1.1　钢筋计量的意义

在确定和控制工程造价的过程中，无论是传统的定额计价方式，还是工程量清单计价方式，工程量计算都是前提和基础。钢筋计量是整个工程量确定过程中最繁琐的部分。一般而言，在编制一份工程量清单时，其中钢筋计量所需时间占清单编制总时间的 50% 左右。钢筋计量有较强的独立性，需要丰富的建筑力学、建筑识图、结构识图、建筑施工等背景知识和经验做基础，还需要深入理解相关结构规范、标准图集，更需要熟悉钢筋施工过程。

随着经济的快速增长和城市化进程的加快，建筑业进入了迅猛发展期。建筑业的迅猛发展对钢筋计量人员的需求显著增加。一般情况下，框架结构办公楼中钢筋用量为 $60 \sim 80 \mathrm{kg/m^2}$，占框架结构土建总成本的 $30\% \sim 40\%$。钢筋计量在工程造价确定中常作为一个独立的分支，不仅要求计算的快速和准确，更要求造价人员具有全面工程造价管理的能力，进行钢筋计量是造价人员的核心专业能力之一。

1.1.2　钢筋计量基本公式

钢筋工程量按设计图示钢筋的长度乘以单位理论质量计算。

$$混凝土构件钢筋质量 \ G = L \cdot n \cdot g$$

式中　G——钢筋质量；

　　　L——钢筋计算长度；

　　　n——构件中同种钢筋根数；

　　　g——每米钢筋理论质量（kg/m）；

实际工程中，将不同直径钢筋质量分类统计汇总后，再综合考虑不同直径钢筋单位理论质量，即可求得钢筋的总质量。

1.1.3 工程量清单计价和计量规范

《建设工程工程量清单计价规范》（GB 50500—2013）（简称清单规范，下同）和《房屋建筑与装饰工程工程量计算规范》（GB 50854—2013），由中华人民共和国住房和城乡建设部与中华人民共和国国家质量监督检验总局联合发布，从 2013 年 7 月 1 日施行。全部使用国有资金投资或国有资金投资为主的工程建设项目，必须采用工程量清单计价。工程量清单是建设工程的分部分项工程项目、措施项目、其他项目、规费项目、税金项目的名称和相应数量等的明细清单。工程量清单是按照招标文件要求和施工设计图纸的规定将拟建招标工程的全部项目和内容，依据清单规范中统一的"项目编码、项目名称、计量单位和工程量计算规则"进行编制，作为承包商进行投标报价的重要参考依据之一。

钢筋工程工程量清单编制中的具体清单有钢筋工程清单和螺栓、铁件清单。

钢筋工程清单包括现浇构件钢筋、预制构件钢筋、钢筋网片、钢筋笼、先张法预应力钢筋、后张法预应力钢筋、预应力钢丝、预应力钢绞线、支承钢筋（铁马）和声测管。钢筋工程量清单内容见表 1-1。

表 1-1　钢筋工程工程量清单

项目编码	项目名称	项目特征	计量单位	工程量计算规则	工作内容
010515001	现浇构件钢筋	钢筋种类、规格	t	按设计图示钢筋（网）长度（面积）乘单位理论质量计算	1. 钢筋制作、运输 2. 钢筋安装 3. 焊接（绑扎）
010515002	预制构件钢筋				
010515003	钢筋网片				1. 钢筋网制作、运输 2. 钢筋网安装 3. 焊接（绑扎）
010515004	钢筋笼				1. 钢筋笼制作、运输 2. 钢筋笼安装 3. 焊接（绑扎）
010515005	先张法预应力钢筋	1. 钢筋种类、规格 2. 锚具种类	t	按设计图示钢筋长度乘单位理论质量计算	1. 钢筋制作、运输 2. 钢筋张拉
010515006	后张法预应力钢筋	1. 钢筋种类、规格 2. 钢丝种类、规格 3. 钢绞线种类、规格 4. 锚具种类 5. 砂浆强度等级	t	按设计图示钢筋（丝束、绞线）长度乘单位理论质量计算 1. 低合金钢筋两端均采用螺杆锚具时，钢筋长度按孔道长度减 0.35m 计算，螺杆另行计算 2. 低合金钢筋一端采用镦头插片、另一端采用螺杆锚具时，钢筋长度按孔道长度计算，螺杆另行计算 3. 低合金钢筋一端采用镦头插片、另一端采用帮条锚具时，钢筋按增加 0.15m 计算；两端均采用帮条锚具时，钢筋长度按孔道长度增加 0.3m 计算 4. 低合金钢筋采用后张混凝土自锚时，钢筋长度按孔道长度增加 0.35m 计算 5. 低合金钢筋（钢绞线）采用 JM、XM、QM 型锚具，孔道长度 ≤20m 时，钢筋长度增加 1m 计算；孔道长度 >20m 时，钢筋长度增加 1.8m 计算 6. 碳素钢丝采用锥形锚具，孔道长度 ≤20m 时，钢丝束长度按孔道长度增加 1m 计算；孔道在 >20m 以上，钢丝束长度按孔道长度增加 1.8m 计算 7. 碳素钢丝采用墩头锚具时，钢丝束长度按孔道长度增加 0.35m 计算	1. 钢筋、钢丝、钢绞线制作、运输 2. 钢筋、钢丝、钢绞线安装 3. 预埋管孔道铺设 4. 锚具安装 5. 砂浆制作、运输 6. 孔道压浆、养护
010515007	预应力钢丝				
010515008	预应力钢绞线				

(续)

项目编码	项目名称	项目特征	计量单位	工程量计算规则	工作内容
010515009	支承钢筋（铁马）	1. 钢筋种类 2. 规格	t	按钢筋长度乘单位理论质量计算	钢筋制作、焊接、安装
010515010	声测管	1. 材质 2. 规格型号	t	按设计图示尺寸以质量计算	1. 检测管截断、封头 2. 套管制作、焊接 3. 定位、固定

现浇构件中伸出构件的锚固钢筋应并入钢筋工程量内，除设计（包括规范规定）标明的搭接外，其他施工搭接不计算工程量，在综合单价中综合考虑。现浇构件中固定位置的支撑钢筋、双层钢筋用的"铁马"在编制清单时，如果设计未明确，其工程数量可为暂估量，结算时按现场签证数量计算。

螺栓、铁件工程量清单见表1-2。编制工程量清单时，其工程数量可为暂估量，实际工程量按现场签证数量计算。

表1-2 螺栓、铁件工程量清单

项目编码	项目名称	项目特征	计量单位	工程量计算规则	工作内容
010516001	螺栓	1. 螺栓种类 2. 规格	t	按设计图示尺寸以质量计算	1. 螺栓、铁件制作、运输 2. 螺栓、铁件安装
010516002	预埋铁件	1. 钢材种类 2. 规格 3. 铁件尺寸			
010516003	机械连接	1. 连接方式 2. 螺纹套筒种类 3. 规格	个	按数量计算	1. 钢筋套螺纹 2. 套筒连接

1.2 钢筋计量的依据及要求

1.2.1 钢筋计量依据

目前，计算钢筋工程量的主要依据有：

（1）《混凝土结构设计规范》（GB 50010—2010）。

（2）《混凝土结构工程施工质量验收规范》（GB 50204—2015）。

（3）《建筑物抗震构造详图（多层和高层钢筋混凝土房屋）》（11G329—1）。

（4）《建筑抗震设计规范》（GB 50011—2010）。

（5）《高层建筑混凝土结构技术规程》（JGJ 3—2010）。

（6）《建筑地基基础设计规范》（GB 50007—2011）。

（7）《房屋建筑与装饰工程工程量计算规范》（GB 50854—2013）。

（8）11G101系列混凝土结构施工图平面整体表示方法制图规则和构造详图图集（以下

简称平法图集），包括：11G101—1 现浇混凝土框架、剪力墙、梁、板；11G101—2 现浇混凝土板式楼梯；11G101—3 独立基础、条形基础、筏形基础及桩基承台。

（9）建筑结构设计图纸。

（10）其他相关结构标准图集。

1.2.2　钢筋计量要求

钢筋计量的基本要求如下：

1. 全面性和准确性

全面性体现在：精通图纸、不漏项，不遗漏建筑结构上的每一构件、每一细节。准确性要求在钢筋计量中不少算、不多算、不重复。但由于设计理论和规范仍处于不断完善和不断修订过程中，所以严重依赖于结构设计理论和设计规范的钢筋计量也只能追求相对准确。

2. 可操作性

钢筋计量要综合考虑工程实际情况进行计算，不能闭门造车。

3. 合规性和灵活性

钢筋计量结果一定要符合国家现行的规范标准，同时可以创造性地发挥和运用，但要保证原则性与灵活性相统一。

4. 适用性和指导性

钢筋计量结果可以用于招标文件编制、投标报价、工程结算、材料计划、成本控制等，其结果要有很强的适用性。钢筋工程量在造价确定和控制中是基础性数据，一定要可靠。

能力单元 2　建筑结构构造

1.3　建筑结构及构造

1.3.1　建筑结构构成

建筑结构是建筑物的受力主体，以室外地面为界，分为上部结构和下部结构两部分。

上部结构由水平结构体系和竖向结构体系组成。水平结构体系是指各层楼盖和顶层屋盖。它们一方面承受楼、屋面的竖向荷载，并把竖向荷载传递给竖向结构体系；另一方面把作用在各层处的水平荷载传递和分配给竖向结构体系。竖向结构体系的主要作用是承受楼盖、屋盖传来的竖向荷载和水平荷载，并将其传给下部结构。

下部结构主要是由地下室和基础组成，其主要作用是把上部结构传来的荷载可靠地传给地基。

1.3.2　建筑结构类型

1. 按结构材料分类

结构类型按其材料分为砌体结构、混凝土结构、钢结构、组合结构和混合结构等。组合结构是指结构构件由共同工作的两种或两种以上结构材料组成的结构，如钢－混凝土结构。混合结构是指整个结构是由两种或两种以上结构材料构成的，但结构构件却是采用同一种结构材料的结构，如单层厂房中的屋盖是钢结构，而柱、基础等是钢－混凝土结构。

2. 按竖向结构体系分类

结构类型按竖向结构体系分为排架结构、框架结构、剪力墙结构、框架－剪力墙结构和筒体结构等。

排架结构由屋架（屋面梁）、柱和基础组成。柱与屋架铰接，与基础刚接。排架结构广泛用于工业厂房建筑。其跨度可超过 30m，高度可达 20～30m。排架结构传力明确，构造简单，施工也较方便。

框架结构是由梁和柱连接而成的。梁和柱交接处的框架节点应为刚接。主体结构除个别部位外，不应采用铰接。柱底应为固定支座，框架梁宜拉通、对直。框架柱宜纵横对齐、上下对中，梁、柱轴线宜在同一竖向平面内。需要平面空间较大的建筑一般采用钢筋混凝土框架结构，多为 10 层以下。

剪力墙又称为结构墙，它主要承受水平荷载作用。剪力墙由于对结构抗震非常有效，因此又称为抗震墙。剪力墙是底部固定在基础顶面的竖向悬臂板，在屋面和中间楼层处，楼板、屋盖支承在剪力墙上，它们在把竖向荷载和水平荷载传给剪力墙的同时，也对剪力墙起着支撑约束的作用，防止剪力墙发生平面失稳。剪力墙是高层建筑中最常见的竖向结构构件。剪力墙结构一般应用于 15～50 层的住宅和旅馆等小开间的高层建筑中。

1.3.3 混凝土结构构造

以混凝土为主的结构，称为混凝土结构。混凝土结构包括素混凝土结构、钢筋混凝土结构和预应力混凝土结构等。

1. 钢筋混凝土结构共同工作的基础

钢筋混凝土结构是混凝土结构中最具代表性的结构，是由钢筋和混凝土两种物理力学性能完全不同的材料组成的。混凝土的抗压能力较强、抗拉能力较差；钢筋的抗压、抗拉性能都很高。将两种材料结合在一起能充分发挥各自所长，协同工作。

钢筋和混凝土能协同工作的原因是钢筋和混凝土的温度线膨胀系数很接近（钢筋的温度线膨胀系数为 $1.2 \times 10^{-5}/℃$，混凝土的温度线膨胀系数为 $1.0 \sim 1.5 \times 10^{-5}/℃$），且两者之间有黏结力，在荷载作用下或温度变化时，两者能共同受力、协调变形。

混凝土和钢筋的黏结是钢筋和混凝土形成整体、共同工作的基础。

混凝土和钢筋的黏结是指钢筋与周围混凝土之间的相互作用，主要包括沿钢筋长度的黏结和钢筋端部的锚固两种情况。

光圆钢筋和混凝土的黏结力主要来自于三部分：

（1）钢筋与混凝土接触面上的胶结力，这种胶结力来自于水泥浆体对钢筋表面氧化层的渗透，以及水化过程中水泥晶体的生长和硬化。

（2）混凝土收缩握裹钢筋而产生的摩擦阻力。

（3）钢筋表面凹凸不平与混凝土之间产生的机械咬合力。对于光圆钢筋，这种咬合力来自表面的粗糙不平；对于变形钢筋，咬合力是由于变形钢筋肋间嵌入混凝土而产生的。

> **特别提示**：光圆钢筋的黏结机理和变形钢筋的主要差别在于：光圆钢筋的黏结力主要来自胶结力和摩擦阻力。而变形钢筋的黏结力主要来自机械咬合作用。

2. 框架结构体系

钢筋混凝土结构由很多受力构件组合而成，主要的受力构件有楼板、屋面板、柱、梁、板、基础、墙体等。

在框架结构中，根据构件所处的位置及钢筋配置的不同，构件的分类如下（图1-1）：

（1）框架梁：可分为屋面框架梁、楼层框架梁和底层框架梁。

（2）框架柱：可分为顶层角柱、顶层边柱、顶层中柱、中间层角柱、中间层边柱、中间层中柱、底层角柱、底层边柱、底层中柱。

（3）基础梁和筏形基础（或独立基础、条形基础、桩基承台等）。

（4）板：按位置可分为屋面板和楼面板，按形式可分为有梁楼盖板和无梁楼盖板。

建筑结构是承受建筑重量的骨架体系。结构施工图是表达建筑物承重构件的布置、形状、尺寸、材料、构造及其相互关系的图纸。识图流程见本模块能力单元5所述内容。

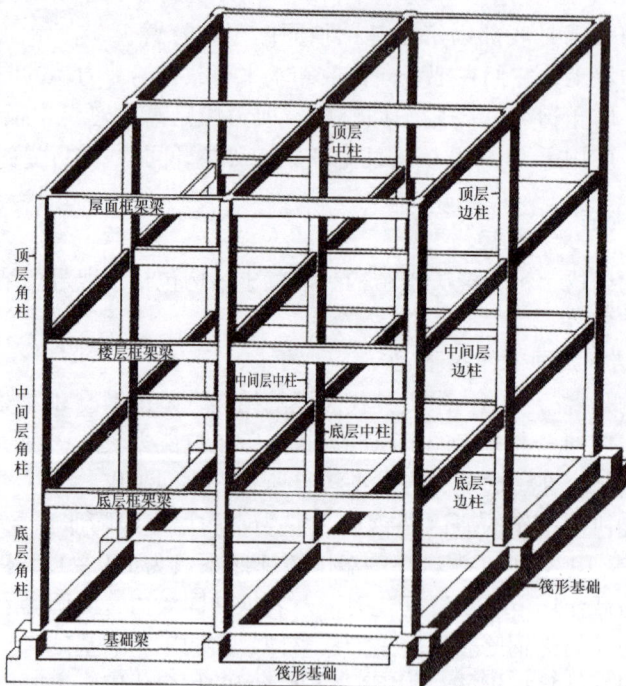

图1-1 框架结构内的构件

1.4 抗震设计基础知识

地震是地球内部构造运动的产物，其危害极大，会造成惨重的人员伤亡和巨大的经济损失，而这种损失主要是由于建筑物的破坏引起的。

1.4.1 地震相关概念

在建筑结构抗震设计中，所指的地震为构造地震。构造地震是由于地壳构造状态的变化，使岩层处于复杂的应力作用状态之下，当应力集聚超过岩石的强度极限时，地下岩层就会发生突然的断裂和强烈的错动，岩层中所集聚的能量大量释放出来，引起剧烈震动，并以波的形式传到地面形成地震。

（1）震源：在地下某一深度处发生断裂、错动的区域称为震源。

（2）震中：震源正上方的底面称为震中。

（3）震中区：震中附近地面震动最强烈的，一般也就是建筑物破坏最严重的地区称为震中区。

（4）震源深度：震源和震中之间的距离称为震源深度。一般把震源深度小于60km的地震称为浅源地震；60~300km的地震称为中源地震；大于300km的地震称为深源地震。其中浅源地震造成的危害最为严重。

（5）震级：地震震级是衡量一次地震大小的等级，与震源释放的能量大小有关，目前国际上通用的是里氏震级，用符号M表示。一般说来，$M<2$的地震人们感觉不到，称为微震；$M=2~4$的地震称为有感地震；$M>5$的地震会对建筑物造成不同程度的破坏，称为破坏地震；$M=7~8$的地震称为强烈地震或大地震；$M>8$的地震称为特大地震。

（6）地震烈度：地震烈度是指地震对一定地点震动的强烈程度。对于一次地震，表示地震大小的震级只有一个，但它对不同地点的影响程度是不同的。一般说来，震中区的地震烈度最高，随距离震中区的远近不同，地震烈度就有差异。为了评定地震烈度，需要建立一个标准，这个标准称为地震烈度表。

> **特别提示：** 我国使用的是12度地震烈度表。

1.4.2　抗震设防术语

1. 抗震设防分类

根据建筑遭遇地震破坏后，可能造成的人员伤亡、直接和间接经济损失、社会影响程度及其在抗震救灾中的作用等因素，对各类建筑所做的设防类别划分。

2. 抗震设防标准

抗震设防标准是衡量抗震设防要求高低的尺度，由抗震设防烈度或设计地震动参数及建筑抗震设防类别确定。

3. 抗震设防烈度

抗震设防烈度是指按国家规定的权限批准作为一个地区抗震设防依据的地震烈度。一般情况下，取50年内超越概率10%的地震烈度作为抗震设防烈度。

1.4.3　抗震设防要求

由于地震的随机性和多发性，建筑物在设计使用年限期间有可能遭受多次不同烈度的地震。从概率的角度来看，遭受较多的是低于该地区设防烈度的地震（小震），但也不排除遭受高于该地区设防烈度的地震（大震）。对多发的小震，要求防止结构破坏，这在技术上、经济上是可以做到的。对于发生概率较小的大震，要求做到结构完全不破坏，这在经济上是不合理的。比较合理的做法是，允许结构破坏，但在任何情况下，不应导致建筑物倒塌。

建筑结构抗震设防是为了减轻建筑物的地震破坏，避免人员伤亡和减少经济损失，我国提出了"三水准"的抗震设防要求。

第一水准：当遭受低于本地区抗震设防烈度的多遇地震影响时，建筑物一般不受损坏或不需修理可继续使用。

第二水准：当遭受相当于本地区抗震设防烈度的地震影响时，建筑物可能损坏，经过一般修理或不需修理仍可继续使用。

第三水准：当遭受高于本地区抗震设防烈度的预估的罕遇地震影响时，建筑物不至于倒塌或发生危及生命的严重破坏。

上述抗震设防要求可概括为"小震不坏、中震可修、大震不倒"。在进行建筑抗震设计时，原则上应满足上述"三水准"的抗震设防要求。

1.4.4 设计地震分组

《建筑抗震设计规范》（GB 50011—2010）提供了我国抗震设防区各县级及县级以上城镇的中心地区建筑工程抗震设计时所采用的抗震设防烈度、设计基本地震加速度值和设计地震分组。

我国的设计地震共分为三组，其中浙江省主要城镇抗震设防烈度、设计基本地震加速度值和设计地震分组为：

（1）抗震设防烈度为 7 度，设计基本地震加速度值为 0.10g。

第一组：岱山，嵊泗，舟山（定海、普陀），宁波（北仑、镇海）。

（2）抗震设防烈度为 6 度，设计基本地震加速度值为 0.05g。

第一组：杭州（拱墅、上城、下城、江干、西湖、滨江、余杭、萧山），宁波（海曙、江东、江北、鄞州），湖州（吴兴、南浔），嘉兴（南湖、秀洲），温州（鹿城、龙湾、瓯海），绍兴，绍兴县，长兴，安吉，临安，奉化，象山，德清，嘉善，平湖，海盐，桐乡，海宁，上虞，慈溪，余姚，富阳，平阳，苍南，乐清，永嘉，泰顺，景宁，云和，洞头。

第二组：庆元，瑞安。

能力单元3　建筑材料基础

1.5　钢筋

1.5.1 钢筋分类和力学性能

钢筋混凝土结构中的钢筋分为普通钢筋和预应力钢筋。

1. 普通钢筋

普通钢筋是指用于钢筋混凝土结构中的钢筋和预应力钢筋混凝土结构的非预应力钢筋。

普通钢筋按外形分为光圆和带肋两类。带肋钢筋又分为螺旋纹钢筋、人字纹钢筋和月牙纹钢筋三种（图1-2），统称为变形钢筋。

> **特别提示：** 我国目前生产的变形钢筋多为月牙纹钢筋。

用于钢筋混凝土结构中的钢筋为热轧钢筋（图1-3）。热轧钢筋是低碳钢、普通低合金钢在高温状态下轧制而成的软钢。国产普通钢筋按其屈服强度标准值的高低，分为4个强度等级：HPB300、HRB335、HRB400、HRB500。

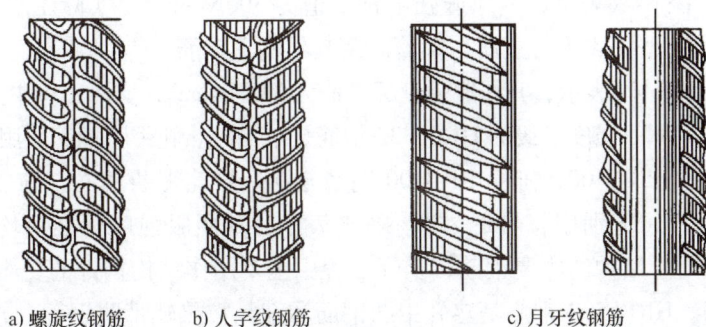

a) 螺旋纹钢筋   b) 人字纹钢筋   c) 月牙纹钢筋

图 1-2 带肋钢筋外形

HPB300 钢筋：光圆钢筋，公称直径范围为 6～22mm，抗拉（压）强度设计值为 270N/mm²，弹性模量 $E_s = 2.1 \times 10^5 \text{N/mm}^2$。

HRB335 钢筋：变形钢筋，公称直径范围为 6～50mm，抗拉（压）强度设计值为 300N/mm²，弹性模量 $E_s = 2.0 \times 10^5 \text{N/mm}^2$。

HRB400 钢筋：变形钢筋，公称直径范围为 6～50mm，抗拉（压）强度设计值为 360N/mm²，弹性模量 $E_s = 2.0 \times 10^5 \text{N/mm}^2$。

HRB500 钢筋：变形钢筋，公称直径范

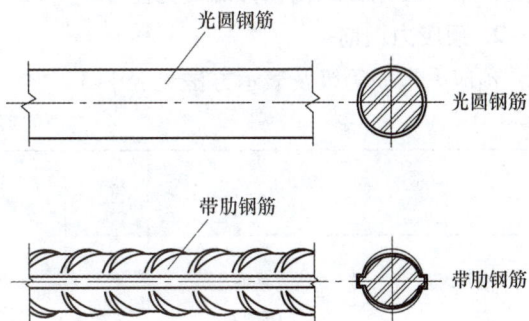

图 1-3 热轧钢筋示意图

围为 6～50mm，抗拉强度设计值为 435N/mm²，抗压强度设计值为 410N/mm²。弹性模量 $E_s = 2.0 \times 10^5 \text{N/mm}^2$。

2. 预应力钢筋

常见的预应力钢筋有预应力钢丝、钢绞线和预应力螺纹钢筋。

常见的预应力钢丝为消除应力光面钢丝和螺旋肋钢丝。消除应力钢丝包括低松弛钢丝和普通松弛钢丝，按照其强度级别可分类为中强度预应力钢丝和高强度预应力钢丝。中强度预应力钢丝极限强度标准值为 800～1270N/mm²，高强度预应力钢丝极限强度标准值为 1470～1860N/mm²。

钢绞线是由冷拉光圆钢丝，按一定数量（2 根、3 根、7 根）捻制，再经过消除应力的稳定化处理，以盘卷状供应的预应力钢筋。钢绞线的主要特点是强度高、抗松弛性能好，展开时挺直。

预应力螺纹钢筋是采用热轧、轧后余热处理或热处理等工艺制作成的带有不连续无纵肋的外螺纹直条钢筋，该钢筋在任意截面处均可用带有匹配形状的内螺纹的连接器（锚具）进行连接或锚固。预应力螺纹钢筋具有高强度、高韧性的特点。

1.5.2 钢筋等级及表示方法

1. 普通钢筋

用于钢筋混凝土结构中的热轧钢筋分为 HPB300、HRB335、HRBF335、HRB400、HRBF400、RRB400、HRB500、HRBF500 四个级别、八个牌号。

HPB300 钢筋用符号Φ表示，其屈服强度标准值为 300N/mm²，实际工程中主要用作板、基础和荷载不大的梁、柱的受力主筋、箍筋以及其他构造钢筋。

HRB335 钢筋用符号Φ表示，其屈服强度标准值为 335N/mm²，实际工程中主要用作结构构件的受力主筋。与它同一强度等级的 HRBF335 钢筋是细晶粒热轧带肋钢筋，用符号Φ^F表示。

HRB400 钢筋、HRBF400 钢筋、RRB400 钢筋分别是热轧带肋钢筋、细晶粒热轧带肋钢筋和热处理带肋钢筋，分别用符号Φ、Φ^F、Φ^R来表示，其屈服强度标准值均为 400N/mm²。HRB400 钢筋是混凝土结构的主要钢筋，实际工程中主要用作结构构件的受力主筋。

HRB500 钢筋、HRBF500 钢筋是热轧带肋钢筋和细晶粒热轧带肋钢筋，屈服强度标准值均为 500N/mm²，分别用Φ、Φ^F表示。HRB500 钢筋强度高，是混凝土结构的主要钢筋，实际工程中主要用作结构构件的受力主筋。

2. 预应力钢筋

预应力钢筋等级及表示方法见表 1-3。

表 1-3　预应力钢筋等级及表示方法

种类		符号	公称直径 /mm	屈服强度标准值 /(N/mm²)
中强度预应力钢丝	光面 螺旋肋	Φ^{PM} Φ^{HM}	5、7、9	620
				780
				980
预应力螺纹钢筋	螺纹	Φ^T	18、25、32、40、50	785
				930
				1080
消除应力钢丝	光面 螺旋肋	Φ^P Φ^H	5、7、9	—
				—
				—
钢绞线	1×3（三股）	Φ^S	8.6、10.8、12.9	—
	1×7（七股）		9.5、12.7、15.2、17.8、21.6	—

1.5.3　钢筋容重

钢筋、钢绞线、钢丝的公称直径及理论质量分别见表 1-4 ~ 表 1-6。

表 1-4　钢筋公称直径及理论质量

序号	公称直径 /mm	理论质量 /(kg/m)
1	6	0.222
2	8	0.395
3	10	0.617
4	12	0.888
5	14	1.21
6	16	1.58

（续）

序号	公称直径 /mm	理论质量 /（kg/m）
7	18	2.00（2.11）
8	20	2.47
9	22	2.98
10	25	3.85（4.10）
11	28	4.83
12	32	6.31（6.65）
13	36	7.99
14	40	9.87（10.34）
15	50	15.42（16.28）

注：括号内为预应力螺纹钢筋的数值。

特别提示：本书柱模块、梁模块、板模块、墙模块、基础模块、楼梯模块中均包含有钢筋计量实训案例，案例计算钢筋工程量中的每米钢筋理论质量是按照表1-4得到的。

表1-5　钢绞线公称直径及理论质量

种类	公称直径 /mm	理论质量 /（kg/m）
1×3 （三股）	8.6	0.296
	10.8	0.462
	12.9	0.666
1×7（七股）	9.5	0.430
	12.7	0.775
	15.2	1.101
	17.8	1.500
	21.6	2.237

表1-6　钢丝公称直径及理论质量

序号	公称直径 /mm	理论质量 /（kg/m）
1	5.0	0.154
2	7.0	0.302
3	9.0	0.499

1.5.4　钢筋截面面积

钢筋公称截面面积见表1-7。

表 1-7　钢筋公称截面面积

公称直径 /mm	不同根数钢筋公称截面面积/mm²					
	1	2	3	4	5	6
6	28.3	57	85	113	142	170
8	50.3	101	151	201	252	302
10	78.5	157	236	314	393	471
12	113.1	226	339	452	565	678
14	153.9	308	461	615	769	923
16	201.1	402	603	804	1005	1206
18	254.5	509	763	1017	1272	1527
20	314.2	628	942	1256	1570	1884
22	380.1	760	1140	1520	1900	2281
25	490.9	982	1473	1964	2454	2945
28	615.8	1232	1847	2463	3079	3695
32	804.2	1609	2413	3217	4021	4826
36	1017.9	2036	3054	4072	5089	6107
40	1256.6	2513	3770	5027	6283	7540

1.6　混凝土

混凝土是由胶凝材料、水、砂和石子按适当比例拌制，经一定时间凝结而成的人造石材。在混凝土中，砂和石子统称为骨料，砂称为细骨料，石子称为粗骨料。骨料主要起骨架作用。水泥和水形成水泥浆，水泥浆包裹在骨料表面并填充其空隙。在混凝土硬化前，水泥浆主要起润滑作用，赋予混凝土拌合物一定的流动性，以便于施工；水泥浆硬化后主要起胶结作用，将砂和石子胶结成一个坚实的整体，并使混凝土具有一定的强度。

1.6.1　混凝土强度等级及强度

1. 混凝土强度等级

我国把立方体抗压强度作为评定混凝土强度等级的标准，即用测定混凝土立方体抗压强度的标准试验方法测得的具有95%保证率的立方体抗压强度作为混凝土的强度等级。《混凝土结构设计规范》（GB 50010—2010）规定的混凝土强度等级有 C15、C20、C25、C30、C35、C40、C45、C50、C55、C60、C65、C70、C75、C80 共 14 个等级。

2. 混凝土强度

（1）混凝土立方体抗压强度

《混凝土结构设计规范》（GB 50010—2010）规定以边长为 150mm 的立方体为标准试件，按标准方法制作、养护，在 28d 或设计规定龄期，以标准试验方法测得的具有95%保证率的抗压强度作为混凝土的立方体抗压强度，单位为"N/mm²"。混凝土立方体抗压强度

标准值用符号 $f_{cu,k}$ 表示。

（2）混凝土的轴心抗压强度

混凝土的抗压强度与试件的形状相关，采用棱柱体比立方体能更好地反映混凝土结构的实际抗压能力。用混凝土棱柱体试件测得的抗压强度称为混凝土的轴心抗压强度。

我国以 150mm × 150mm × 300mm 的棱柱体作为混凝土轴心抗压强度试验的标准试件。其制作条件与立方体试件的制作条件相同。

《混凝土结构设计规范》（GB 50010—2010）规定以上述棱柱体试件测得的具有 95% 保证率的抗压强度为混凝土的轴心抗压强度标准值，用符号 f_{ck} 表示，轴心抗压强度设计值用符号 f_c 表示。

（3）混凝土的轴心抗拉强度

混凝土的轴心抗拉强度可以采用轴心抗拉的试验方法测定，其标准值用符号 f_{tk} 表示，设计值用符号 f_t 表示。

混凝土轴心抗压、抗拉强度标准值和设计值见表1-8。

表1-8　混凝土轴心抗压、抗拉强度标准值和设计值　（单位：N/mm²）

混凝土强度等级	C15	C20	C25	C30	C35	C40	C45	C50
f_{ck}	10.0	13.4	16.7	20.1	23.4	26.8	29.6	32.4
f_c	7.2	9.6	11.9	14.3	16.7	19.1	21.1	23.1
f_{tk}	1.27	1.54	1.78	2.01	2.20	2.39	2.51	2.64
f_t	0.91	1.10	1.27	1.43	1.57	1.71	1.80	1.89

1.6.2　混凝土特性

混凝土具有抗压强度高、可塑性能好、耐久性好、原材料丰富、价格低廉、可用钢筋来加强等优点，广泛应用于建筑工程中，是当代最重要的建筑材料之一，也是世界上用量最大的人工建筑材料。

混凝土也存在一些缺点，主要是：自重较大，这对大跨度、高层建筑结构抗震不利，也给混凝土构件的运输和施工吊装带来困难；抗裂性差，这导致混凝土构件在正常使用时往往带裂缝工作；混凝土结构的施工复杂、工序多；隔热隔声性能较差。

能力单元4　钢筋计量基础概念

1.7　钢筋计量基础概念

1.7.1　结构环境类别

混凝土结构的耐久性设计、混凝土保护层厚度、裂缝控制等级和最大裂缝宽度限值等都与混凝土结构所处的环境有关。混凝土结构的环境类别见表1-9。

表1-9　混凝土结构的环境类别

环境类别		条　　件
一		室内干燥环境
		无侵蚀性静水浸没环境
二	a	室内潮湿环境
		非严寒和非寒冷地区的露天环境
		非严寒和非寒冷地区与无侵蚀性的水或土壤直接接触的环境
		严寒和寒冷地区的冰冻线以下与无侵蚀性的水或土壤直接接触的环境
	b	干湿交替环境
		水位频繁变动环境
		严寒和寒冷地区的露天环境
		严寒和寒冷地区的冰冻线以上与无侵蚀性的水或土壤直接接触的环境
三	a	严寒和寒冷地区冬季水位变动区环境
		受除冰盐影响环境
		海风环境
	b	盐渍土环境
		受除冰盐作用环境
		海岸环境
四		海水环境
五		受人为或自然的侵蚀性物质影响的环境

特别提示: 表1-9 中的一类环境是指室内正常环境,二类环境主要是指处于露天或室内正常环境,三类环境主要是指严寒、近海海风、盐渍土及使用除冰盐的环境条件,四类环境是指海水环境,五类环境是指侵蚀性环境。

1.7.2　混凝土保护层

钢筋混凝土结构构件中,钢筋外边缘至构件表面范围内的用于保护钢筋的混凝土的厚度即为混凝土的保护层厚度。钢筋混凝土结构和构件中,钢筋必须有足够的混凝土保护层厚度。混凝土保护层是为了防止钢筋生锈,保证钢筋和混凝土之间有足够的黏结力。

混凝土保护层的最小厚度见表1-10。混凝土强度等级不大于 C25 时,表中保护层厚度数值应增加 5mm。钢筋混凝土基础应设置混凝土垫层,基础中钢筋的保护层厚度应从垫层顶面算起,且不应小于 40mm。

表1-10　混凝土保护层的最小厚度 c （单位:mm）

环境类别	板、墙、壳	梁、柱、杆
一	15	20
二 a	20	25
二 b	25	35
三 a	30	40
三 b	40	50

1.7.3 钢筋锚固及锚固长度

为了使钢筋不被从混凝土中拔出，钢筋就必须在混凝土中有一定的埋入长度，使得钢筋能通过黏结应力把拉拔传递给混凝土。受力钢筋依靠其表面与混凝土的黏结作用或端部构造的挤压作用而达到设计承受应力所需的长度称为锚固长度。

1. 基本锚固长度

《混凝土结构设计规范》（GB 50010—2010）规定的受拉钢筋锚固长度 l_{ab} 为钢筋的基本锚固长度。

$$l_{ab} = a \cdot \frac{f_y}{f_t} \cdot d$$

式中　l_{ab}——受拉钢筋的基本锚固长度；

　　　f_y——钢筋抗拉强度设计值；

　　　f_t——混凝土轴心抗拉强度设计值；

　　　d——钢筋直径；

　　　a——锚固钢筋的外形系数，取值见表 1-11。

表 1-11　锚固钢筋的外形系数

钢筋类型	光圆钢筋	带肋钢筋	螺旋肋钢丝	三股钢绞线	七股钢绞线
外形系数 a	0.16	0.14	0.13	0.16	0.17

注：光圆钢筋末端应做180°弯钩，弯后平直段长度不应小于3d，但用作受压钢筋时可不做弯钩。

一般情况下，受拉钢筋的基本锚固长度见表 1-12。

表 1-12　受拉钢筋的基本锚固长度 l_{ab}

钢筋种类	混凝土强度等级								
	C20	C25	C30	C35	C40	C45	C50	C55	≥C60
HPB300	39d	34d	30d	28d	25d	24d	23d	22d	21d
HRB335 HRBF335	38d	33d	29d	27d	25d	23d	22d	21d	21d
HRB400 HRBF400 RRB400	—	40d	35d	32d	29d	28d	27d	26d	25d
HRB500 HRBF500	—	48d	43d	39d	36d	34d	32d	31d	30d

不同抗震等级时的受拉钢筋基本锚固长度见表 1-13。

表 1-13　不同抗震等级时的受拉钢筋基本锚固长度 l_{abE}

钢筋种类	抗震等级	混凝土强度等级								
		C20	C25	C30	C35	C40	C45	C50	C55	≥C60
HPB300	一、二级	45d	39d	35d	32d	29d	28d	26d	25d	24d
	三级	41d	36d	32d	29d	26d	25d	24d	23d	22d
	四级	39d	34d	30d	28d	25d	24d	23d	22d	21d

（续）

钢筋种类	抗震等级	混凝土强度等级								
		C20	C25	C30	C35	C40	C45	C50	C55	≥C60
HRB335 HRBF335	一、二级	44d	38d	33d	31d	29d	26d	25d	24d	24d
	三级	40d	35d	31d	28d	26d	24d	23d	22d	22d
	四级	38d	33d	29d	27d	25d	23d	22d	21d	21d
HRB400 HRBF400 RRB400	一、二级	—	46d	40d	37d	33d	32d	31d	30d	29d
	三级	—	42d	37d	34d	30d	29d	28d	27d	26d
	四级	—	40d	35d	32d	29d	28d	27d	26d	25d
HRB500 HRBF500	一、二级	—	55d	49d	45d	41d	39d	37d	36d	35d
	三级	—	50d	45d	41d	38d	36d	34d	33d	32d
	四级	—	48d	43d	39d	36d	34d	32d	31d	30d

2. 受拉钢筋锚固长度

实际结构中，受拉钢筋的锚固长度应根据锚固条件计算确定，并不应小于 200mm。

$$l_a = \zeta_a \times l_{ab}$$

式中　l_a——受拉钢筋的锚固长度；

　　　ζ_a——受拉钢筋锚固长度修正系数。

（1）受拉钢筋锚固长度修正系数 ζ_a 应按下列规定取用：当带肋钢筋的公称直径大于 25mm 时，取 1.10；环氧树脂涂层带肋钢筋取 1.25；施工过程中容易受扰动的钢筋取 1.10；锚固钢筋的保护层厚度为 3d 时，取 0.80；锚固钢筋的保护层厚度为 5d 时，取 0.70；当锚固钢筋的保护层厚度为 (3~5)d 时，按内插值确定（d 为锚固钢筋的直径）。当上述项多于一项时，可按连乘计算，但不应小于 0.6。

（2）当锚固钢筋的保护层厚度不大于 5d 时，锚固长度范围内应配置直径不小于 d/4 的横向构造钢筋（d 为锚固钢筋的最大直径）；对梁、柱等构件间距不应大于 5d，对板、墙等构件间距不应大于 10d（d 为锚固钢筋的最小直径），且均不应大于 100mm。

（3）当有抗震设防要求时，受拉钢筋的抗震锚固长度计算如下：

$$l_{aE} = \zeta_{aE} \times l_a = \zeta_{aE} \times \zeta_a \times l_{ab}$$

式中　l_{aE}——受拉钢筋的抗震锚固长度；

　　　ζ_{aE}——抗震锚固长度修正系数，对一、二级抗震等级取 1.15，对三级抗震等级取 1.05，对四级抗震等级取 1.00。

对于抗震结构，当 $\zeta_a = 1.0$ 时，

$$l_{aE} = \zeta_{aE} \times 1.0 \times l_{ab} = l_{abE}$$

对于非抗震结构，当 $\zeta_a = 1.0$ 时，

$$l_a = 1.0 \times l_{ab} = l_{ab}$$

（4）当纵向受拉普通钢筋末端采用弯钩或机械锚固措施时，包括弯钩及锚固端头在内的锚固长度可取基本锚固长度 l_{ab} 的 60%，弯钩和机械锚固的形式及要求如图 1-4 所示。

3. 受压钢筋的锚固长度

混凝土结构中的纵向受压钢筋，当计算中充分利用其抗压强度时，锚固长度不应小于相

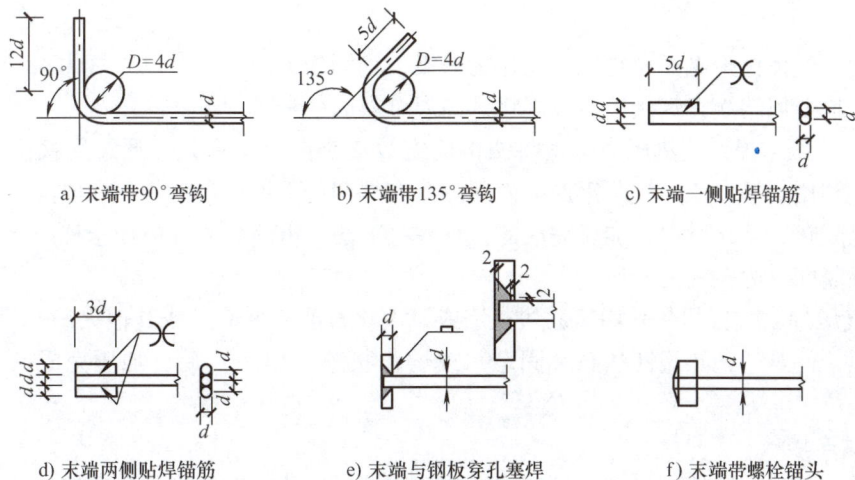

a) 末端带90°弯钩　　　　b) 末端带135°弯钩　　　　c) 末端一侧贴焊锚筋

d) 末端两侧贴焊锚筋　　　e) 末端与钢板穿孔塞焊　　　f) 末端带螺栓锚头

图 1-4　纵向钢筋弯钩和机械锚固形式

应受拉锚固长度的 70%。

（1）受压钢筋不应采用末端弯钩和一侧焊贴锚筋的锚固措施。

（2）受压钢筋锚固长度范围内的横向构造钢筋应符合《混凝土结构设计规范》（GB 50010—2010）第 8.3.1 条的规定。

1.7.4　钢筋连接

为了便于钢筋的运输、保管和施工操作，钢筋是按照一定的长度生产的，这个长度称为定尺长度，如 6m、8m、12m 等。在实际施工过程中，若单根钢筋长度超过这个值，就必须进行连接。钢筋的连接是指钢筋长度不够需要接长所发生的驳接。钢筋连接分为绑扎连接、机械连接和焊接连接。

绑扎连接宜用于受拉钢筋直径不大于 25mm 以及受压钢筋直径不大于 28mm 的连接，轴心受拉及小偏心受拉杆件的纵向受力钢筋不得采用绑扎连接。机械连接宜用于直径不小于 16mm 钢筋的连接。焊接宜用于直径不大于 28mm 钢筋的连接。机械连接和焊接接头的类型及质量应符合国家现行有关标准的规定。

由于钢筋通过连接接头传力的性能不如整根钢筋，因此设置钢筋连接的原则为：混凝土结构中受力钢筋的连接接头宜设置在受力较小处；在同一根受力钢筋上宜少设接头；在结构的关键受力部位，纵向受力钢筋不宜设置连接接头；同一构件中相邻纵向受力钢筋的绑扎连接宜互相错开。

1. 焊接

（1）闪光对焊：闪光对焊是将两钢筋以对接形式水平安放在对焊机上，利用电阻热使接触点金属熔化，产生强烈闪光和飞溅，迅速施加顶锻力完成的一种压焊方法。

（2）电阻点焊：电阻点焊是将两钢筋（丝）安放成交叉叠接形式，压紧于两电极之间，利用电阻热熔化母材金属，加压形成焊点的一种压焊方法。

（3）电弧焊：电弧焊包括焊条电弧焊和二氧化碳气体保护电弧焊两种工艺方法。

焊条电弧焊是以焊条作为一极，钢筋为另一极，利用焊接电流通过产生的电弧热进行焊接的一种熔焊方法。电弧焊有帮条焊、搭接焊、坡口焊、窄间隙焊、熔槽帮条焊等接头形式。

二氧化碳气体保护电弧焊是以焊丝作为一极，钢筋为另一极，并以二氧化碳气体作为电弧介质，保护金属熔滴、焊接熔池和焊接区高温金属的一种熔焊方法。

（4）电渣压力焊：电渣压力焊是将两钢筋安放成竖向对接形式，通过直接引弧法或间接引弧法，利用焊接电流通过两钢筋端面间隙，在焊剂层下形成电弧过程和电渣过程，产生电弧热和电阻热，熔化钢筋，加压完成的一种焊接方法。电渣压力焊应用于柱、墙等现浇混凝土结构中竖向受力钢筋的连接。

（5）气压焊：气压焊是采用氧乙炔火焰或氧液化石油气火焰（或其他火焰），对两钢筋对接处加热，使其达到热塑性状态（固态）或熔化状态（熔态）后，加压完成的一种压焊方法。

2. 机械连接

机械连接又称为套筒连接，常见的有钢筋套筒挤压连接、钢筋锥螺纹套筒连接、钢筋镦粗直螺纹套筒连接、钢筋滚压直螺纹套筒连接等方式。

钢筋套筒挤压连接（图1-5）是将两根待连接钢筋插入套筒，用挤压连接设备沿径向挤压钢套筒，使之产生塑性变形，依靠变形后钢套筒与被连接钢筋纵、横肋产生的机械咬合成为整体，达到钢筋连接的目的。

钢筋锥螺纹套筒连接（图1-6）是将两根待连接钢筋端头用套螺纹机做出锥形外螺纹，然后用带锥形内螺纹的套筒将钢筋两端拧紧，达到钢筋连接的目的。

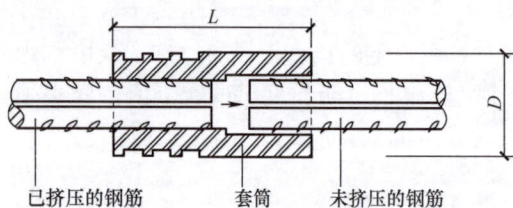

图 1-5　钢筋套筒挤压连接

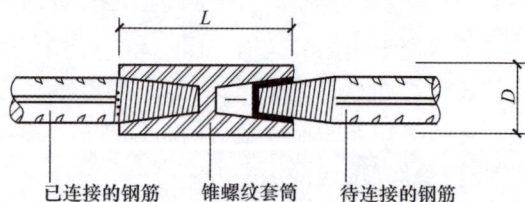

图 1-6　钢筋锥螺纹套筒连接

钢筋镦粗直螺纹套筒连接（图1-7）是将两根待连接钢筋端头镦粗，再将其削成直螺纹，然后用带直螺纹的套筒将钢筋两端拧紧，达到钢筋连接的目的。

钢筋滚压直螺纹套筒连接（图1-8）是将两根待连接钢筋滚压成螺纹，然后用带直螺纹的套筒将钢筋两端拧紧，达到钢筋连接的目的。

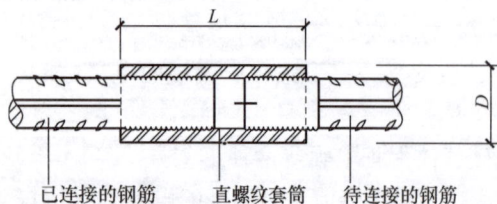

图 1-7　钢筋镦粗直螺纹套筒连接

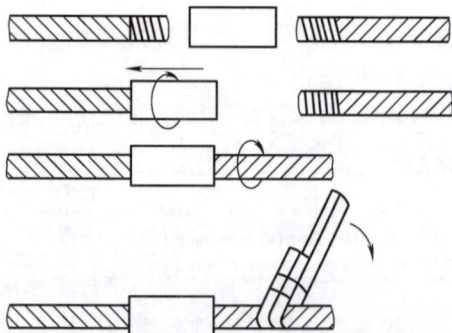

图 1-8　钢筋滚压直螺纹套筒连接

3. 绑扎连接

绑扎连接是利用钢丝将两根钢筋绑扎在一起的接头方式。

纵向受拉钢筋绑扎搭接接头的搭接长度，应根据位于同一连接区段的钢筋搭接接头面积百分率按下列各式计算，且不应小于300mm。

抗震　　　　　　　　　　　　$l_{lE} = \zeta_l \times l_{aE}$

非抗震　　　　　　　　　　　$l_l = \zeta_l \times l_a$

式中　l_{lE}、l_l——纵向受拉钢筋的搭接长度；

　　　l_a、l_{aE}——受拉钢筋的锚固长度、受拉钢筋抗震锚固长度；

　　　ζ_l——纵向受拉钢筋搭接长度修正系数，见表1-14。

表1-14　纵向受拉钢筋搭接长度修正系数

纵向搭接钢筋接头面积百分率（%）	≤25	50	100
ζ_l	1.2	1.4	1.6

> **特别提示**：图1-9中所示的连接区段内的同直径搭接钢筋为两根，钢筋搭接接头面积百分率为50%，钢筋绑扎搭接接头连接区段的长度为1.3倍的搭接长度。

位于同一连接区段内的受拉钢筋搭接接头面积百分率：对梁类、板类及墙类构件，不宜大于25%；对柱类构件，不宜大于50%。当工程中确有必要增大受拉钢筋搭接接头面积百分率时，对梁类构件，不宜大于50%；对板类、墙类及柱类构件，可根据实际情况放宽。

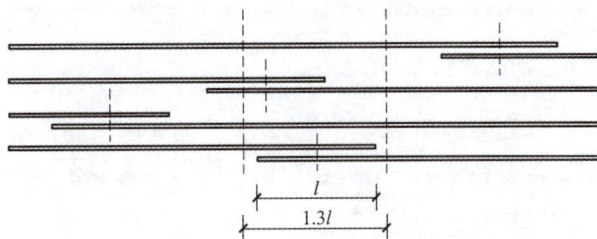

图1-9　同一连接区段纵向受拉钢筋绑扎搭接接头

构件中的纵向受压钢筋当采用搭接连接时，其受压搭接长度不应小于纵向受拉钢筋搭接长度的70%，且不应小于200mm。

1.7.5　抗震等级

钢筋混凝土结构构件的抗震设计，应根据设防类别、设防烈度、结构类型和房屋高度采用不同的抗震等级，并应符合相应的构造措施要求。

现浇钢筋混凝土房屋的抗震等级共分为四级，见表1-15。

表1-15　现浇钢筋混凝土房屋的抗震等级

结构类型		设防烈度					
		6		7		8		9
	高度/m	≤24	>24	≤24	>24	≤24	>24	≤24
框架结构	普通框架	四	三	三	二	二	一	一
	大跨度框架	三		二		一		一

（续）

结构类型		设防烈度								
		6		7			8			9
框架 – 抗震墙结构	高度/m	≤60	>60	≤24	25 ~ 60	>60	≤24	25 ~ 60	>60	≤24	25 ~ 50
	框架	四	三	四	三	二	三	二	一	二	一
	抗震墙	三		三		二	二		一	一	
抗震墙结构	高度/m	≤80	>80	≤24	25 ~ 80	>80	≤24	25 ~ 80	>80	≤24	25 ~ 60
	抗震墙	四	三	四	三	二	三	二	一	二	一
部分框支抗震墙结构	高度/m	≤80	>80	≤24	25 ~ 80	>80	≤24	25 ~ 80			
	抗震墙 一般部位	四	三	四	三	二	三	二			
	抗震墙 加强部位	三	二	三	二	一	二	一			
	框支层框架	二		二			一				

注：1. 建筑场地为Ⅰ类时，除6度设防烈度外，应允许按表内降低一度所对应的抗震构造措施，但相应的计算要求不应降低。

2. 接近或等于高度分界时，应允许结合房屋不规则程度及场地、地基条件确定抗震等级。

3. 大跨度框架是指跨度不小于18m的框架。

4. 高度不超过60m的框架 – 核心筒结构按框架 – 抗震墙结构的要求设计时，应按表中框架 – 抗震墙结构的规定确定其抗震等级。

1.7.6　钢筋弯钩

为保证光圆钢筋的黏结力，受拉的光圆钢筋末端需设置弯钩，光圆钢筋用于箍筋、拉筋等时，需要在末端设置弯钩。钢筋弯钩按弯起角度的不同，分为180°、135°、90°三种，如图1-10所示。

1. 180°弯钩

$$180°弯钩长度 = 6.25d$$

光圆钢筋两端采用180°弯钩。框架梁中的架立筋、构造筋等采用HPB300钢筋时，其两端需要设置180°弯钩，即其长度增加$6.25d \times 2$。

> **特别提示：** 为保证光圆钢筋的黏结力，受拉的光圆钢筋（HPB300级钢筋）末端需设置180°弯钩，每个弯钩长度为$6.25d$。变形钢筋（HRB335、HRB400、HRB500级钢筋）末端不需要设置弯钩。

2. 135°弯钩

$$135°弯钩长度 = 1.9d + \max\ (10d,\ 75mm)$$

图1-10中135°弯钩长度的精确计算值为$11.87d$，工程中一般简化为$11.9d$。框架梁、框架柱中的箍筋、拉结筋等采用HPB300钢筋时，其两端需要设置135°弯钩，即其长度增加$[1.9d + \max\ (10d,\ 75mm)] \times 2$。

3. 90°弯钩

$$90°弯钩长度 = 3.5d$$

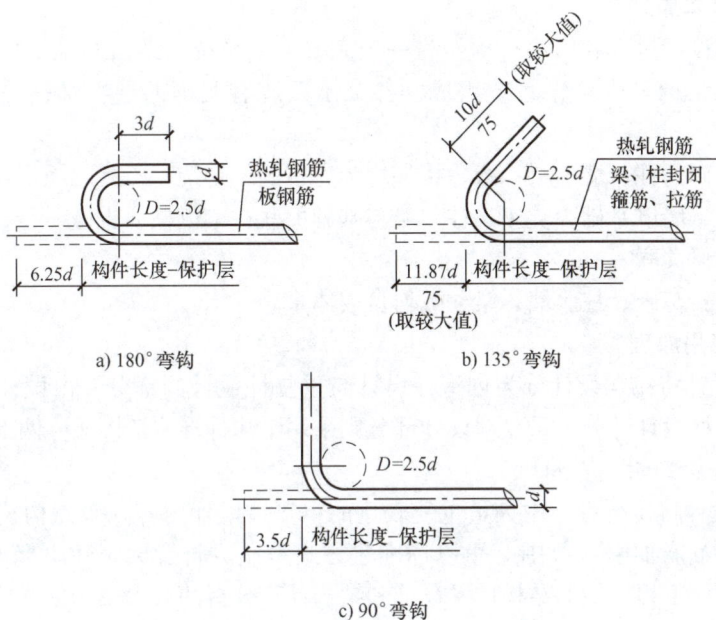

a) 180° 弯钩

b) 135° 弯钩

c) 90° 弯钩

图 1-10　钢筋弯钩计算示意图

能力单元 5　钢筋平法原理

1.8　平法基础知识

1.8.1　平法概念

建筑结构施工图平面整体设计方法按照平面整体表示法制图规则，把结构构件的尺寸和配筋等整体直接表达在各类构件的结构平面布置图上，再与标准构造详图相配合，即构成一套新型完整的结构施工图。创造性设计和重复性设计的分离，使其更有利于设计师进行真正的创造性设计。

建筑结构施工图平面整体设计方法（简称平法，下同）对我国混凝土结构施工图的设计表示方法做出了重大的改革。历经多年的发展和修订，目前所用的平法图集为 11G 101 系列混凝土结构施工图平面整体表示方法制图规则和构造详图图集，包括 11G101—1 现浇混凝土框架、剪力墙、梁、板、11G101—2 现浇混凝土板式楼梯和 11G101—3 独立基础、条形基础、筏形基础、桩基承台。

1.8.2　平法制图规则

随着设计方法的技术革新，采用平面整体标注法进行设计的图纸已占工程设计总量的90% 以上。平面表示法是目前结构施工图普遍使用的表达方法，具有简便、全面、准确的特点，应予以掌握。

1. 平法的基本原理

平法把全部设计过程和施工过程作为一个完整的主系统，即由基础结构、柱（墙）结构、梁结构、板结构等多个子系统组成，各个子系统有明确的层次性、关联性和相对完整性。

层次性：基础、柱、墙、梁、板、楼梯均为完整的子系统。

关联性：柱、墙以基础为支座，柱、墙与基础关联；梁以柱为支座，梁与柱关联；板以梁为支座，板与梁关联。

相对完整性：基础、柱、墙、梁、板均自成体系。

2. 平法的应用原理

（1）平法设计将结构设计分为创造性设计与重复性设计两部分，由设计者采用平法制图规则完成创造性设计部分，重复性设计部分则采用平法标准构造图集，两部分为对应互补关系，合并构成完整的结构设计。

（2）平法设计将传统设计中大量重复表达的重复性设计内容（节点构造详图、钢筋搭接和锚固长度、箍筋加密区范围等）以标准化方式编制成符合国家建筑标准构造的设计。设计者本人对具体工程所做的结构体系设计和结构计算分析的成果属于创造性设计部分。

（3）平法施工图主要表达创造性设计内容，出图时应配以相应的标准构造图集（标准构造图集属于正式的设计文件）。每一类构件的平法结构图均应由两部分组成：平面整体配筋图和标准构造详图。

1.8.3 平法学习方法

11G101 平法图集由"平法制图规则"和"标准构造详图"组成。"平法制图规则"是学习者识读平法施工图的语言，"标准构造详图"给出了计算钢筋工程量的计算规则。

对于 11G101 平法图集的学习，主要是制图规则和构造详图两方面的内容。学习制图规则的核心在于建筑结构的读图、识图能力的培养；学习构造详图的核心在于掌握不同结构构件中钢筋的构造及其节点处钢筋的构造。学会针对同类构件的知识点归纳和不同类构件间的比较是学习平法图集的主要方法。

1.9 平法钢筋计量流程

建筑结构是一个完整的系统，应从系统角度和系统关系来进行钢筋的计量。

平法贯穿了建筑行业的整个过程，钢筋工程量必须按照平法图集结合工程结构图来进行计算。平法的识图和计量不仅需要熟练识图，还要对相关规范、标准图集进行深入理解，更需要对工程结构、力学知识以及钢筋工程的施工过程有深入的理解。钢筋计量必须全面确切地转换设计图纸上图形语言所表达的意思，计量要能达到相关规范、验收标准的要求，也要满足计算规则要求。

平法钢筋计算的流程、步骤和内容如下：

1. 建筑结构的读图、识图

结构施工图主要包括结构设计说明、结构平面图和结构构件详图。

结构施工图在表达方法上，采用了从整体到局部、由粗至细的方式。通过读图、识图，要能够迅速地在脑海中勾勒出构件的三维实体及每个细部的构造。

（1）结构设计说明以文字叙述为主。一般包括：建筑物的结构形式、层数及抗震等级；结构设计依据的规范、图集；结构材料及其强度等级；构造连接的做法和要求；抗震构造要求等。

（2）结构平面图主要表示结构构件的位置、数量、型号及相互关系。包括：基础平面布置图、楼层结构平面布置图、屋面结构平面布置图等。

（3）结构构件详图主要表示单个构件的形状、尺寸、材料、构造及其工艺方面的情况。包括：梁、板、柱及基础结构详图，楼梯结构详图，屋架结构详图等。

2. 熟悉并理解相关规范及图集

钢筋工程量计算的主要依据是规范和图集，所以必须对规范和图集有相当透彻的理解。在双方设计核对钢筋数据的过程中，常常会有争执，其核心就在于对规范的理解有偏差。

3. 掌握单根构件钢筋计量

在上述基础上，以读图、识图中从整体建筑结构中拆解出来的单根构件为载体，遵循"受力分析—构件设计—平法识图—钢筋构造图解—钢筋计量—钢筋计量实训"的流程，进行单根构件钢筋计量。

计算单根构件钢筋，应紧密结合工程的实际情况，按照施工顺序分楼层进行。

4. 掌握结构钢筋计量

钢筋计量的学习应由简单到复杂，其流程为"单根钢筋—单根构件—整体结构"。掌握了单根构件钢筋计量后，还必须将单根构件整合为整体结构。本书在编写过程中，考虑到知识学习到能力构建的特点，每一模块都是一类型构件，模块内部的讲解是根据单根构件进行的，模块间的组合就是整个结构（与识图过程刚好相反）。

结构钢筋计量能力的培养一是要掌握节点构造，二是要能够熟练地读图识图。

5. 构件钢筋工程量的汇总

实际工程中，将上述不同级别、不同直径的钢筋长度分类统计汇总后，再综合考虑不同直径钢筋的单位理论质量，即可求得钢筋的质量。

6. 钢筋清单的编制

钢筋工程工程量清单的编制见表1-1和表1-2。

能力模块内容回顾

本能力模块主要内容是：钢筋计量基本理论、建筑结构构造、抗震设计基础知识、建筑材料基础、钢筋计量基础概念、钢筋平法原理等。

具体内容为：建筑结构构造包括建筑结构组成、建筑结构类型和混凝土结构构造；抗震设计包括地震相关概念、抗震设防术语、抗震设防要求和设计地震分组等；建筑材料基础包括钢筋和混凝土的材料特性、力学性能、强度等级；钢筋计量基础概念包括结构的环境类别、混凝土保护层、钢筋的锚固及锚固长度、钢筋的连接、抗震等级、钢筋弯头；钢筋平法原理包括平法基础知识和平法钢筋计量基础。

模块二　柱钢筋计量

模块导读

本模块主要介绍柱的钢筋计量。

柱子是典型的受压构件。柱中的钢筋有纵筋和箍筋两种。

柱钢筋计量时，应分层计算，即分为基础层、首层、中间层和顶层。

模块内容以柱构件为载体，遵循"柱受力分析—柱构件设计—柱平法标注及识图—柱配筋构造图解—柱施工工艺—柱钢筋计量—柱钢筋计量实训"的体系化能力构建流程，系统阐述柱钢筋计量的步骤、方法和技巧。

能力模块学习目标

通过对本能力模块的学习，要求熟悉柱的受力分析及构件设计。在此基础上，掌握柱平法施工图制图规则，能够进行柱钢筋识图。掌握柱钢筋计量的原则、方法、流程、技巧。通过书中柱钢筋计量实训案例的学习，能够结合实际工程图纸熟练地进行柱钢筋的计量。

能力单元1　柱受力及构造

2.1　柱受力分析

柱子是典型的受压构件（图 2-1）。当构件只有轴向压力作用，且作用线与构件的截面重心重合时，称其为轴心受压构件；当轴向压力作用线偏离截面重心或构件截面上同时作用有轴向压力和弯矩时，称其为偏心受压构件。偏心受压构件又分为单向偏心受压（轴向力只在截面一个主轴方向有偏心）和双向偏心受压构件（轴向力在截面两个主轴方向都有偏心）。

实际工程中的受压构件，由于混凝土自身的不均匀性、施工的偏差等，理想的轴心受压构件是不存在的。屋架的受压腹杆、等跨多层框架的中柱因弯矩很小可以忽略不计，近似认为是轴心受压构件。等跨多层框架的中柱受力图如图 2-2 所示。

图 2-2 中 1—1 断面处的柱截面为 240mm × 240mm，2—2 断面处的柱截面为 370mm × 370mm。

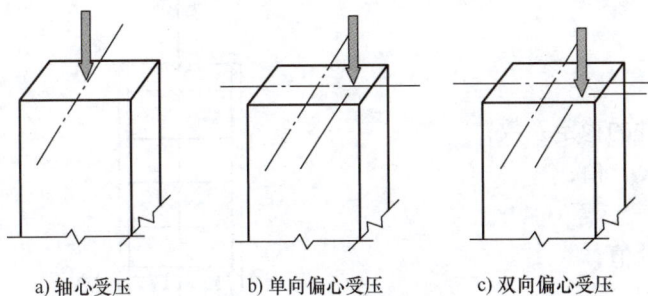

a) 轴心受压　　　b) 单向偏心受压　　　c) 双向偏心受压

图2-1　受压构件受力图

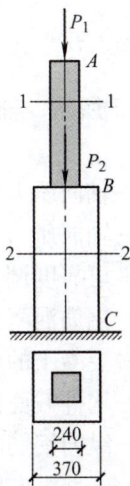

图2-2　等跨多层框架的中柱受力图

2.2　柱构件设计

2.2.1　柱破坏形态

轴心受压短柱受荷后，截面应变均匀分布。由于混凝土的塑性变形及收缩徐变的影响，在加荷到一定阶段后，钢筋与混凝土之间发生应力的重分布，混凝土的压应力减小，钢筋的压应力增大。试验表明这种压应力的重分布并不影响构件的极限承载力。对于配置HPB300、HRB335、HRB400 钢筋的构件，在混凝土达到其轴心受压强度设计值之前，钢筋已屈服，随着荷载的增加，钢筋应力保持其抗压强度设计值，最终以混凝土达到极限压应变宣告破坏。

轴心受压短柱的破坏特征：在临近破坏时，短柱四周出现明显的纵向裂缝，箍筋间的纵向钢筋压屈外鼓，呈灯笼状，以混凝土的压碎而宣告破坏（图2-3）。

若柱较细长，在构件达到极限承载力前，常常产生侧向挠屈。侧向挠屈产生附加弯矩，最终长柱在轴向力和附加弯矩共同作用下发生破坏（图2-4）。长柱的极限承载力低于短柱的极限承载力。受压长柱相对于短柱极限承载力的降低一般用稳定系数 φ 来表示。

图2-3　受压短柱破坏形态

图2-4　受压长柱破坏形态

2.2.2 柱承载力计算

如图 2-5 所示，轴心受压柱的配筋计算为

$$N \leqslant N_u = 0.9\varphi\ (f_c A + f'_y A'_s)$$

式中　N——轴向压力设计值；

　　N_u——轴向压力承载力设计值；

　　0.9——可靠度调整系数；

　　φ——钢筋混凝土轴心受压构件的稳定系数；

　　f_c——混凝土的轴心抗压强度设计值；

　　A——构件截面面积；

　　f'_y——纵向钢筋的抗压强度设计值；

　　A'_s——全部纵向钢筋的截面面积。

> **特别提示：** 当纵向钢筋配筋率大于 3% 时，上式中的 A 改成 $A - A'_s$。

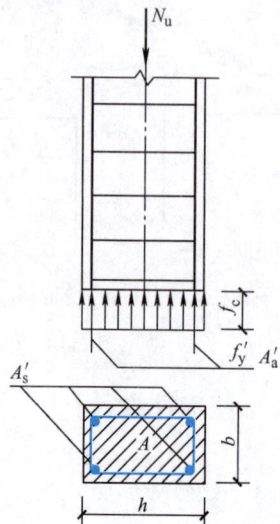

图 2-5　轴心受压柱计算图

轴心受压构件的稳定系数 φ 主要与柱的长细比 l_0/b（l_0/d）有关，见表 2-1。表中 l_0 为构件计算长度，b 为矩形截面的短边尺寸，d 为圆形截面的直径。计算长度 l_0 与构件两端支承情况有关，具体见混凝土结构设计规范的规定。

表 2-1　钢筋混凝土构件的稳定系数

l_0/b	l_0/d	φ
≤8	≤7	1.00
10	8.5	0.98
12	10.5	0.95
14	12	0.92
16	14	0.87
18	15.5	0.81
20	17	0.75

柱中纵向钢筋的直径不宜小于 12mm，根数不少于 4 根，全部纵向钢筋的最小配筋率 $\rho_{min} = 0.55\%$（纵筋采用 HRB400 时），同一侧纵向钢筋的最小配筋率 $\rho_{min} = 0.2\%$，全部纵向钢筋的配筋率不宜大于 5%。

【案例 2-1】　现浇混凝土结构的底层内柱，截面尺寸为 400mm×400mm，楼层计算层高 $H = 3.9\text{m}$，轴向力设计值 $N = 3090\text{kN}$，设计采用 C40 混凝土，HRB400 钢筋。请计算该柱的纵向钢筋并绘制配筋图。

【解】　C40 混凝土 $f_c = 19.1\text{N/mm}^2$，HRB400 钢筋 $f'_y = 360\text{N/mm}^2$。

1. 求柱的稳定系数 φ

根据混凝土结构设计规范的规定：$l_0 = H$，$\dfrac{l_0}{b} = \dfrac{3900}{400} = 9.75$，查表 2-1，得

$l_0/b = 8$ 时，$\varphi = 1.0$；

$l_0/b = 10$ 时，$\varphi = 0.98$；

$l_0/b = 9.75$ 时的稳定系数通过内插法求得，即

$$\varphi = 1.0 - \frac{(1.0 - 0.98)}{(10 - 8)} \times (9.75 - 8) = 0.983$$

2. 计算配筋率

根据轴心受压柱的配筋计算公式计算配筋：

$$A'_s = \frac{1}{f'_y}\left(\frac{N}{0.9\varphi} - f_c A\right)$$

$$= \frac{1}{360} \times \left(\frac{3090 \times 10^3}{0.9 \times 0.983} - 19.1 \times 400 \times 400\right) \text{mm}^2$$

$$= 1213 \text{mm}^2$$

选配 4Φ20（$A_s = 1256\text{mm}^2$）。

3. 验算配筋率

$$\rho = \frac{A_s}{bh} \times 100\% = \frac{1256}{400 \times 400} \times 100\% = 0.785\%$$

$\rho = 0.785\% < 3\%$

上述 A 在计算时不需要减去 A'_s。

$\rho = 0.785\% > \rho_{\min} = 0.55\%$，满足最小配筋率的要求。

截面每一侧配筋率 $\rho' = \dfrac{0.5 \times 1256}{400 \times 400} \times 100\% = 0.393\% > 0.2\%$，配筋满足要求。

该柱配 4Φ20 钢筋即满足全部纵向钢筋的最小配筋率 0.55% 和单侧最小配筋率 0.2% 的要求。

在配筋如图 2-6 所示。

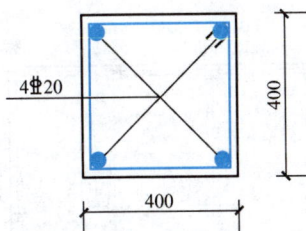

图 2-6　柱配筋图

2.3　柱钢筋构造图解

柱中的钢筋有纵筋和箍筋两种。纵筋的作用是和混凝土共同承担压力，同时还承担可能存在的较小弯矩及混凝土变形引起的拉应力，提高构件的塑性性能。箍筋的作用是防止纵筋

向外压屈，提高柱受剪承载力，与纵筋形成骨架，且对核心部分的混凝土起到约束作用。

如图 2-7 所示，纵筋计算分根数和长度两块内容。纵筋长度按照钢筋连接方式的不同，有绑扎连接、焊接连接和机械连接。无论哪种连接方式，纵筋长度的计量都分为基础层钢筋、首层钢筋、中间层钢筋和顶层钢筋。顶层纵筋长度计算，又要考虑柱位置的不同，即分为角柱、边柱和中柱来计算（图 2-8）。柱中的箍筋也分根数和长度两块，根数计算要考虑加密区和非加密区的问题。

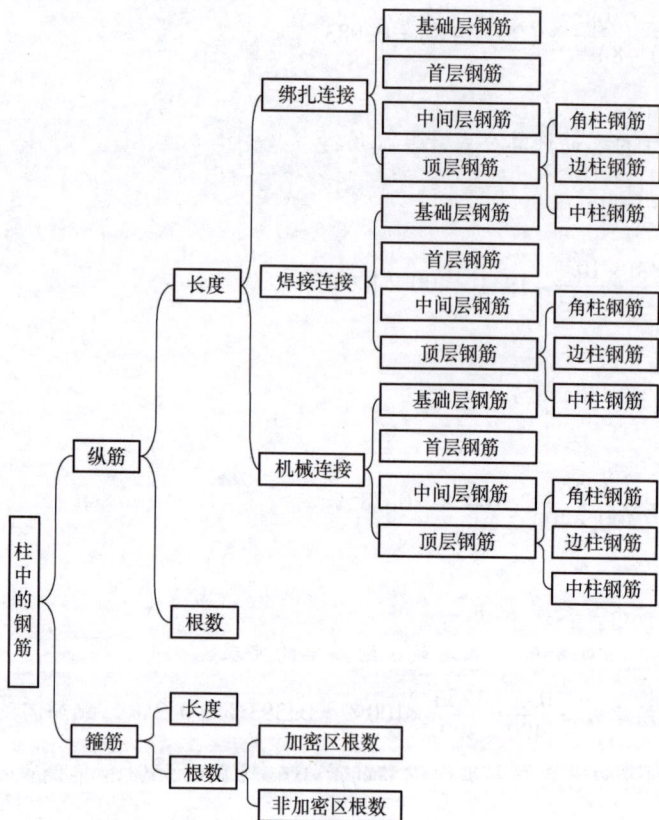

图 2-7 柱钢筋分类

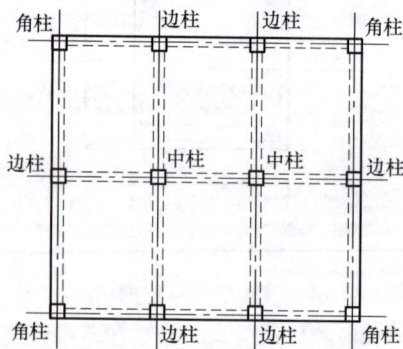

图 2-8 框架柱划分示意图

不同搭接形式时抗震边（角）柱内纵向钢筋的构造，如图2-9所示。

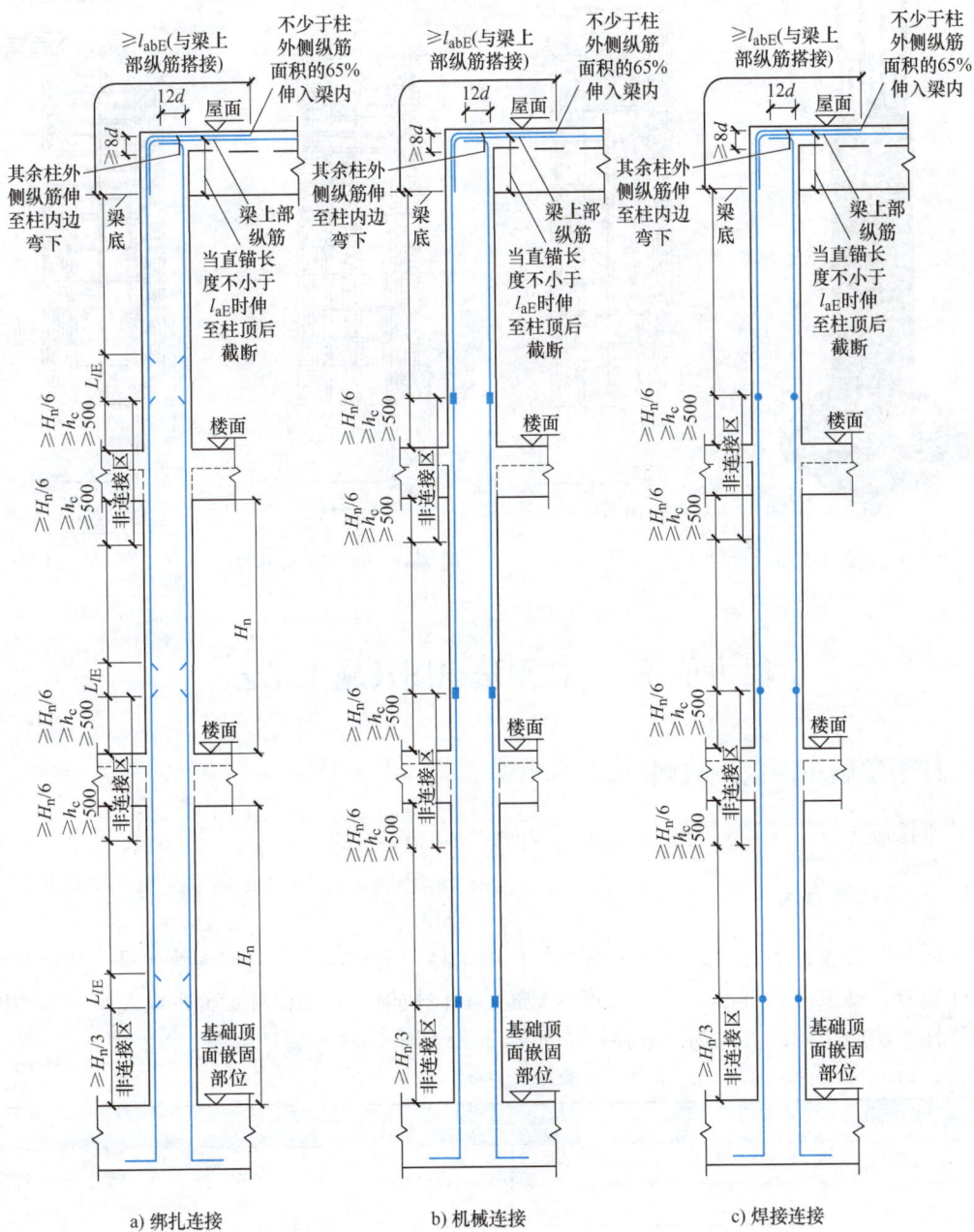

图2-9　柱钢筋构造

柱基础层插筋示意如图2-10所示。

柱顶部纵筋构造要区分角柱、边柱和中柱，其三维构造如图2-11所示。

特别提示：柱钢筋在实际计量过程中，不考虑主筋错层搭接的问题，因为钢筋错层搭接对总的工程量没有影响。

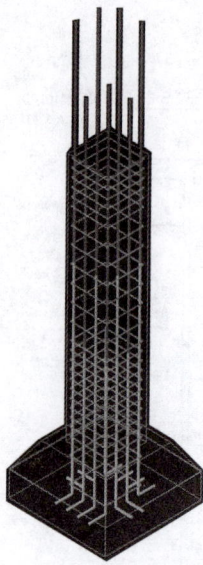

图 2-10　柱基础层插筋示意

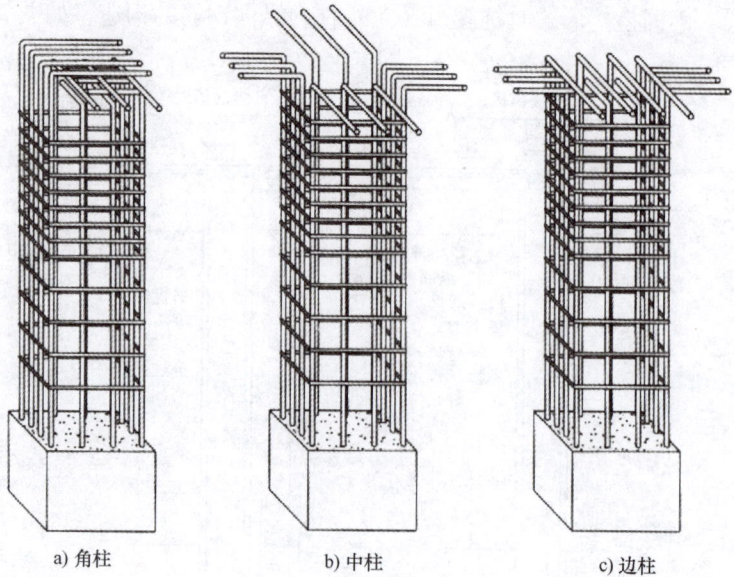

a) 角柱　　　　b) 中柱　　　　c) 边柱

图 2-11　柱顶层纵筋构造

能力单元 2　柱平法识图及施工工艺

2.4　柱平法施工图制图规则

柱平法施工图可采用列表注写方式或截面注写方式表达。

2.4.1　列表注写方式

在柱平面布置图上，分别在统一编号的柱中选择一个截面注写几何参数代号，然后列表注写柱编号、柱段起止标高、几何尺寸与配筋的具体数值，并配以柱截面形状及箍筋类型图来表达柱平法施工图的方式为列表注写，如图 2-12 所示。柱的编号见表 2-2。

表 2-2　柱编号

柱类型	代号
框架柱	KZ
框支柱	KZZ
芯柱	XZ
梁上柱	LZ
剪力墙上柱	QZ

2.4.2　截面注写方式

在柱平面布置图的柱截面上，分别在同一编号的柱中选择一个截面，以直接注写截面尺寸和配筋具体数值的方式来表达柱平法施工图为截面注写方式，如图 2-13 所示。

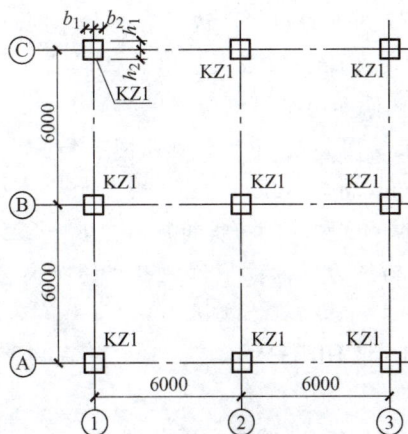

图 2-12　柱列表注写

柱号	标高	$b \times h$	b_1	b_2	h_1	h_2
KZ1	−2.53～11.37	450×450	225	225	225	225

角筋	b 边一侧中部筋	h 边一侧中部筋	箍筋类型号	箍筋
4⊕25	3⊕25	3⊕25	5×5	Φ10@100/200

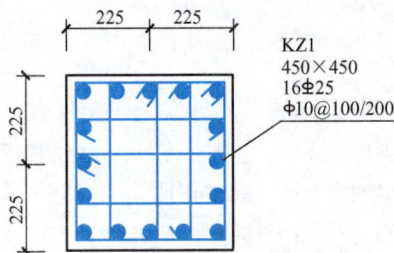

屋面	11.370	
3	7.770	3.6
2	4.170	3.6
1	−0.030	4.2
基础层	−2.530	2.5
层号	标高/m	层高

图 2-13　柱截面注写

2.5　柱平法识图

【案例2-2】　完成图 2-12、图 2-13 中框架柱 KZ1 的识读。

【解】　(1) 由图 2-13 中的结构层楼面标高表可知：该结构共有 3 层，其中一层层高 4.2m，二层层高 3.6m，三层层高 3.6m，基础底标高 −2.53m。一层室内结构标高 −0.03m，二层室内结构标高 4.17m，三层室内结构标高 7.77m，屋顶结构标高 11.37m。

(2) 由图 2-12 中的柱平面布置图可知：该柱为框架柱，编号为 KZ1，总共有 9 根。

1) ②、Ⓑ轴线交界处的 KZ1 为中柱。

2) ②、Ⓐ轴线交界处，②、Ⓒ轴线交界处，①、Ⓑ轴线交界处，③、Ⓑ轴线交界处的 KZ1 柱为边柱。②、Ⓐ轴线交界处，②、Ⓒ轴线交界处的 KZ1 为 b 边边柱；①、Ⓑ轴线交界处、③、Ⓑ轴线交界处的 KZ1 为 h 边边柱。边柱有一个外侧面和三个内侧面。

3）①、Ⓐ轴线交界处，①、Ⓒ轴线交界处，③、Ⓐ轴线交界处，③、Ⓒ轴线交界处的 KZ1 柱为角柱。角柱有两个外侧面和两个内侧面。

（3）由图 2-12 中的柱列表及图 2-13 中的柱截面图可知：

1）柱截面尺寸为 $b = 450mm$，$h = 450mm$，是矩形截面柱，无变截面情况。

2）以水平方向的轴线为界，柱左侧到轴线的距离为 $b_1 = 225mm$，柱右侧到轴线的距离为 $b_2 = 225mm$。以铅垂方向的轴线为界，柱下侧到轴线的距离为 $h_1 = 225mm$，柱上侧到轴线的距离为 $h_2 = 225mm$。

3）框架柱 KZ1 总共配有 16 根 HRB335 纵筋，其中角筋 4Φ25，b 边一侧中部筋 3Φ25，h 边一侧中部筋 3Φ25。

4）框架柱 KZ1 中的箍筋为 Φ10@100/200，箍筋类型为 5×5。

> **特别提示**：按照所在位置的不同，将柱分为角柱、边柱和中柱。柱顶层纵筋的计算与柱所在位置密切相关。

2.6 柱施工工艺

在进行钢筋计量时，从施工角度来看，高楼总是一层层盖起来的，分层计算框架柱的钢筋，不但是施工实际及钢筋下料的要求，也是工程计划管理和进度管理的要求。

本书在讲述框架柱钢筋计量时，不论是纵向钢筋，还是箍筋，都是按照施工实际分层来介绍的，这样构建起来的柱钢筋计量知识体系紧密结合了工程实际。

每层柱钢筋的施工工艺流程为：套柱箍筋（套在下层伸出的钢筋上）—连接竖向受力筋—画箍筋间距线—绑箍筋。

能力单元 3 柱钢筋计量

2.7 中柱纵向钢筋计量

柱纵筋的计算应分层进行，首先进行基础层钢筋计量，柱中的纵筋在基础浇捣前就应按照图纸要求布置在基础中，柱伸入到基础中的钢筋即为插筋，如图 2-10 所示。随后分层计算首层、二层纵筋等。顶层柱纵筋在屋面处需要锚入到梁（板）中。

2.7.1 基础层插筋计量

框架柱生根于基础，框架柱中的插筋伸入到基础中的尺寸计算，分以下两种情况。

1. 柱插筋锚固构造一

（1）当基础底面到基础顶面的高度 $h_j > l_{aE}$（l_a）且柱外侧插筋保护层厚度 $>5d$ 时，采用图 2-14 所示的锚固构造。

其中，l_{aE}——抗震锚固长度，具体见模块一内容所述（下同）；

l_a——锚固长度，具体见模块一内容所述（下同）；

h_j——基础底面到基础顶面的高度，对于带基础梁的基础为基础梁顶面至基础梁底面的高度，当柱两侧基础梁标高不同时取较低基础梁标高。

d——插筋直径。

(2) 当插筋部分保护层厚度不一致时，

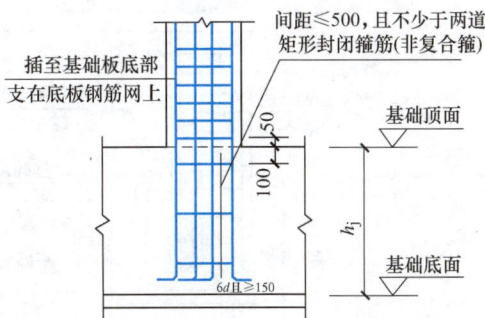

图 2-14　柱插筋锚固构造一

保护层厚度 $<5d$ 的部位应设置锚固区横向箍筋。锚固区横向箍筋应满足直径 $\geq d/4$（d 为插筋最大直径），间距 $\leq 10d$（d 为插筋最小直径）且 $\leq 100mm$ 的要求。

(3) 当柱为轴心受压或小偏心受压，独立基础、条形基础高度不小于 1200mm 时，或当柱为大偏心受压，独立基础、条形基础高度不小于 1400mm 时，可仅将柱四角插筋伸至底板钢筋网上（伸至底板钢筋网上的柱插筋的间距不应大于 1000mm），其他钢筋满足锚固长度 l_{aE}（l_a）即可。

(4) 柱插筋锚固构造一的插筋长度计算式为

$$插筋长度 = 弯折长度 + 竖直高度 + 基础顶面到钢筋接头尺寸$$

式中

$$弯折长度 = \max（6d，150mm）$$
$$竖直高度 = 基础高度 - 基础保护层$$
$$基础顶面到钢筋接头尺寸 = 首层非连接区高度 H_n/3 + 连接长度$$

1）H_n 为首层计算净高，按下式计算：

$$首层计算净高 = 基础顶面到二层楼面的高度 - 首层顶梁高度$$

2）连接长度与钢筋连接方式有关：

当钢筋连接方式为搭接时，连接长度 = 搭接长度 l_{lE}；

当钢筋连接方式为焊接时，连接长度 = 0mm；

当钢筋连接方式为机械连接时，连接长度 = 0mm。

2. 柱插筋锚固构造二

当基础底面到基础顶面的高度 $h_j \leq l_{aE}$（l_a）且柱外侧插筋保护层厚度 $>5d$ 时，采用如图 2-15 所示的锚固构造，插筋长度的计算式为

$$插筋长度 = 弯折长度 + 竖直高度 + 基础顶面到钢筋接头尺寸$$

式中

$$弯折长度 = 15d$$
$$竖直长度 = \max[（基础高度 - 基础保护层），0.6l_{abE}（0.6l_{ab}）]$$
$$基础顶面到钢筋接头尺寸 = 首层非连接区高度 H_n/3 + 连接长度$$

1）H_n 为首层计算净高，按下式计算：

$$首层计算净高 = 基础顶面到二层楼面的高度 - 首层顶梁高度$$

2）连接长度与钢筋连接方式有关：

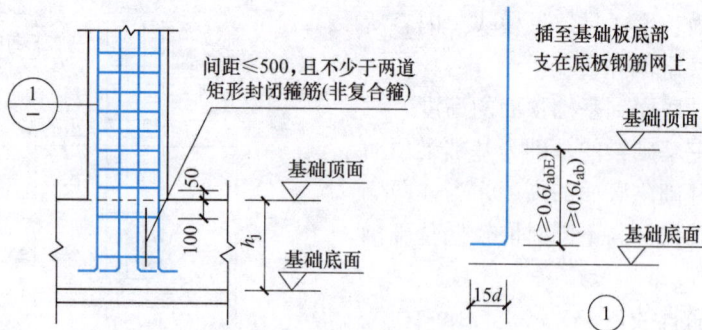

图 2-15　柱插筋锚固构造二

当钢筋连接方式为搭接时，连接长度 = 搭接长度 l_{lE}；

当钢筋连接方式为焊接时，连接长度 = 0mm；

当钢筋连接方式为机械连接时，连接长度 = 0mm。

2.7.2　首层纵向钢筋计量

首层柱纵筋的构造如图 2-16 所示，长度按下式计算：

首层柱纵筋长度 = 首层计算层高 − 基础顶面到
钢筋接头尺寸 + 二层楼面到
钢筋接头尺寸

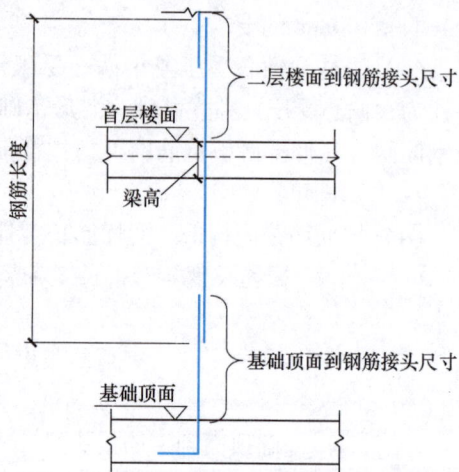

图 2-16　首层柱纵筋构造

（1）首层计算层高为基础顶面到二层楼面的高度。

（2）基础顶面到钢筋接头尺寸计算同插筋计算。

（3）二层楼面到钢筋接头尺寸：

二层楼面到钢筋接头尺寸 = 二层非连接区高度 + 连接长度

1）二层非连接区高度：

二层非连接区高度 = $\max(H_n/6，\ h_c，\ 500\text{mm})$

式中　H_n——二层净高，即为（二层层高 − 二层顶梁高度）；

h_c——柱长边尺寸。

2）连接长度与钢筋连接方式有关：

当钢筋连接方式为搭接时，连接长度 = 搭接长度 l_{lE}；

当钢筋连接方式为焊接时，连接长度 = 0mm；

当钢筋连接方式为机械连接时，连接长度 = 0mm。

特别提示：柱钢筋的接头长度与柱的嵌固部位有密切的关系，若建筑物有地下室，地下室地板部位为柱的嵌固部位；若无地下室，基础梁顶面为柱的嵌固部位。本书约定的柱嵌固部位为基础梁顶面。

2.7.3 中间层纵向钢筋计量

中间层纵筋的构造如图 2-17 所示，长度按下式计算：

中间层纵筋长度 = 中间层层高 − 中间层楼面到钢筋接头尺寸 + 上层楼面到钢筋接头尺寸

（1）中间层楼面到钢筋接头尺寸：

中间层楼面到钢筋接头尺寸 =
中间层非连接区高度 + 连接长度

1）中间层非连接区高度：

中间层非连接区高度 = $\max(H_n/6,\ h_c,\ 500\text{mm})$

式中 H_n——中间层净高，即（中间层层高 − 中间层顶梁高度）；

h_c——柱长边尺寸；

2）连接长度与钢筋连接方式有关：

当钢筋连接方式为搭接时，连接长度 = 搭接长度 l_{lE}；

当钢筋连接方式为焊接时，连接长度 = 0mm；

当钢筋连接方式为机械连接时，连接长度 = 0mm。

（2）上层楼面到钢筋接头尺寸：

上层楼面到钢筋接头尺寸 = 上层非连接区高度 + 连接长度

1）上层非连接区高度：

上层非连接区高度 = $\max(H_n/6,\ h_c,\ 500\text{mm})$

式中 H_n——上层净高，即（上层层高 − 上层顶梁高度）；

h_c——柱长边尺寸；

2）连接长度与钢筋连接方式有关：

当钢筋连接方式为搭接时，连接长度 = 搭接长度 l_{lE}；

当钢筋连接方式为焊接时，连接长度 = 0mm；

当钢筋连接方式为机械连接时，连接长度 = 0mm。

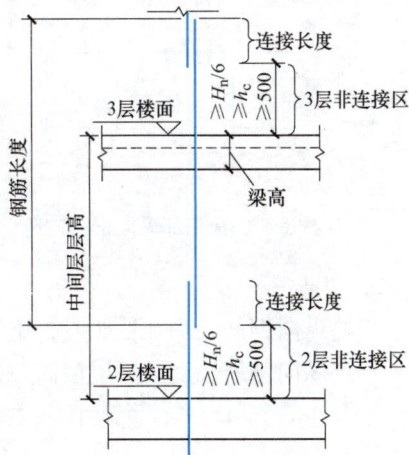

图 2-17 中间层柱纵筋构造

2.7.4 顶层纵向钢筋计量

中柱顶部纵向钢筋如图 2-11 所示，其具体构造有四种做法。

1. 构造一

当梁所能提供的直锚长度 $< l_{aE}$ 时，钢筋构造如图 2-18 所示，顶层纵向钢筋长度按下式计算：

顶层纵向钢筋长度 = 顶层层高 − 顶层梁高度 − 顶层楼面到钢筋接头尺寸 + 纵筋伸入梁内长度

式中

纵筋伸入梁内长度 = $\max(顶层梁高度 − 保护层厚度 + 12d,\ 0.5l_{abE} + 12d)$

2. 构造二

当梁所能提供的直锚长度 $< l_{aE}$ 且柱顶有不小于 100mm 厚的现浇板时，钢筋构造如图 2-19所示，顶层纵向钢筋长度按下式计算：

顶层纵向钢筋长度 = 顶层层高 - 顶层梁高度 - 顶层楼面到钢筋接头尺寸 + 纵筋伸入梁内长度

式中

纵筋伸入梁内长度 = $\max($ 顶层梁高度 - 保护层厚度 + $12d$, $0.5l_{abE} + 12d)$;

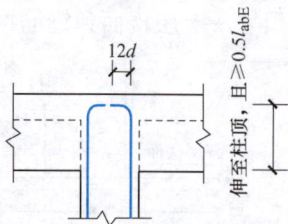

图 2-18　中柱顶部纵向钢筋构造一

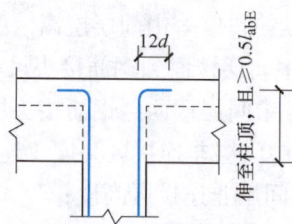

图 2-19　中柱顶部纵向钢筋构造二

3. 构造三

当柱纵向钢筋端头加锚头时，钢筋构造如图 2-20 所示，顶层纵向钢筋长度按下式计算：

顶层纵向钢筋长度 = 顶层层高 - 顶层梁高度 - 顶层楼面到钢筋接头尺寸 + 纵筋伸入梁内长度

式中

纵筋伸入梁内长度 = $\max$（顶层梁高度 - 保护层厚度, $0.5l_{abE}$）

4. 构造四

当梁所能提供的直锚长度 $\geq l_{aE}$ 时，钢筋构造如图 2-21 所示，顶层纵向钢筋长度按下式计算：

顶层纵向钢筋长度 = 顶层层高 - 顶层梁高度 - 顶层楼面到钢筋接头尺寸 + 纵筋伸入梁内长度

式中

纵筋伸入梁内长度 = $\max$（顶层梁高度 - 保护层厚度, l_{aE}）

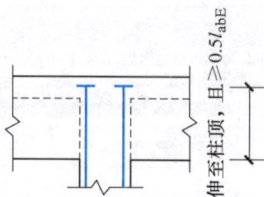

图 2-20　中柱顶部纵向钢筋构造三

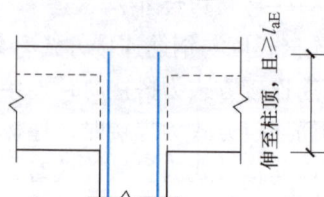

图 2-21　中柱顶部纵向钢筋构造四

2.8　边柱纵向钢筋计量

边柱纵向钢筋图 2-11 所示。

边柱基础插筋、首层纵向钢筋、中间层纵向钢筋的计算同中柱计算方法。

边柱顶层纵筋构造分为柱外侧面和柱内侧面两种情况。柱内侧面的纵筋计算方法同中柱计算，柱外侧面的纵筋构造有四种情况，如图 2-22 ~ 图 2-25 所示。

构造一、二、三、四应配合使用，节点构造四不应单独使用（仅用于未伸入梁内的柱外侧纵筋锚固），伸入梁内的柱外侧纵筋不宜少于柱外侧全部纵筋面积的 65%。可选择（构造二 + 构造四）或（构造三 + 构造四）或（构造一 + 构造二 + 构造四）或（构造一 + 构造三 + 构造四）中的一种做法。

1. 构造一

当柱外侧纵筋直径不小于梁上部钢筋时，柱外侧纵筋可弯入梁内作为梁上部筋使用，如图 2-22 所示。

构造一中的柱纵向钢筋作为梁上层钢筋，柱外侧纵筋与梁上部纵向钢筋拉通。顶层外侧纵筋长度按下式计算：

顶层外侧纵筋长度 = 顶层层高 − 保护层厚度 − 顶层楼面到钢筋接头尺寸

2. 构造二

当柱顶层纵筋从梁底算起 $1.5l_{abE}$ 超过柱内侧边缘时，柱纵筋节点构造如图 2-23 所示，顶层外侧纵筋长度按下式计算：

顶层外侧纵筋长度 = 顶层层高 − 顶层梁高度 − 顶层楼面到钢筋接头尺寸 + 纵筋伸入梁内长度

（1）当柱外侧纵向钢筋配筋率≤1.2% 时，纵筋伸入梁内长度为 $1.5l_{abE}$。

（2）当柱外侧纵向钢筋配筋率 >1.2% 时，柱外侧纵向钢筋分两批截断。

1）第一批纵筋伸入梁内长度：$1.5l_{abE}$；

2）第二批纵筋伸入梁内长度：$1.5l_{abE}+20d$。

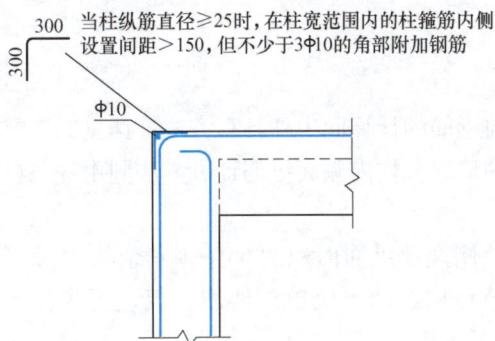

图 2-22　边（角）柱顶部纵向钢筋构造一　　　图 2-23　边（角）柱顶部纵向钢筋构造二

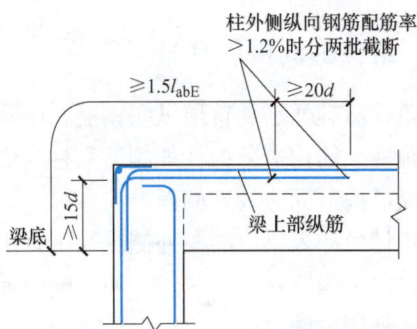

3. 构造三

当柱顶层纵筋尺寸从梁底算起 $1.5l_{abE}$ 未超过柱内侧边缘时，柱纵筋节点构造如图 2-24 所示，顶层外侧纵筋长度按下式计算

顶层外侧纵筋长度 = 顶层层高 − 顶层梁高度 − 顶层楼面到钢筋接头尺寸 + 纵筋伸入梁内长度

（1）当柱外侧纵向钢筋配筋率≤1.2% 时，纵筋伸入梁内长度为 max（$1.5l_{abE}$，顶层梁高度 − 保护层厚度 +15d）

（2）当柱外侧纵向钢筋配筋率 >1.2% 时，柱外侧纵向钢筋分两批截断。

1）第一批纵筋钢筋伸入梁内长度：max（$1.5l_{abE}$，顶层梁高度 − 保护层厚度 +15d）

2）第二批纵筋钢筋伸入梁内长度：max（$1.5l_{abE}$，顶层梁高度 − 保护层厚度 +15d）+20d。

4. 构造四

构造四（图 2-25）适用于构造二或构造三中未伸入梁内的柱外侧钢筋的锚固，顶层外侧纵筋长度按下式计算：

顶层外侧纵筋长度 = 顶层层高 - 顶层梁高度 - 顶层楼面到钢筋接头尺寸 + 纵筋伸入梁内长度

式中

柱顶第一层纵筋伸入梁内长度：梁高度 - 保护层厚度 + 柱宽度 - 保护层厚度 $\times 2 + 8d$；

柱顶第二层纵筋伸入梁内长度：梁高度 - 保护层厚度 + 柱宽度 - 保护层厚度 $\times 2$。

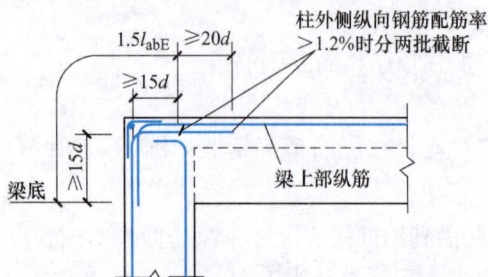

图 2-24 边（角）柱顶部纵向钢筋构造三

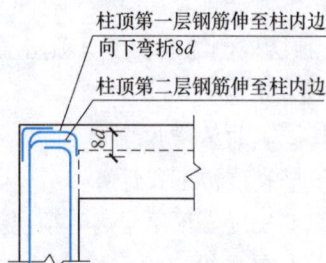

图 2-25 边（角）柱顶部纵向钢筋构造四

当现浇板厚度不小于 100mm 时，也可按构造二的方式伸入板内锚固，且伸入板内长度不宜小于 $15d$。

2.9 角柱纵向钢筋计量

角柱基础插筋、首层纵向钢筋、中间层纵向钢筋的计算同中柱计算方法，详见 2.7 节。

角柱纵筋构造分为柱外侧面和柱内侧面两种情况。柱内侧面纵筋计算方法同中柱，柱外侧面纵筋构造同边柱外侧面。

角柱中伸入梁内的柱外侧纵筋不宜少于柱外侧全部纵筋面积的 65%，其余的 35% 可不伸入梁内。构造一、二、三、四应配合使用，节点构造四不应单独使用（仅用于未伸入梁内的柱外侧纵筋锚固），伸入梁内的柱外侧纵筋可选择（构造二 + 构造四）或（构造三 + 构造四）或（构造一 + 构造二 + 构造四）或（构造一 + 构造三 + 构造四）中的一种做法。

2.10 柱箍筋计量

柱中箍筋计量分为箍筋长度和箍筋根数两部分。箍筋长度计算依赖于正确地拆解箍筋。箍筋根数计算应分层进行，分别计算基础层、首层（上加密区、非加密区、下加密区）、中间层（上加密区、非加密区、下加密区）、顶层（上加密区、非加密区、下加密区）的箍筋根数，最终进行汇总，即可得箍筋总根数。

2.10.1 箍筋长度计算

计算箍筋长度前，先要对复合箍筋进行拆解，具体的拆解方法如图 2-26 所示。

依据图 2-26 的箍筋拆解方式，【案例 2-2】中的 KZ1 矩形柱箍筋（箍筋类型 5×5，Φ10 @100/200）可以拆为 1#矩形双肢箍 + 2#矩形双肢箍 + 3#矩形双肢箍 + 4#单肢箍 + 5#单肢箍，如图 2-27 所示。

本书全部按外皮尺寸来计算箍筋长度。如图 2-28 所示的箍筋长度计算示意，各箍筋长度的计算如下：

1#箍筋长度 =（柱宽度 - 保护层厚度 $\times 2$）$\times 2$ +（柱高度 - 保护层厚度 $\times 2$）$\times 2$ +

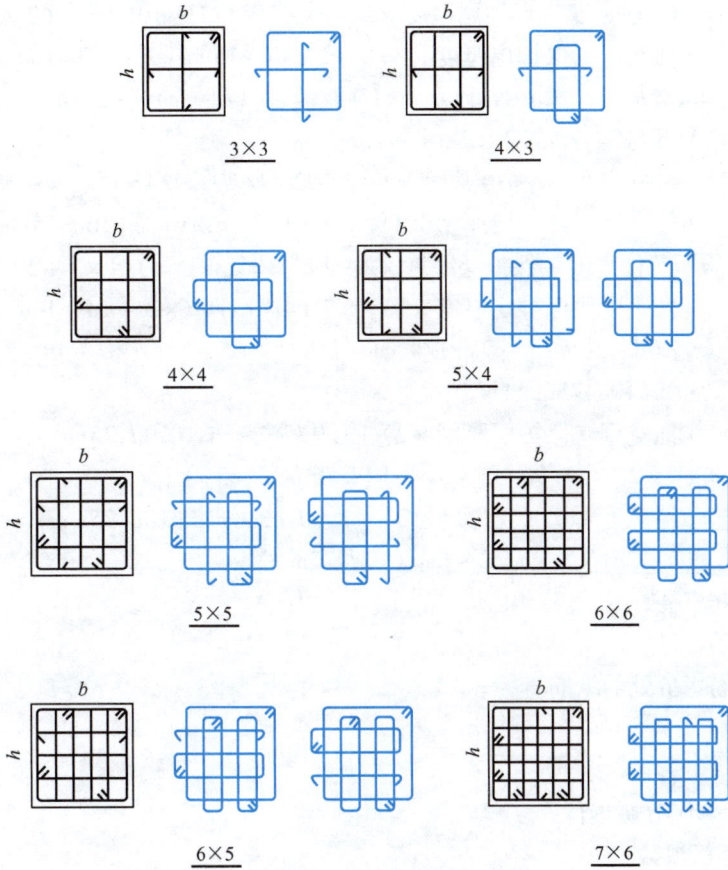

图 2-26　箍筋的拆解

$$1.9d \times 2 + \max(10d, 75\mathrm{mm}) \times 2$$

$$= \left[(柱宽度 - 保护层厚度 \times 2) + (柱高度 - 保护层厚度 \times 2) \right] \times 2 +$$

$$1.9d \times 2 + \max(10d, 75\mathrm{mm}) \times 2$$

$$= (b + h - 4c) \times 2 + 1.9d \times 2 + \max(10d, 75\mathrm{mm}) \times 2$$

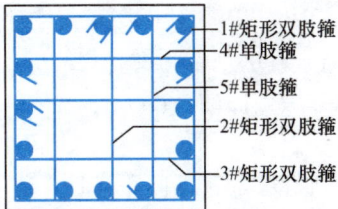

图 2-27　KZ1 柱箍筋拆解

（箍筋类型 5×5，Φ10@100/200）

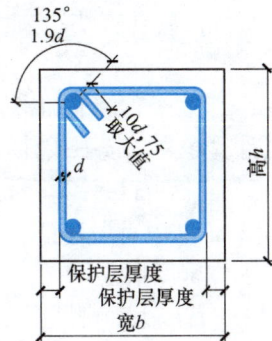

图 2-28　1#箍筋长度计算示意

$$2\#箍筋长度 = \left\{ \left[(柱宽度 - 保护层厚度 \times 2 - 2d - 2 \times 1/2D_{主1})/4 \times 1 + 2 \times 1/2D_{主2} + 2d \right] + \right.$$
$$\left. (柱高度 - 保护层厚度 \times 2) \right\} \times 2 + 1.9d \times 2 + \max(10d, 75\mathrm{mm}) \times 2$$

$$= \{[(柱宽度 - 保护层厚度 \times 2 - 2d - 2 \times 1/2D_{主1})/4 \times 1 + 2 \times 1/2D_{主2}] +$$
$$(柱高度 - 保护层厚度 \times 2)\} \times 2 + 4d + 1.9d \times 2 + \max(10d, 75mm) \times 2$$
$$= \{[(b - 2c - 2d - D_{主1})/4 \times 1 + D_{主2}] + (h - 2c)\} \times 2 + 4d + 1.9d \times 2 +$$
$$\max(10d, 75mm) \times 2$$

3#箍筋长度
$$= \{[(柱高度 - 保护层厚度 \times 2 - 2d - 2 \times 1/2D_{主1})/4 \times 1 + 2 \times 1/2D_{主2} + 2d] +$$
$$(柱宽度 - 保护层厚度 \times 2)\} \times 2 + 1.9d \times 2 + \max(10d, 75mm) \times 2$$
$$= \{[(柱高度 - 保护层厚度 \times 2 - 2d - 2 \times 1/2D_{主1})/4 \times 1 + 2 \times 1/2D_{主2}] +$$
$$(柱宽度 - 保护层厚度 \times 2)\} \times 2 + 4d + 1.9d \times 2 + \max(10d, 75mm) \times 2$$
$$= \{[(h - 2c - 2d - D_{主1})/4 \times 1 + D_{主2}] + (b - 2c)\} \times 2 + 4d + 1.9d \times 2 +$$
$$\max(10d, 75mm) \times 2$$

4#箍筋长度
$$= (柱宽度 - 保护层厚度 \times 2) + 1.9d \times 2 + \max(10d, 75mm) \times 2$$
$$= (b - 2c) + 1.9d \times 2 + \max(10d, 75mm) \times 2$$

5#箍筋长度
$$= (柱高度 - 保护层厚度 \times 2) + 1.9d \times 2 + \max(10d, 75mm) \times 2$$
$$= (h - 2c) + 1.9d \times 2 + \max(10d, 75mm) \times 2$$

式中　d——箍筋直径;

$D_{主1}$——角筋直径;

$D_{主2}$——箍筋弯折处的纵筋直径。

2.10.2 箍筋根数

箍筋根数计算应分层进行。

1. 基础层箍筋根数

规范要求基础层箍筋间距≤500mm,且不少于两道矩形封闭箍筋(非复合箍筋),如图 2-14、图 2-15 所示。

2. 首层箍筋根数

首层箍筋根数 = 首层下加密区根数 + 首层非加密区根数 + 首层上加密区根数

(1)首层下加密区根数:

首层下加密区根数 = (首层下加密区长度 - 50mm)/加密区间距 + 1

式中

$$首层下加密区长度 = 首层非连接区高度 H_n/3$$

H_n 为首层计算净高,按下式计算

$$首层计算净高 = 首层计算层高 - 首层顶梁高度$$
$$首层计算层高 = 基础顶面到二层楼面的高度$$

(2)首层上加密区根数:

$$首层上加密区根数 = 首层上加密区长度/加密区间距 + 1$$

式中

$$首层上加密区长度 = \max(H_n/6, h_c, 500mm) + 首层顶梁高度$$

h_c——柱长边尺寸。

(3)首层非加密区根数:

$$首层非加密区根数 = 首层非加密区长度/非加密区间距 - 1$$

式中

首层非加密区长度 = 首层计算层高 – 首层下加密区

长度 – 首层上加密区长度

3. 其余层箍筋根数

其余层箍筋根数 = 本层下加密区根数 + 本层非加密

区根数 + 本层上加密区根数

（1）本层下加密区根数：

本层下加密区根数 =（本层下加密区长度 – 50mm）/加密区间距

式中

本层下加密区长度 = $\max(H_n/6, h_c, 500mm)$

H_n——本层净高，即：本层层高 – 本层顶梁高度；

h_c——柱长边尺寸。

（2）本层上加密区根数：

本层上加密区根数 = 本层上加密区长度/加密区间距 + 1

式中

本层上加密区长度 = $\max(H_n/6, h_c, 500mm)$ + 本层顶梁高度

（3）本层非加密区根数：

本层非加密区根数 = 本层非加密区长度/非加密区间距 – 1

式中

本层非加密区长度 = 本层层高 – 本层下加密

区长度 – 本层上加密区长度

箍筋加密区的范围如图 2-29 所示。

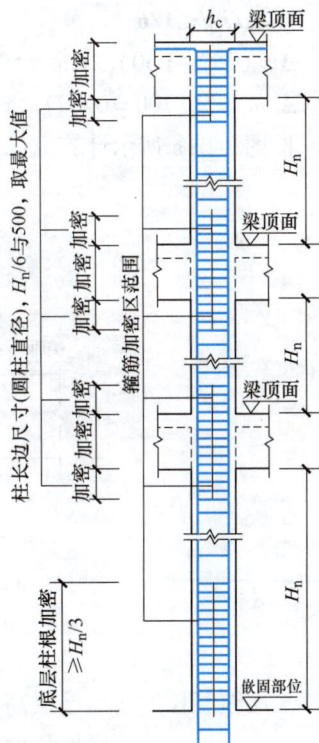

图 2-29　框架柱 KZ 箍筋加密区范围

2.11　变截面柱钢筋计量

2.11.1　变截面中柱钢筋计量

图 2-30 所示的 KZ1，二层截面尺寸为 750mm × 700mm，三层截面尺寸为 650mm × 600mm，假定该变截面柱为中柱，且这两层的截面形心未发生变化，钢筋的连接方式按焊接考虑，约定梁高 $h_b = 700mm$。则该变截面柱纵筋构造形式有以下两种。

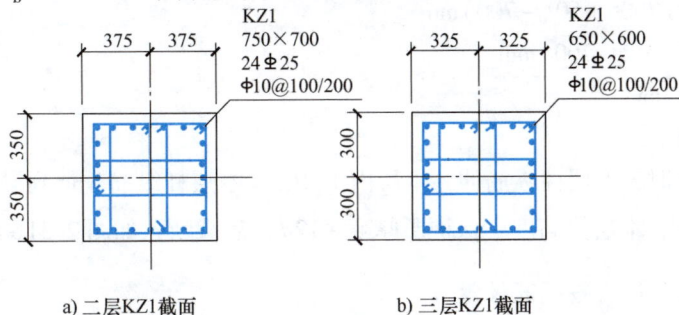

KZ1
750×700
24⊈25
Φ10@100/200

KZ1
650×600
24⊈25
Φ10@100/200

a) 二层 KZ1 截面　　　　　b) 三层 KZ1 截面

图 2-30　变截面柱

（二层层高 4200mm，三层层高 3600mm）

1.　$\Delta/h_b \leqslant 1/6$

$\Delta = (750 - 650)/2\,mm = 50\,mm$

$\Delta/h_b = 50/700 = 0.071 < 1/6 = 0.167$

按图 2-31a 所示计算纵筋长度：

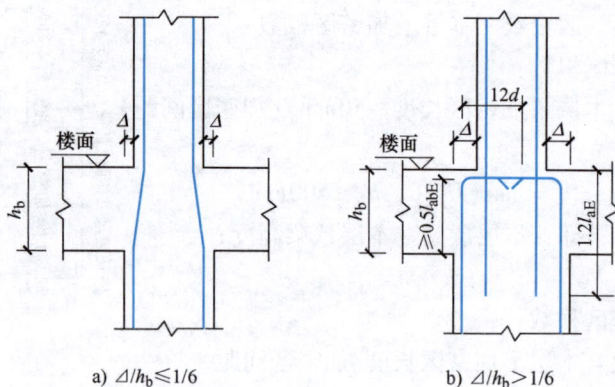

a) $\Delta/h_b \leqslant 1/6$　　　　b) $\Delta/h_b > 1/6$

图 2-31　变截面中柱纵筋构造

二层纵筋长度 = 二层层高 − 二层楼面到钢筋接头尺寸 + 三层楼面到钢筋接头尺寸 + 增加长度

$$= (4200 - 750 + 650 + 0.2)\,mm$$

$$= 4100.2\,mm$$

式中

二层楼面到钢筋接头尺寸 = 二层非连接区 $\max(H_n/6, h_c, 500\,mm)$ + 连接长度

$$= \max[(4200 - 700)/6, 750, 500]\,mm + 0\,mm$$

$$= 750\,mm$$

三层楼面到钢筋接头尺寸 = 三层非连接区 $\max(H_n/6, h_c, 500\,mm)$ + 连接长度

$$= \max[(3600 - 700)/6, 650, 500]\,mm + 0\,mm$$

$$= 650\,mm$$

增加长度 $= \sqrt{h_b^2 + \Delta^2} - h_b$

$$= (\sqrt{700^2 + 50^2} - 700)\,mm$$

$$= (700.2 - 700)\,mm$$

$$= 0.2\,mm$$

2.　$\Delta/h_b > 1/6$

当 $\Delta/h_b > 1/6$ 时，上层柱纵筋伸入本层内 $1.2l_{aE}$，本层柱纵筋先伸到梁底，再伸入梁内 $\max(0.5l_{abE} + 12d$，本层梁高度 − 保护层厚度 + $12d)$ 后截断，如图 2-31b 所示。

2.11.2　变截面边（角）柱钢筋计量

图 2-30 所示的 KZ1，二层截面尺寸为 750mm × 700mm，三层截面尺寸为 650mm × 600mm，假定该变截面柱为边柱，且在右侧边上下两层平齐，钢筋的连接方式按焊接考虑，

本例中的梁高 $h_b = 700\text{mm}$。该变截面柱内的纵筋构造形式有以下两种。

1. $\Delta/h_b \leqslant 1/6$

$\Delta = (750 - 650)\text{mm} = 100\text{mm}$

$\Delta/h_b = 100/700 = 0.143 < 1/6 = 0.167$

按图 2-32a 所示计算纵筋长度。外侧面（右侧）纵筋不变，内侧面（左侧）纵筋弯折，则

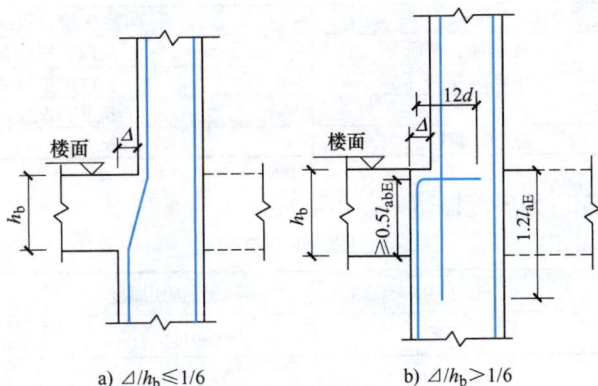

a) $\triangle/h_b \leqslant 1/6$　　　　b) $\triangle/h_b > 1/6$

图 2-32　变截面边柱纵筋构造

二层内侧纵筋长度 = 二层层高 − 二层楼面到钢筋接头尺寸 + 三层楼面到钢筋接头尺寸 + 增加长度

$\qquad = (4200 - 750 + 650 + 7.1)\text{mm}$

$\qquad = 4107\text{mm}$

式中

二层楼面到钢筋接头尺寸 = 二层非连接区 $\max(H_n/6, h_c, 500\text{mm})$ + 连接长度

$\qquad = \max[(4200 - 700)/6, 750, 500]\text{mm} + 0\text{mm}$

$\qquad = 750\text{mm}$

三层楼面到钢筋接头尺寸 = 三层非连接区 $\max(H_n/6, h_c, 500\text{mm})$ + 连接长度

$\qquad = \max[(3600 - 700)/6, 650, 500]\text{mm} + 0\text{mm}$

$\qquad = 650\text{mm}$

增加长度 $= \sqrt{h_b^2 + \Delta^2} - h_b$

$\qquad = (\sqrt{700^2 + 100^2} - 700)\text{mm}$

$\qquad = (707.1 - 700)\text{mm}$

$\qquad = 7.1\text{mm}$

2. $\Delta/h_b > 1/6$

当 $\Delta/h_b > 1/6$ 时，上层柱钢筋伸入本层内 $1.2l_{aE}$，本层柱纵筋先伸到梁底，再伸入梁内 $\max(0.5l_{abE} + 12d$，本层梁高度 − 保护层厚度 + $12d)$ 后截断，如图 2-32b 所示。

能力单元 4　柱钢筋计量实训

【实训 2-1】　完成附录所示工程中 KZ3（中柱）的钢筋计量。

本例中柱纵筋采用焊接的连接方式，其余信息见附录图的描述。

【理清思路】　KZ3 钢筋计量分析见表 2-3。

表 2-3　KZ3 钢筋计量分析

钢筋类型及部位		需要计算的量
基础层	基础插筋、箍筋	长度、根数、质量
首层	纵筋、箍筋	长度、根数、质量
二层	纵筋、箍筋	长度、根数、质量
顶层	纵筋、箍筋	长度、根数、质量

【计算基础】　KZ3 所处环境描述见表 2-4。

表 2-4　KZ3 所处环境描述

混凝土强度等级	抗震等级	基础保护层厚度	保护层厚度
C30	三级	40mm	20mm

【实例体验】　由附录及图 2-33，KZ3 中柱的钢筋量计算如下。

1. 基础层

（1）基础层构造

柱插筋 $4\Phi25 + 8\Phi22$，基础底面到基础顶面的高度 $h_j = 800\text{mm}$。

考虑抗震等级、混凝土强度等级、钢筋级别，查表 1-13，得基本锚固长度 $l_{abE} = 31d$。

由 $l_{aE} = l_{abE} = 31d$，得

角筋锚固长度 $l_{aE} = 31d = 31 \times 25\text{mm} = 775\text{mm}$

其余钢筋锚固长度 $l_{aE} = 31d = 31 \times 22\text{mm} = 682\text{mm}$

基础底面到基础顶面的高度 $h_j = 800\text{mm} > l_{aE} = 775\text{mm}$（682mm），且柱外侧插筋保护层厚度 $>5d$，采用图 2-14 所示的锚固构造。

（2）计算基础层插筋长度

1）弯折长度 $= \max$（$6d$，150mm）

$\qquad\qquad = 150\text{mm}$

2）竖直高度 = 基础高度 - 基础保护层

$\qquad\qquad = (800 - 40)\text{mm}$

$\qquad\qquad = 760\text{mm}$

3）基础顶面到钢筋接头尺寸 = 非连接区高度 $H_n/3$ + 连接长度

$\qquad\qquad = (5300/3 + 0)\text{mm}$

$\qquad\qquad = 1767\text{mm}$

式中

首层计算净高 H_n = 基础顶面到二层楼面的高度 - 首层顶梁高度

$\qquad\qquad = (1730 + 4170)\text{mm} - 600\text{mm}$

$\qquad\qquad = 5300\text{mm}$

钢筋连接方式为焊接，连接长度 = 0mm。

4）角筋 4Φ25 的基础插筋长度 = 弯折长度 + 竖直高度 + 基础顶面到钢筋接头尺寸

$$= (150 + 760 + 1767)\,\text{mm}$$

$$= 2.677\,\text{m}$$

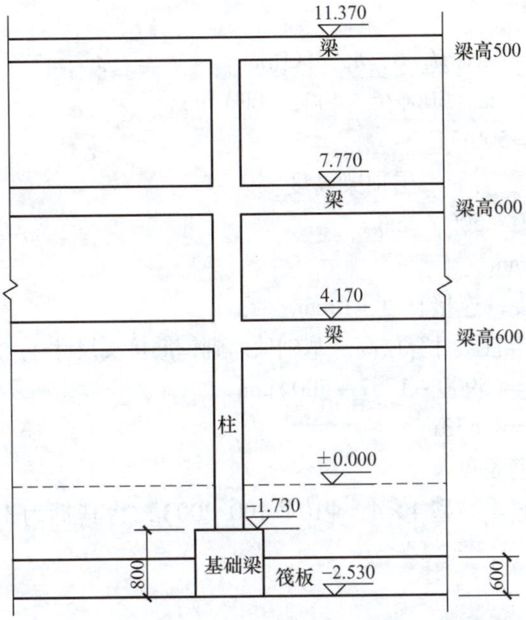

图 2-33　KZ3 中柱纵筋计算图

其余钢筋 8Φ22 的基础插筋长度 = 弯折长度 + 竖直高度 + 基础顶面到钢筋接头尺寸

$$= (150 + 760 + 1767)\,\text{mm}$$

$$= 2.677\,\text{m}$$

（3）计算箍筋长度

1#箍筋长度 = （柱宽度 - 保护层厚度 ×2）×2 + （柱高度 - 保护层厚度 ×2）×2 +

1.9d ×2 + max（10d,75mm）×2

= [（柱宽度 - 保护层厚度 ×2）+（柱高度 - 保护层厚度 ×2）]×2 +

1.9d ×2 + max（10d,75mm）×2

$$= (b + h - 4c) ×2 + 1.9d ×2 + \max(10d,75\text{mm}) ×2$$

$$= [(400 + 400 - 4 ×20) ×2 + 1.9 ×10 ×2 + \max(10 ×10,75) ×2]\,\text{mm}$$

$$= (1440 + 38 + 200)\,\text{mm}$$

$$= 1.678\,\text{m}$$

基础层箍筋设置两道矩形封闭箍筋。

2. 首层

（1）计算首层柱纵筋长度柱纵筋 4Φ25 + 8Φ22。

1）首层计算层高 = 基础顶面到二层楼面的高度

$$= (4170 + 1730)\,\text{mm}$$

$$= 5900\,\text{mm}$$

2）基础顶面到钢筋接头尺寸 $=1767\text{mm}$

3）二层楼面到钢筋接头尺寸 $=$ 二层非连接区长度 $+$ 连接长度

$$= (500 + 0)\,\text{mm}$$
$$= 500\text{mm}$$

式中

二层非连接区长度 $= \max(H_n/6,\ h_c,\ 500\text{mm})$
$$= \max(3000/6,\ 400,\ 500)\ \text{mm}$$
$$= 500\text{mm}$$

二层净高 $H_n =$ 二层层高 $-$ 二层顶梁高度
$$= (3600 - 600)\ \text{mm}$$
$$= 3000\text{mm}$$

钢筋连接方式为焊接，连接长度 $=0\text{mm}$。

4）首层柱纵筋长度 $=$ 首层计算层高 $-$ 基础顶面到钢筋接头尺寸 $+$ 二层楼面到钢筋接头尺寸
$$= (5900 - 1767 + 500)\ \text{mm}$$
$$= 4.633\text{m}$$

（2）计算首层柱箍筋长度

KZ3 矩形柱箍筋（箍筋类型 4×4，$\Phi10@100/200$），将其拆为 1#矩形双肢箍 $+$ 2#矩形双肢箍 $+$ 3#矩形双肢箍。

1#箍筋长度 $=1.678\text{m}$

2#箍筋长度 $= \{[(\text{柱宽度} - \text{保护层厚度} \times 2 - 2d - 2 \times 1/2D_{\pm1})/3 \times 1 + 2 \times 1/2D_{\pm2} + 2d] +$
$(\text{柱高度} - \text{保护层厚度} \times 2)\} \times 2 + 1.9d \times 2 + \max(10d,75\text{mm}) \times 2$

$= \{[(\text{柱宽度} - \text{保护层厚度} \times 2 - 2d - 2 \times 1/2D_{\pm1})/3 \times 1 + 2 \times 1/2D_{\pm2}] + (\text{柱高}$
$\text{度} - \text{保护层厚度} \times 2)\} \times 2 + 4d + 1.9d \times 2 + \max(10d,75\text{mm}) \times 2$

$= \{[(b - 2c - 2d - D_{\pm1})/3 \times 1 + D_{\pm2}] + (h - 2c)\} \times 2 + 4d + 1.9d \times 2 + \max$
$(10d,75\text{mm}) \times 2$

$= \{[(400 - 2 \times 20 - 2 \times 10 - 25)/3 \times 1 + 22) + (400 - 2 \times 20)\}\text{mm} \times 2 + 4 \times$
$10\text{mm} + 1.9 \times 10\text{mm} \times 2 + \max(10 \times 10,75)\text{mm} \times 2$

$= (974 + 40 + 38 + 200)\text{mm}$

$= 1.252\text{m}$

3#箍筋长度 $= \{[(\text{柱高度} - \text{保护层厚度} \times 2 - 2d - 2 \times 1/2D_{\pm1})/3 \times 1 + 2 \times 1/2D_{\pm2} + 2d] +$
$(\text{柱宽度} - \text{保护层厚度} \times 2)\} \times 2 + 1.9d \times 2 + \max(10d,75\text{mm}) \times 2$

$= \{[(\text{柱高度} - \text{保护层厚度} \times 2 - 2d - 2 \times 1/2D_{\pm1})/3 \times 1 + 2 \times 1/2D_{\pm2}] + (\text{柱}$
$\text{宽度} - \text{保护层厚度} \times 2)\} \times 2 + 4d + 1.9d \times 2 + \max(10d,75\text{mm}) \times 2$

$= \{[(h - 2c - 2d - D_{\pm1})/3 \times 1 + D_{\pm2}] + (b - 2c)\} \times 2 + 4d + 1.9d \times 2 + \max$
$(10d,75\text{mm}) \times 2$

$= \{[(400 - 2 \times 20 - 2 \times 10 - 25)/3 \times 1 + 22] + (400 - 2 \times 20)\}\text{mm} \times 2 +$
$4 \times 10\text{mm} + 1.9 \times 10\text{mm} \times 2 + \max(10 \times 10,75)\text{mm} \times 2$

$= (974 + 40 + 38 + 200)\text{mm}$

$= 1.252\text{m}$

（3）计算首层箍筋根数

首层箍筋根数 ＝首层下加密区根数 ＋首层非加密区根数 ＋首层上加密区根数

$$= 18 + 12 + 16$$

$$= 46（根）$$

式中

1）首层下加密区根数

首层下加密区长度 ＝非连接区高度 $H_n/3$

$$= 5300\text{mm}/3$$

$$= 1767\text{mm}$$

首层下加密区根数 ＝（首层下加密区长度 -50mm）／加密区间距 $+1$

$$= 1767/100 + 1$$

$$= 18（根）$$

2）首层上加密区根数

首层上加密区长度 ＝$\max(H_n/6, h_c, 500\text{mm}) +$ 本层顶梁高度

$$= \max\left[(5900 - 600)\text{mm}/6, 400\text{mm}, 500\text{mm}\right] + 600\text{mm}$$

$$= (883 + 600)\text{mm}$$

$$= 1483\text{mm}$$

首层上加密区根数 ＝首层上加密区长度／加密区间距 $+1$

$$= 1483/100 + 1$$

$$= 16（根）$$

3）首层非加密区根数

首层非加密区长度 ＝首层计算层高 －首层下加密区长度 －首层上加密区长度

$$= (5900 - 1767 - 1483)\text{mm}$$

$$= 2650\text{mm}$$

首层非加密区根数 ＝首层非加密区长度／箍筋非加密区间距 -1

$$= 2650/200 - 1$$

$$= 12（根）$$

3. 二层

柱纵筋 4Φ＋8Φ22；钢筋连接方式为焊接，连接长度 ＝0mm。

（1）计算二层纵筋长度

二层楼面到钢筋接头尺寸 ＝二层非连接区 $\max(H_n/6, h_c, 500\text{mm}) +$ 连接长度

$$= \max\left[(3600 - 600)/6, 400, 500\right]\text{mm} + 0\text{mm}$$

$$= 500\text{mm}$$

顶层楼面到钢筋接头尺寸 ＝顶层非连接区 $\max(H_n/6, h_c, 500\text{mm}) +$ 连接长度

$$= \max\left[(3600 - 500)/6, 400, 500\right]\text{mm} + 0\text{mm}$$

$$= 517\text{mm}$$

二层纵筋长度 ＝二层层高 －二层楼面到钢筋接头尺寸 ＋顶层楼面到钢筋接头尺寸

$$= (3600 - 500 + 517)\text{mm}$$

$$= 3.617\text{m}$$

（2）计算二层箍筋长度

1#箍筋长度 = 1.678m

2#箍筋长度 = 1.252m

3#箍筋长度 = 1.252m

（3）计算二层箍筋根数

二层箍筋根数 = 二层下加密区根数 + 二层非加密区根数 + 二层上加密区根数

$$= 5 + 9 + 12$$

$$= 26（根）$$

式中

1）二层下加密区根数

二层下加密区长度 = $\max（H_n/6，h_c，500mm）$

$$= \max[（3600 - 600）mm/6，400mm，500mm]$$

$$= 500mm$$

二层下加密区根数 = （二层下加密区长度 - 50mm）/加密区间距

$$= 450/100$$

$$= 5（根）$$

2）二层上加密区根数

二层上加密区长度 = $\max（H_n/6，h_c，500mm）$ + 二层顶梁高度

$$= \max[（3600 - 600）mm/6，400mm，500mm] + 600mm$$

$$= （500 + 600）mm$$

$$= 1100mm$$

二层上加密区根数 = 二层上加密区长度/加密区间距 + 1

$$= 1100/100 + 1$$

$$= 12（根）$$

3）二层非加密区根数

二层非加密区长度 = 二层层高 - 二层下加密区长度 - 二层上加密区长度

$$= （3600 - 500 - 1100）mm$$

$$= 2000mm$$

二层非加密区根数 = 二层非加密区长度/箍筋非加密区间距 - 1

$$= 2000/200 - 1$$

$$= 9（根）$$

4. 顶层

（1）顶层构造

中柱 KZ3 顶层共有 12 根 HRB335 钢筋。

1）柱纵筋锚入梁内长度判断：

梁提供的锚固尺寸 = 顶层梁高度 - 保护层厚度 = （500 - 20）mm = 480mm < 锚固长度

$l_{aE} = l_{abE} = 31d = 775（682）$ mm，柱顶纵向钢筋应伸至柱顶且 $\geq 0.5 l_{abE}$。

2）钢筋连接方式为焊接，连接长度 = 0mm。

（2）计算顶层纵向钢筋长度

1）角筋 4Φ25

顶层纵向钢筋长度 = 顶层层高 − 顶层梁高度 − 顶层楼面到钢筋接头尺寸 + max（顶层梁高度 − 保护层厚度 + 12d，0.5l_{abE} + 12d）

$$= [3600 - 500 - 517 + \max(500 - 20 + 12 \times 25, 0.5 \times 31 \times 25 + 12 \times 25)]mm$$

$$= [3600 - 500 - 517 + \max(780, 687.5)]mm$$

$$= 3363mm$$

2）中间纵筋 8Φ22

顶层纵向钢筋长度 = 顶层层高 − 顶层梁高度 − 顶层楼面到钢筋接头尺寸 + max（顶层梁高度 − 保护层厚度 + 12d，0.5l_{abE} + 12d）

$$= [3600 - 500 - 517 + \max(500 - 20 + 12 \times 22, 0.5 \times 31 \times 22 + 12 \times 22)]mm$$

$$= [3600 - 500 - 517 + \max(744, 605)]mm$$

$$= 3327mm$$

（3）计算顶层箍筋长度

1#箍筋长度 = 1.678m

2#箍筋长度 = 1.252m

3#箍筋长度 = 1.252m

（4）计算顶层箍筋根数

顶层箍筋根数 = 顶层下加密区根数 + 顶层非加密区根数 + 顶层上加密区根数

$$= 5 + 9 + 11$$

$$= 25（根）$$

式中

1）顶层下加密区根数

顶层下加密区长度 = max（$H_n/6$，h_c，500mm）

$$= \max[(3600 - 500)mm/6, 400mm, 500mm]$$

$$= 517mm$$

顶层下加密区根数 = （顶层下加密区长度 − 50mm）/加密区间距

$$= 467/100$$

$$= 5（根）$$

2）顶层上加密区根数

顶层上加密区长度 = max（$H_n/6$，h_c，500mm）+ 本层梁高度

$$= \max[(3600 - 500)mm/6, 400mm, 500mm] + 500mm$$

$$= (517 + 500)mm$$

$$= 1017mm$$

顶层上加密区根数 = 顶层上加密区长度/加密区间距 + 1

$$= 1017/100 + 1$$

$$= 11（根）$$

3）顶层非加密区根数

顶层非加密区长度 = 顶层层高 − 顶层下加密区长度 − 顶层上加密区长度

$$= (3600 - 517 - 1017)\,\text{mm}$$

$$= 2066\,\text{mm}$$

顶层非加密区根数 = 顶层非加密区长度/箍筋非加密区间距 – 1

$$= 2066/200 - 1$$

$$= 9\,（根）$$

5. 钢筋工程量汇总

KZ3 钢筋工程量汇总见表 2-5。

表 2-5　KZ3 钢筋工程量汇总

钢筋类别	单根柱中钢筋数量/根	单根钢筋长度/m	每米钢筋理论质量/（kg/m）	单根钢筋质量/kg	KZ3 中钢筋总质量/kg
基础层钢筋质量总计（焊接接头 12 个）					107.11
b 边插筋	4	2.677	2.98	7.977	31.91
h 边插筋	4	2.677	2.98	7.977	31.91
角筋插筋	4	2.677	3.85	10.306	41.22
箍筋 1	2	1.678	0.617	1.035	2.07
首层钢筋质量总计（焊接接头 12 个）					300.42
b 边纵筋	4	4.633	2.98	13.806	55.22
h 边纵筋	4	4.633	2.98	13.806	55.22
角筋	4	4.633	3.85	17.837	71.35
箍筋 1	46	1.678	0.617	1.035	47.61
箍筋 2	46	1.252	0.617	0.772	35.51
箍筋 3	46	1.252	0.617	0.772	35.51
二层钢筋质量总计（焊接接头 12 个）					208.99
b 边纵筋	4	3.617	2.98	10.779	43.12
h 边纵筋	4	3.617	2.98	10.779	43.12
角筋	4	3.617	3.85	13.925	55.70
箍筋 1	26	1.678	0.617	1.035	26.91
箍筋 2	26	1.252	0.617	0.772	20.07
箍筋 3	26	1.252	0.617	0.772	20.07
顶层钢筋质量总计					195.59
b 边纵筋	4	3.327	2.98	9.914	39.66
h 边纵筋	4	3.327	2.98	9.914	39.66
角筋	4	3.363	3.85	12.948	51.79
箍筋 1	25	1.678	0.617	1.035	25.88
箍筋 2	25	1.252	0.617	0.772	19.30
箍筋 3	25	1.252	0.617	0.772	19.30
合计					812.11

【实训 2-2】 完成附录所示工程中 KZ1（角柱）的钢筋计量。

本例中柱纵筋采用焊接的连接方式，其余信息见附录图的描述。

【理清思路】 KZ1 钢筋计量分析见表 2-6。

表 2-6　KZ1 钢筋计量分析

钢筋类型及部位		需要计算的量
基础层	基础插筋、箍筋	长度、根数、质量
首层	纵筋、箍筋	长度、根数、质量
二层	纵筋、箍筋	长度、根数、质量
顶层	纵筋、箍筋	长度、根数、质量

【计算基础】 KZ1 所处环境描述见表 2-7。

表 2-7　KZ1 所处环境描述

混凝土强度等级	抗震等级	基础保护层厚度	保护层厚度
C30	三级	40mm	20mm

【实例体验】 由附录及图 2-34，KZ1 角柱的钢筋量计算如下：

1. 基础层

（1）基础层构造

柱插筋 $16\Phi25$，基础底面到基础顶面的高度 $h_j = 800mm$。

考虑抗震等级、混凝土强度等级、钢筋级别，查表 1-13，得基本锚固长度 $l_{abE} = 31d$，则

锚固长度 $l_{aE} = l_{abE} = 31d = 31 \times 25mm = 775mm$

基础底面到基础顶面的高度 $h_j = 800mm > l_{aE} = 775mm$，且插筋保护层厚度 $> 5d$，采用图 2-14 所示的锚固构造。

（2）计算基础层插筋长度

1）弯折长度 $= \max(6d，150mm)$
$$= \max(6 \times 25，150)\ mm$$
$$= 150mm$$

2）竖直高度 = 基础高度 − 基础保护层
$$= (800 - 40)\ mm$$
$$= 760mm$$

3）基础顶面到钢筋接头尺寸 = 非连接区高度 $H_n/3$ + 连接长度
$$= (5300/3 + 0)\ mm$$
$$= 1767mm$$

式中

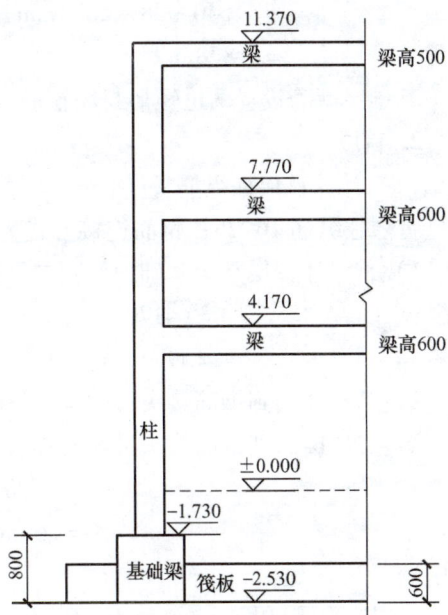

图 2-34　KZ1 角柱纵筋计算图

首层计算净高 H_n = 基础顶面到二层楼面的高度 − 首层顶梁高度

$$= \left[\left(1730 + 4170 \right) - 600 \right] mm$$

$$= 5300mm$$

钢筋连接方式为焊接，连接长度 = 0mm。

4）基础插筋长度 = 弯折长度 + 竖直高度 + 基础顶面到钢筋接头尺寸

$$= \left(150 + 760 + 1767 \right) mm$$

$$= 2.677m$$

（3）计算基础层箍筋长度

1#箍筋长度 =（柱宽度 − 保护层厚度 ×2）×2 +（柱高度 − 保护层厚度 ×2）×2 +

$$\qquad 1.9d \times 2 + \max \left(10d, 75mm \right) \times 2$$

$$= \left[\left(柱宽度 - 保护层厚度 \times 2 \right) + \left(柱高度 - 保护层厚度 \times 2 \right) \right] \times 2 +$$

$$\qquad 1.9d \times 2 + \max \left(10d, 75mm \right) \times 2$$

$$= \left(b + h - 4c \right) \times 2 + 1.9d \times 2 + \max \left(10d, 75mm \right) \times 2$$

$$= \left[\left(450 + 450 - 4 \times 20 \right) \times 2 + 1.9 \times 10 \times 2 + \max \left(10 \times 10, 75 \right) \times 2 \right] mm$$

$$= \left(1640 + 38 + 200 \right) mm$$

$$= 1.878m$$

基础层箍筋设置两道矩形封闭箍筋。

2. 首层

（1）计算首层柱纵筋长度

首层柱纵筋 16⌀25；钢筋连接方式为焊接，连接长度 = 0mm。

1）首层计算层高 = 基础顶面到二层楼面的高度

$$= \left(4170 + 1730 \right) mm$$

$$= 5900mm$$

2）基础顶面到钢筋接头尺寸 = 1767mm

3）二层楼面到钢筋接头尺寸 = 二层非连接区长度 + 连接长度

$$= \left(500 + 0 \right) mm$$

$$= 500mm$$

式中

二层非连接区长度 $= \max \left(H_n/6, \ h_c, \ 500mm \right)$

$$= \max \left(3000/6, \ 450, \ 500mm \right)$$

$$= 500mm$$

二层净高 H_n = 二层层高 − 二层顶梁高度

$$= \left(3600 - 600 \right) mm$$

$$= 3000mm$$

4）首层柱纵筋长度 = 首层计算层高 − 基础顶面到钢筋接头尺寸 + 二层楼面到钢筋接头尺寸

$$= \left(5900 - 1767 + 500 \right) mm$$

$$= 4.633m$$

（2）计算首层柱箍筋长度

KZ1 矩形柱箍筋（箍筋类型 5×5，$\Phi 10 @ 100/200$），将其拆为 1#矩形双肢箍 + 2#矩形双肢箍 + 3#矩形双肢箍 + 4#单肢箍 + 5#单肢箍。

1#箍筋长度 = 1.878m

$$
\begin{aligned}
2\#箍筋长度 &= \{[（柱宽度 - 保护层厚度 \times 2 - 2d - 2 \times 1/2D_{主1}）/4 \times 1 + 2 \times 1/2D_{主2} + 2d] + \\
&\quad （柱高度 - 保护层厚度 \times 2）\} \times 2 + 1.9d \times 2 + \max(10d, 75mm) \times 2 \\
&= \{[（柱宽度 - 保护层厚度 \times 2 - 2d - 2 \times 1/2D_{主1}）/4 \times 1 + 2 \times 1/2D_{主2}] + \\
&\quad （柱高度 - 保护层厚度 \times 2）\} \times 2 + 4d + 1.9d \times 2 + \max(10d, 75mm) \times 2 \\
&= \{[（b - 2c - 2d - D_{主1}）/4 \times 1 + D_{主2}] + （h - 2c）\} \times 2 + 4d + 1.9d \times 2 + \max \\
&\quad (10d, 75mm) \times 2 \\
&= \{[（450 - 2 \times 20 - 2 \times 10 - 25）/4 \times 1 + 25] + （450 - 2 \times 20）\}mm \times 2 + 4 \times \\
&\quad 10mm + 1.9 \times 10mm \times 2 + \max(10 \times 10, 75)mm \times 2 \\
&= (1052.5 + 40 + 38 + 200)mm \\
&= 1.331m
\end{aligned}
$$

$$
\begin{aligned}
3\#箍筋长度 &= \{[（柱高度 - 保护层厚度 \times 2 - 2d - 2 \times 1/2D_{主1}）/4 \times 1 + 2 \times 1/2D_{主2} + 2d] + \\
&\quad （柱宽度 - 保护层厚度 \times 2）\} \times 2 + 1.9d \times 2 + \max(10d, 75mm) \times 2 \\
&= \{[（柱高度 - 保护层厚度 \times 2 - 2d - 2 \times 1/2D_{主1}）/4 \times 1 + 2 \times 1/2D_{主2}] + \\
&\quad （柱宽度 - 保护层厚度 \times 2）\} \times 2 + 4d + 1.9d \times 2 + \max(10d, 75mm) \times 2 \\
&= \{[（h - 2c - 2d - D_{主1}）/4 \times 1 + D_{主2}] + （b - 2c）\} \times 2 + 4d + 1.9d \times 2 + \max \\
&\quad (10d, 75mm) \times 2 \\
&= \{[（450 - 2 \times 20 - 2 \times 10 - 25）/4 \times 1 + 25] + （450 - 2 \times 20）\}mm \times 2 + 4 \times \\
&\quad 10mm + 1.9 \times 10mm \times 2 + \max(10 \times 10, 75)mm \times 2 \\
&= (1052.5 + 80 + 38 + 200)mm \\
&= 1.331m
\end{aligned}
$$

$$
\begin{aligned}
4\#箍筋长度 &= （柱宽度 - 保护层厚度 \times 2） + 1.9d \times 2 + \max(10d, 75mm) \times 2 \\
&= （b - 2c） + 1.9d \times 2 + \max(10d, 75mm) \times 2mm \\
&= [（450 - 2 \times 20） + 1.9 \times 10 \times 2 + \max(10 \times 10, 75) \times 2]mm \\
&= (410 + 38 + 200)mm \\
&= 0.648m
\end{aligned}
$$

$$
\begin{aligned}
5\#箍筋长度 &= （柱高度 - 保护层厚度 \times 2） + 1.9d \times 2 + \max(10d, 75mm) \times 2 \\
&= （h - 2c） + 1.9d \times 2 + \max(10d, 75mm) \times 2 \\
&= [（450 - 2 \times 20） + 1.9 \times 10 \times 2 + \max(10 \times 10, 75) \times 2]mm \\
&= (410 + 38 + 200)mm \\
&= 0.648m
\end{aligned}
$$

（3）计算首层箍筋根数

$$
\begin{aligned}
首层箍筋根数 &= 首层下加密区根数 + 首层非加密区根数 + 首层上加密区根数 \\
&= 18 + 12 + 16 \\
&= 46（根）
\end{aligned}
$$

式中

1）首层下加密压根数

首层下加密区长度 = 非连接区高度 $H_n/3$

$\qquad = (5300/3 + 0)\text{mm}$

$\qquad = 1767\text{mm}$

首层下加密区根数 = （首层下加密区长度 − 50mm）/加密区间距 + 1

$\qquad = 1767/100 + 1$

$\qquad = 18（根）$

2）首层上加密区根数

首层上加密区长度 = $\max(H_n/6, h_c, 500\text{mm})$ + 本层梁高度

$\qquad = \max((5900 − 600)\text{mm}/6, 450\text{mm}, 500\text{mm}) + 600\text{mm}$

$\qquad = (883 + 600)\text{mm}$

$\qquad = 1483\text{mm}$

首层上加密区根数 = 首层上加密区长度/加密区间距 + 1

$\qquad = 1483/100 + 1$

$\qquad = 16（根）$

3）首层非加密区根数

首层非加密区长度 = 首层计算层高 − 首层下加密区长度 − 首层上加密区长度

$\qquad = (5900 − 1767 − 1483)\text{mm}$

$\qquad = 2650\text{mm}$

首层非加密区根数 = 首层非加密区长度/箍筋非加密区间距 − 1

$\qquad = 2650/200 − 1$

$\qquad = 12（根）$

3. 二层

（1）计算二层纵筋长度

二层柱纵筋 16Φ25；钢筋连接方式为焊接，连接长度 = 0mm。

二层顶面到钢筋接头尺寸 = 二层非连接区 $\max(H_n/6, h_c, 500\text{mm})$ + 连接长度

$\qquad = \max[(3600 − 600)/6, 450, 500]\text{mm} + 0\text{mm}$

$\qquad = 500\text{mm}$

顶层楼面到钢筋接头尺寸 = 顶层非连接区 $\max(H_n/6, h_c, 500\text{mm})$ + 连接长度

$\qquad = \max[(3600 − 500)/6, 450, 500]\text{mm} + 0\text{mm}$

$\qquad = 517\text{mm}$

二层纵筋长度 = 二层层高 − 二层楼面到钢筋接头尺寸 + 顶层楼面到钢筋接头尺寸

$\qquad = (3600 − 500 + 517)\text{mm}$

$\qquad = 3.617\text{m}$

（2）计算二层箍筋长度

1#箍筋长度 = 1.878m

2#箍筋长度 = 1.331m

3#箍筋长度 = 1.331m

4#箍筋长度 = 0.648m

5#箍筋长度 = 0.648m

（3）计算二层箍筋根数

二层箍筋根数 = 二层下加密区根数 + 二层非加密区根数 + 二层上加密区根数

$$= 5 + 9 + 12$$

$$= 26（根）$$

式中

1）二层下加密区根数

二层下加密区长度 $= \max(H_n/6, h_c, 500\text{mm})$

$$= \max[(3600 - 600)\text{mm}/6, 450\text{mm}, 500\text{mm}]$$

$$= 500\text{mm}$$

二层下加密区根数 = （二层下加密区长度 − 50mm）/加密区间距

$$= 450/100$$

$$= 5（根）$$

2）二层上加密区根数

二层上加密区长度 $= \max(H_n/6, h_c, 500\text{mm}) +$ 二层顶梁高度

$$= \max((3600 - 600)\text{mm}/6, 450\text{mm}, 500\text{mm}) + 600\text{mm}$$

$$= 1100\text{mm}$$

二层上加密区根数 = 二层上加密区长度/加密区间距 + 1

$$= 1100/100 + 1$$

$$= 12（根）$$

3）二层非加密区根数

二层非加密区长度 = 二层层高 − 二层下加密区长度 − 二层上加密区长度

$$= (3600 - 500 - 1100)\text{mm}$$

$$= 2000\text{mm}$$

二层非加密区根数 = 二层非加密区长度/箍筋非加密区间距 − 1

$$= 2000/200 - 1$$

$$= 9（根）$$

4. 顶层

（1）顶层钢筋构造

角柱 KZ1 顶层有 16 根钢筋，其中两外侧面有 9 根钢筋。根据伸入梁内的柱外侧纵筋不宜少于柱外侧全部纵筋面积的 65% 的要求，伸入梁内的柱外侧纵筋根数 = 9 × 65% = 5.85 根，取 6 根（构造二）。其余 3 根伸到梁顶后弯折至柱对面，再向下弯折 8d（构造四）。柱内侧纵筋 7 根纵筋同中柱顶层钢筋计算。

$1.5l_{abE} = 1.5 \times 31 \times 25\text{mm} = 1162.5\text{mm}$

梁高度 − 保护层厚度 + 柱宽度 − 保护层厚度 × 2 = （500 − 20 + 450 − 2 × 20）mm = 890mm

由于 1162.5mm > 890mm，伸入梁内的柱外侧纵筋选择构造二。

柱外侧纵向钢筋 9Φ25，其 A'_s = 1473mm^2 × 3 = 4419mm^2

柱外侧纵向钢筋配筋率 $\rho = \dfrac{A'_s}{bh} = \dfrac{4419}{450 \times 450} = 2.182\% > 1.2\%$

伸入梁内的柱外侧纵筋 6Φ25 分两批截断，第一批 3Φ25；第二批 3Φ25。

（2）计算顶层伸入梁内的柱外侧纵筋 6Φ25 的长度

1）第一批 3Φ25

钢筋连接方式为焊接，连接长度 = 0mm。

顶层楼面到钢筋接头尺寸 = 顶层非连接区 max（H_n/6，h_c，500mm）+ 连接长度

$$= \max\left[(3600 − 500)/6, 450, 500 \right] \text{mm} + 0\text{mm}$$

$$= 517\text{mm}$$

纵筋伸入梁内尺寸 = 1.5l_{abE}

$$= 1.5 \times 31 \times 25\text{mm}$$

$$= 1162.5\text{mm}$$

顶层纵向钢筋长度 = 顶层层高 − 顶层梁高度 − 顶层楼面到钢筋接头尺寸 + 纵筋伸入梁内尺寸

$$= (3600 − 500 − 517 + 1162.5)\text{mm}$$

$$= 3746\text{mm}$$

2）第二批 3Φ25

纵筋伸入梁内尺寸 = 1.5l_{abE} + 20d

$$= 1.5 \times 31 \times 25\text{mm} + 20d$$

$$= (1162.5 + 500)\text{mm}$$

$$= 1662.5\text{mm}$$

顶层纵向钢筋长度 = 顶层层高 − 顶层梁高度 − 顶层楼面到钢筋接头尺寸 + 纵筋伸入梁内尺寸

$$= (3600 − 500 − 517 + 1662.5)\text{mm}$$

$$= 4246\text{mm}$$

（3）计算顶层不伸入梁内的柱外侧纵筋 3Φ25 的长度

顶层纵筋长度 = 顶层层高 − 顶层顶梁高 − 顶层顶面到钢筋接头尺寸 + （梁高度 − 保护层厚度 + 柱宽度 − 保护层厚度 × 2 + 8d）

$$= \left[3600 − 500 − 517 + (500 − 20 + 450 − 2 \times 20 + 8 \times 25) \right]\text{mm}$$

$$= (3600 − 500 − 517 + 1090)\text{mm}$$

$$= 3673\text{mm}$$

（4）计算顶层柱内侧纵筋 7Φ25 的长度

1）柱纵筋锚入梁内长度判断

梁提供的锚固尺寸 = 梁高度 − 保护层厚度 = 480mm < 锚固长度 l_{aE} = 31d = 775mm

柱顶纵向钢筋应伸至柱顶且 ≥ 0.5l_{abE}

2）钢筋连接方式为焊接，连接长度 $=0$ mm。

3）顶层楼面到钢筋接头尺寸 $=$ 顶层非连接区 $\max\ (H_n/6,\ h_c,\ 500\text{mm})\ +$ 连接长度

$$= \max\left[\ (3600-500)/6, 450, 500\right]\text{mm} +0\text{mm}$$
$$=517\text{mm}$$

4）顶层纵筋长度 $=$ 顶层层高 $-$ 顶层梁高度 $-$ 顶层楼面到钢筋接头尺寸 $+\ \max$（顶层梁高度 $-$ 保护层厚度 $+12d,\ 0.5l_{abE}+12d$）

$$=\left[3600-500-517+\max(500-20+12\times25, 0.5\times31\times25+12\times25)\right]\text{mm}$$
$$=3363\text{mm}$$

（5）计算顶层箍筋长度

1#箍筋长度 $=1.878$ m

2#箍筋长度 $=1.331$ m

3#箍筋长度 $=1.331$ m

4#箍筋长度 $=0.648$ m

5#箍筋长度 $=0.648$ m

（6）计算顶层箍筋根数

顶层箍筋根数 $=$ 顶层下加密区根数 $+$ 顶层非加密区根数 $+$ 顶层上加密区根数

$$=5+9+11$$
$$=25\ (\text{根})$$

式中

1）顶层下加密区根数

顶层下加密区长度 $=\max\ (H_n/6,\ h_c,\ 500\text{mm})$

$$=\max\left[\ (3600-500)\text{mm}/6, h_c, 500\text{mm}\right]$$
$$=517\text{mm}$$

顶层下加密区根数 $=$（顶层下加密区长度 -50 mm）/加密区间距

$$=467/100$$
$$=5(\text{根})$$

2）顶层上加密区根数

顶层上加密区长度 $=\max\ (H_n/6,\ h_c,\ 500\text{mm})\ +$ 本层梁高

$$=\max\left[\ (3600-500)\text{mm}/6, h_c, 500\text{mm}\right] +500\text{mm}$$
$$=1017\text{mm}$$

顶层上加密区根数 $=$ 顶层上加密区长度/加密区间距 $+1$

$$=1017/100+1$$
$$=11(\text{根})$$

3）顶层非加密区根数

顶层非加密区长度 $=$ 顶层层高 $-$ 顶层下加密区长度 $-$ 顶层上加密区长度

$$=(3600-517-1017)\text{mm}$$
$$=2066\text{mm}$$

顶层非加密区根数 $=$ 顶层非加密区长度/箍筋非加密区间距 -1

$$=2066/200-1$$
$$=9(\text{根})$$

5. 钢筋工程量汇总

KZ1 钢筋工程量汇总见表 2-8。

表 2-8　KZ1 钢筋工程量汇总

钢筋类别	单根柱中钢筋数量/根	单根钢筋长度/m	每米钢筋理论质量/（kg/m）	单根钢筋质量/kg	KZ1 中钢筋总质量/kg
基础层钢筋质量总计（焊接接头 16 个）					167.22
插筋	16	2.677	3.85	10.306	164.90
箍筋 1	2	1.878	0.617	1.159	2.318
首层钢筋质量总计（焊接接头 16 个）					451.04
纵筋	16	4.633	3.85	17.837	285.39
箍筋 1	46	1.878	0.617	1.159	53.31
箍筋 2	46	1.331	0.617	0.821	37.77
箍筋 3	46	1.331	0.617	0.821	37.77
箍筋 4	46	0.648	0.617	0.40	18.40
箍筋 5	46	0.648	0.617	0.40	18.40
二层钢筋质量总计（焊接接头 16 个）					316.43
纵筋	16	3.617	3.85	13.925	222.80
箍筋 1	26	1.878	0.617	1.159	30.13
箍筋 2	26	1.331	0.617	0.821	21.35
箍筋 3	26	1.331	0.617	0.821	21.35
箍筋 4	26	0.648	0.617	0.40	10.40
箍筋 5	26	0.648	0.617	0.40	10.40
顶层钢筋质量总计					315.41
纵筋 1 第一批	3	3.746	3.85	14.422	43.27
纵筋 1 第二批	3	4.246	3.85	16.347	49.04
纵筋 2	3	3.673	3.85	14.141	42.42
纵筋 3	7	3.363	3.85	12.948	90.64
箍筋 1	25	1.878	0.617	1.159	28.98
箍筋 2	25	1.331	0.617	0.821	20.53
箍筋 3	25	1.331	0.617	0.821	20.53
箍筋 4	25	0.648	0.617	0.40	10.0
箍筋 5	25	0.648	0.617	0.40	10.0
合计					1250.10

> **知识连接**：地震作用下框架柱弯矩分布如图 2-35 所示，框架柱弯矩的反弯点一般在每层柱的中部，弯矩反弯点附近的内力较小，钢筋连接应遵循"受力钢筋连接应在内力较小处"的原则。因此，规定抗震框架柱梁节点附近作为柱纵向受力钢筋的非连接区。

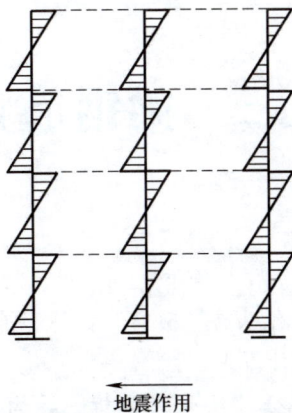

地震作用

图 2-35　抗震框架柱弯矩分布示意图

能力模块内容回顾

本能力模块主要内容是：柱受力及构造、柱钢筋识图及施工、柱钢筋计量、框架柱钢筋计量实训等。

具体内容为：角柱、边柱、中柱钢筋的计量。

柱钢筋分为纵筋和箍筋的计量。纵筋长度计量要分为基础层、首层、中间层和顶层。顶层纵筋的长度计算还要区分角柱、边柱和中柱。箍筋计量分为根数和长度两块内容，其中根数计算要区分加密区和非加密区。

模 拟 测 试

1. 完成附录所示工程中 KZ2 的钢筋计量。

工程抗震设防烈度为 7 度，柱纵筋采用焊接的连接方式，其余条件同附录所示工程。

2. 完成附录所示工程中 KZ4 的钢筋计量。

工程抗震设防烈度为 7 度，柱纵筋采用焊接的连接方式，其余条件同附录所示工程。

模块三　梁钢筋计量

模块导读

本模块主要介绍梁的钢筋计量。

梁是典型的受弯构件。梁钢筋有纵筋、箍筋、拉筋和吊筋。

梁钢筋应在楼层内分构件进行计量。

模块内容以梁构件为载体。遵循"梁受力分析—梁构件设计—梁平法识图—梁钢筋构造图解—梁施工工艺—梁钢筋计量—梁钢筋计量实训"的体系化能力构建流程，系统阐述梁钢筋计量的步骤、方法和技巧。

能力模块学习目标

通过对本能力模块的学习，要求熟悉梁的受力分析、构件设计，掌握梁平法施工图的制图规则，能够进行梁钢筋识图，掌握梁钢筋计量的原则、方法、流程、技巧。通过书中梁钢筋计量实训案例的学习，要求能结合实际工程图纸熟练地进行梁钢筋的计量。

能力单元1　梁受力及构造

3.1　梁受力分析

受弯构件主要是指弯矩和剪力共同作用的构件，结构中各种类型的梁都是典型的受弯构件。

【案例3-1】　某简支梁受均布荷载q作用（图3-1），已知$q=20\text{kN/m}$，梁截面为矩形，$b\times h=120\text{mm}\times180\text{mm}$。求该矩形截面梁上的最大弯矩和剪力。

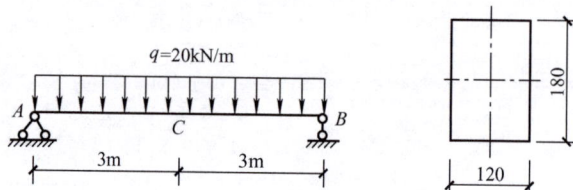

图3-1　简支梁受力示意

【解】　根据力学分析，计算A支座和B支座的约束力：

$$F_{Ay}=F_{By}=\frac{1}{2}\times(20\times6)\ \text{kN}=60\text{kN}$$

剪力方程 $Q(x)=60-20x\quad(0<x<l)$

弯矩方程 $M(x)=60x-20x^2/2\quad(0\leqslant x\leqslant l)$

上述两方程中x的含义如图3-2所示。

根据所写的剪力方程和弯矩方程，绘制出剪力图和弯矩图，如图3-3所示。

由图3-3可知，最大剪力出现在支座处，为60kN；最大弯矩出现在跨中，为90kN·m。

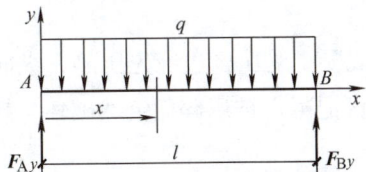

图 3-2　简支梁受力计算简图

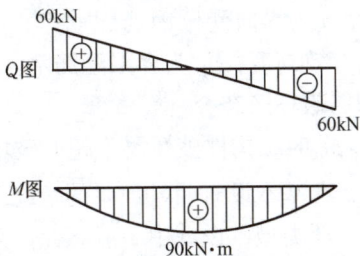

图 3-3　简支梁剪力图和弯矩图

3.2　梁构件设计

混凝土梁受弯构件在荷载作用下可能发生两种破坏形式。当受弯构件沿弯矩最大的截面发生破坏，破坏截面与构件的纵轴线垂直，称为正截面破坏，如图 3-4a 所示；当受弯构件沿剪力最大或弯矩和剪力都较大的截面发生破坏，破坏截面与构件的纵轴线斜交，称为斜截面破坏，如图 3-4b 所示。因此，受弯构件需要同时进行正截面承载力和斜截面承载力计算。

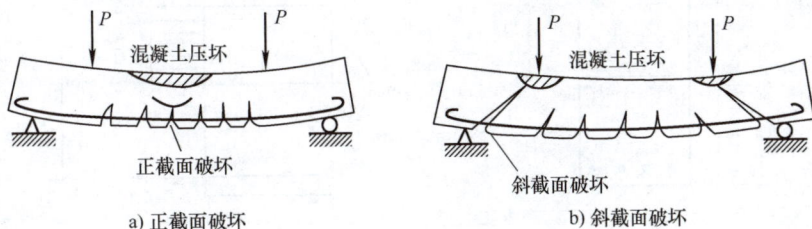

a) 正截面破坏　　　　　　　　　　　b) 斜截面破坏

图 3-4　受弯构件的破坏形式

3.2.1　正截面受弯构件破坏形态

按照构件配筋率的大小，可将正截面破坏分成以下三种破坏形态（图 3-5）。

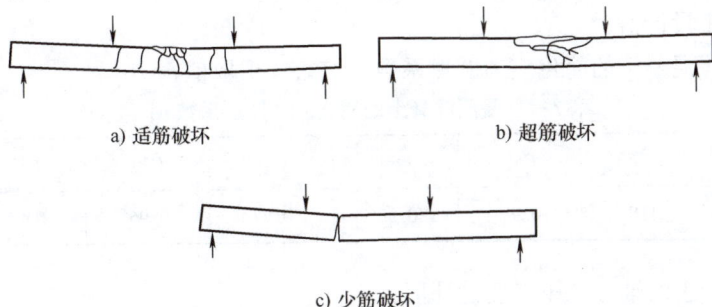

a) 适筋破坏　　　　　　　　　　　b) 超筋破坏

c) 少筋破坏

图 3-5　梁的三种破坏形态

1. 适筋破坏形态

当 $\rho_{\min}\dfrac{h}{h_0}\leqslant\rho\leqslant\rho_b$ 时，构件破坏属于适筋破坏，其特点是纵向受拉钢筋先屈服，受压区边缘混凝土随后压碎，截面破坏，这种破坏属于延性破坏类型。适筋梁的破坏是自受拉区开始的屈服。

其中，ρ 为纵向受拉钢筋配筋率，$\rho_{\min}$ 为纵向受拉钢筋的最小配筋率，h 为截面高度，h_0 为截面有效高度，ρ_b 为界限配筋率。适筋破坏具体见本模块 3.2.2 内容所述。

2. 超筋破坏形态

当 $\rho > \rho_b$ 时，构件破坏属于超筋破坏，其特点是混凝土受压区边缘先压碎，纵向受拉钢筋不屈服，在基本没有明显预兆的情况下，由于受压区混凝土被压碎而突然破坏，超筋破坏属于脆性破坏类型，设计中一般不允许采用超筋梁。

3. 少筋破坏形态

当 $\rho < \rho_{\min}\dfrac{h}{h_0}$ 时，构件破坏属于少筋破坏，其特点是受拉区混凝土一裂就坏，属于脆性破坏类型，设计中一般不允许采用少筋梁。

3.2.2 正截面受弯承载力计算

适筋破坏属于延性破坏，是建立受弯构件正截面承载力计算的基础（图 3-6）。

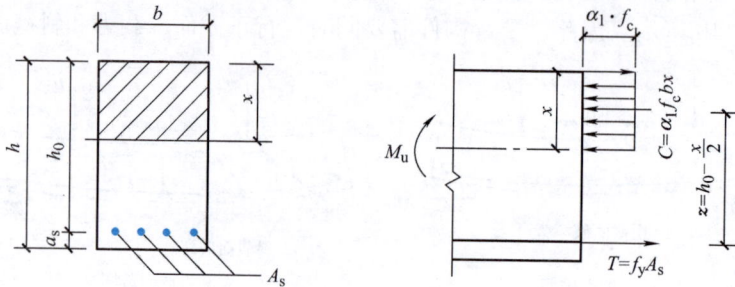

图 3-6 梁正截面受弯承载力计算简图

$$\alpha_1 f_c bx = f_y A_s$$

$$M \leqslant M_u = \alpha_1 f_c bx \left(h_0 - \frac{x}{2} \right)$$

式中　M——弯矩设计值；

　　α_1——受压混凝土的简化应力图形系数，按表 3-1 取值；

表 3-1　受压混凝土的简化应力图形系数 α_1

混凝土强度等级	≤C50	C55	C60	C65	C70	C75	C80
α_1	1.0	0.99	0.98	0.97	0.96	0.95	0.94

　　f_c——混凝土的轴心抗压强度设计值；

　　b——截面宽度；

　　x——截面受压区高度；

　　f_y——钢筋抗拉强度设计值；

　　A_s——钢筋截面面积；

　　h_0——截面有效高度，$h_0 = h - a_s$；

　　h——截面高度；

　　a_s——构件受拉区边缘到受拉纵筋钢筋合力作用点的距离，纵筋单排布置时，a_s

$=40\text{mm}$；

M_u——构件破坏时计算截面上所能承受的弯矩设计值。

> **特别提示**：上述公式是根据适筋受弯构件破坏时的应力分布情况推导出来的，它只适用于适筋构件的计算，不适用于少筋构件和超筋构件的计算。

少筋构件和超筋构件均属于脆性破坏，设计时应避免将构件设计成这两类，混凝土受弯构件进行正截面承载力计算时，必须满足下列两个条件。

（1）防止发生少筋破坏

$$\rho \geqslant \rho_{\min}\frac{h}{h_0}$$

其中，$\rho = \dfrac{A_s}{bh_0}$；$\rho_{\min}$ 取 $0.45\dfrac{f_t}{f_y}$ 和 0.2% 中的较小值。f_t 为混凝土的轴心抗拉强度设计值。

（2）防止发生超筋破坏

一般通过要求构件截面的受压区相对高度 ξ 不得超过其相对界限受压区高度 ξ_b 来防止构件发生超筋破坏。

$$\xi \leqslant \xi_b$$

其中，$\xi = \dfrac{x}{h_0}$；ξ_b 取值见表 3-2。

表 3-2　相对界限受压区高度 ξ_b

混凝土强度等级	≤C50				C60			
钢筋强度等级/MPa	300	335	400	500	300	335	400	500
ξ_b	0.576	0.550	0.518	0.482	0.557	0.531	0.499	0.464
混凝土强度等级	C70				C80			
钢筋强度等级/MPa	300	335	400	500	300	335	400	500
ξ_b	0.537	0.512	0.481	0.447	0.518	0.493	0.463	0.429

【案例 3-2】　某矩形截面梁尺寸为 $250\text{mm} \times 500\text{mm}$，采用 C30 混凝土，HRB400 钢筋，弯矩设计值 $M = 180\text{kN} \cdot \text{m}$。请计算该梁的纵向受拉钢筋并绘制配筋图。

【解】　此梁受拉钢筋按单排布置，$a_s = 40\text{mm}$。

$h_0 = (500 - 40)\text{mm} = 460\text{mm}$

C30 混凝土的 $f_c = 14.3\text{N/mm}^2$，$f_t = 1.43\text{N/mm}^2$。HRB400 钢筋的 $f_y = 360\text{N/mm}^2$

根据 $M \leqslant M_u = \alpha_1 f_c bx\left(h_0 - \dfrac{x}{2}\right)$，可求得

$$x = h_0\left(1 - \sqrt{1 - \frac{2M}{\alpha_1 f_c bh_0^2}}\right)$$

$$= 460\left(1 - \sqrt{1 - \frac{2 \times 180 \times 10^6}{1.0 \times 14.3 \times 250 \times 460^2}}\right)\text{mm}$$

$$= 126.98\text{mm}$$

$$\xi = \frac{x}{h_0} = \frac{126.98}{460} = 0.276 < \xi_b = 0.518$$

$$A_s = \frac{\alpha_1 f_c b x}{f_y} = \frac{1.0 \times 14.3 \times 250 \times 126.98}{360} \text{mm}^2 = 1261 \text{mm}^2$$

选配 4Φ20（$A_s = 1256 \text{mm}^2$）。

$$\rho = \frac{A_s}{bh_0} = \frac{1256}{250 \times 460} = 1.09\%$$

$$\rho_{min} \frac{h}{h_0} = 0.45 \frac{f_t}{f_y} \frac{h}{h_0} = 0.45 \times \frac{1.43}{360} \times \frac{500}{460} = 0.19\%$$

$$0.2\% \frac{h}{h_0} = 0.2\% \times \frac{500}{460} = 0.22\%$$

$\rho > \rho_{min} \frac{h}{h_0}$ 且 $\rho > 0.2\% \frac{h}{h_0}$，配筋满足要求。

该梁的配筋如图 3-7 所示。

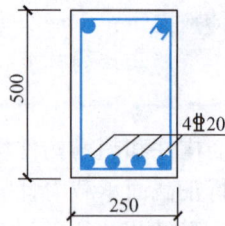

图 3-7　矩形截面梁配筋图

3.2.3　斜截面受弯构件破坏形态

图 3-8 所示的矩形截面简支梁，在对称集中荷载作用下，当忽略梁的自重时，除在纯弯区段 CD 仅有弯矩作用外，在支座附近的 AC 和 DB 区段内有弯矩和剪力的共同作用。构件在跨中正截面抗弯承载力有保证的情况下，有可能在剪力和弯矩的联合作用下，在支座附近区段发生斜截面破坏（图 3-9）。

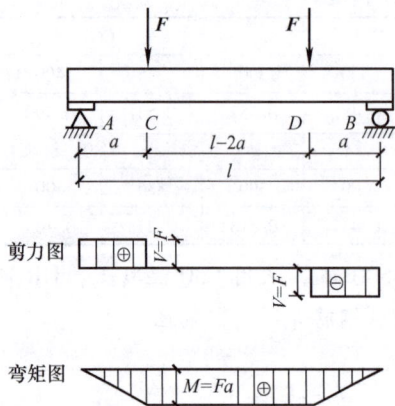

图 3-8　对称加载简支梁的内力图

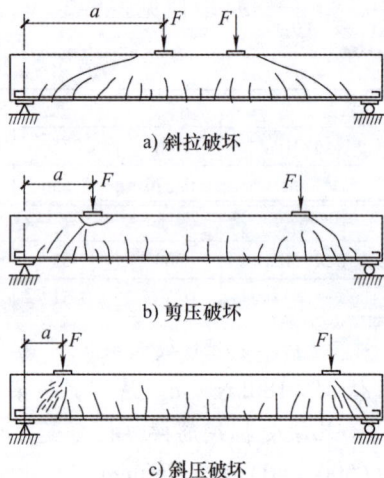

图 3-9　斜截面破坏形态示意图

1. 斜拉破坏形态

当构件剪跨比 $\lambda > 3$ 时，易发生斜拉破坏。其特点是竖向裂缝一旦出现，便迅速向受压区斜向延伸，斜截面承载力随之丧失。破坏荷载与出现斜裂缝时的荷载相当接近，破坏前梁的变形很小，破坏具有明显的脆性。斜拉破坏时斜截面的承载力最小。

对于集中荷载的简支梁，集中力作用点到支座的距离，称为"剪跨"。荷载作用点处的计算剪跨比为

$$\lambda = \frac{a}{h_0}$$

式中　λ——计算剪跨比；

　　　　a——集中荷载作用点到支座或节点边缘的距离。

2. 剪压破坏形态

当构件剪跨比$1 \leqslant \lambda \leqslant 3$时，常发生剪压破坏。其破坏特征是在弯剪区段的受拉区先出现一些竖向裂缝，它们沿竖向延伸一小段后，就斜向延伸成一些斜裂缝，而后又产生一条贯穿的、较宽的主要斜裂缝，这称为临界斜裂缝；临界斜裂缝出现后迅速延伸，使斜截面剪压区的高度缩小，最后导致剪压区的混凝土破坏，使斜截面丧失承载能力。

剪压破坏有一定的预兆，破坏荷载较出现斜裂缝时的荷载高。但与适筋梁的正截面破坏相比，剪压破坏仍属于脆性破坏。

3. 斜压破坏形态

当构件剪跨比$\lambda < 1$时，发生斜压破坏。斜压破坏的特征是混凝土被腹剪斜裂缝分割成若干条平行的斜裂缝，梁腹被这些斜裂缝分割为若干斜向"短柱"，最后因柱混凝土被压碎而破坏。斜压破坏是斜截面承载力最大的一种破坏形态。斜压破坏也属于脆性破坏。

斜截面上一般都有弯矩和剪力同时作用，因此，要使斜截面不发生破坏，就要求斜截面上的弯矩设计值不大于斜截面的抗弯承载能力和剪力设计值不大于斜截面的抗剪承载能力。

3.2.4　斜截面受剪承载力计算

以剪压破坏为依据建立斜截面承载力计算公式，计算模型如图3-10所示。

$$V \leqslant V_{\mathrm{u}} = V_{\mathrm{c}} + V_{\mathrm{s}}$$

$$V_{\mathrm{u}} = 0.7 f_{\mathrm{t}} b h_0 + f_{\mathrm{yv}} \frac{A_{\mathrm{sv}}}{s} h_0$$

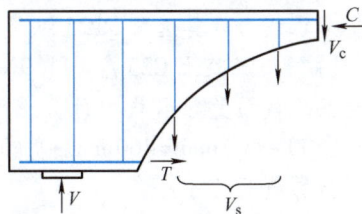

图3-10　斜截面受剪承载力计算模型

式中　V——剪力设计值；

　　　　V_{c}——混凝土剪压区受剪承载力设计值，$V_{\mathrm{c}} = 0.7 f_{\mathrm{t}} b h_0$；

　　　　V_{s}——与斜裂缝相交的箍筋的受剪承载力设计值，$V_{\mathrm{s}} = f_{\mathrm{yv}} \dfrac{A_{\mathrm{sv}}}{s} h_0$；

　　　　f_{yv}——箍筋抗拉强度设计值；

　　　　A_{sv}——配置在同一截面内箍筋各肢的全部截面面积，取$n A_{\mathrm{sv1}}$，n为在同一截面内箍筋的肢数，A_{sv1}为单肢箍筋的截面面积；

　　　　s——沿构件长度方向的箍筋间距。

按照规范的规定，梁中箍筋的最大间距见表3-3。

表3-3　梁中箍筋的最大间距　　　　　　　　　　　　　　　　　（单位：mm）

梁高 h	$V > 0.7 f_{\mathrm{t}} b h_0$	$V \leqslant 0.7 f_{\mathrm{t}} b h_0$
$150 < h \leqslant 300$	150	200
$300 < h \leqslant 500$	200	300
$500 < h \leqslant 800$	250	350
$h > 800$	300	400

上述公式适用范围：

（1）截面的最小尺寸（上限值）：

当 $\dfrac{h_w}{b} \leqslant 4$ 时，　　　　　　　　　　$V \leqslant 0.25\beta_c f_c b h_0$

当 $\dfrac{h_w}{b} \geqslant 6$ 时，　　　　　　　　　　$V \leqslant 0.20\beta_c f_c b h_0$

当 $4 < \dfrac{h_w}{b} < 6$ 时，按线性内插法取用。

式中　h_w——截面的腹板宽度，矩形截面取其有效高度 h_0；

　　　　β_c——混凝土强度影响系数，当混凝土强度不超过 C50 时，取 $\beta_c = 1.0$。

（2）最小配箍率（下限值）：

$$\rho_{sv} \geqslant \rho_{sv,min}$$

式中　ρ_{sv}——箍筋的配箍率，$\rho_{sv} = \dfrac{A_{sv}}{bs}$；

　　　　$\rho_{sv,min}$——箍筋的最小配箍率，$\rho_{sv,min} = 0.24\dfrac{f_t}{f_{yv}}$。

【案例3-3】　一钢筋混凝土矩形简支梁，截面尺寸为 $200\text{mm} \times 500\text{mm}$，承受的剪力设计值为 153.08kN，环境类别为一类，采用混凝土 C25，箍筋 HPB300，纵筋 HRB335，按正截面受弯承载力计算选配 3Φ25 纵筋，请根据斜截面受剪承载力要求确定箍筋。

【解】　混凝土 C25 $f_c = 11.9\text{N}/\text{mm}^2$，$f_t = 1.27\text{N}/\text{mm}^2$。HPB300 箍筋 $f_{yv} = 270\text{N}/\text{mm}^2$。

按正截面受弯承载力计算选配了 3Φ25 纵筋，即纵筋是按照单排布置的，$a_s = 40\text{mm}$，$h_0 = (500 - 40)\text{mm} = 460\text{mm}$。剪力设计值为 $V = 153.08\text{kN}$

验算截面尺寸：

$$\dfrac{h_w}{b} = \dfrac{460}{200} = 2.30 < 4$$

$$\begin{aligned} 0.25\beta_c f_c b h_0 &= 0.25 \times 1.0 \times 11.9 \times 200 \times 460\text{N} \\ &= 273.70\text{kN} > V = 153.08\text{kN} \end{aligned}$$

截面尺寸满足要求。

$$\begin{aligned} 0.7 f_t b h_0 &= 0.7 \times 1.27 \times 200 \times 460\text{N} \\ &= 81.78\text{kN} < V = 153.08\text{kN} \end{aligned}$$

需要按计算配置箍筋。

计算箍筋：

由 $V \leqslant V_u$，$V_u = 0.7 f_t b h_0 + f_{yv}\dfrac{A_{sv}}{s}h_0$，得

$$\dfrac{nA_{sv1}}{s} \geqslant \dfrac{V - 0.7 f_t b h_0}{f_{yv} h_0} = 0.574\text{mm}^2/\text{mm}$$

选Φ8 双肢箍，则有 $A_{sv1} = 50.3\text{mm}^2$，$n = 2$，将值代入上式得

$$s \leqslant \dfrac{nA_{sv1}}{0.574} = \dfrac{2 \times 50.3}{0.574} = 175\text{mm}$$

取 $s = 150\text{mm} <$ 梁中箍筋的最大间距 200mm。

验算配箍率：

$$\rho_{sv} = \dfrac{nA_{sv1}}{bs} = \dfrac{2 \times 50.3}{200 \times 150} = 0.335\%$$

$$\rho_{sv} = 0.335\% > \rho_{sv,\min} = 0.24\frac{f_t}{f_{yv}} = 0.113\%$$

选配箍筋为Φ8@150。

3.3　梁钢筋构造图解

梁中的钢筋有：纵筋、箍筋、拉筋和吊筋。纵筋按照其布设的位置又分为上部钢筋、侧面钢筋和下部钢筋。上部钢筋有上通筋、左支座负筋、右支座负筋、架立筋；下部钢筋有下通筋和下部非贯通筋。侧面钢筋有构造钢筋和抗扭钢筋。

梁中的钢筋构造如图 3-12、图 3-13 所示。

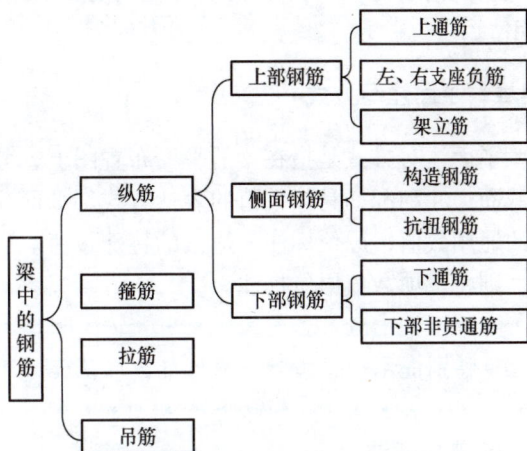

图 3-11　梁中钢筋分类

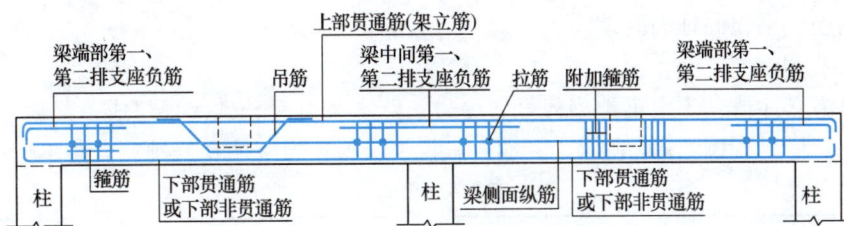

图 3-12　梁钢筋构造示意图

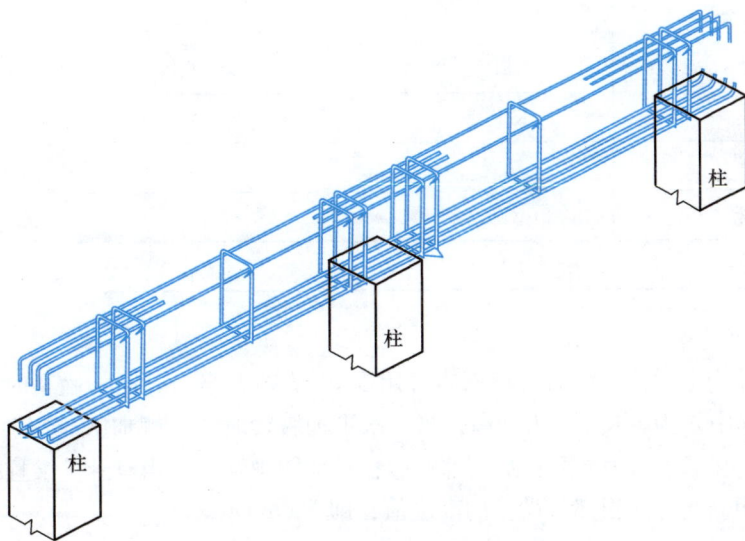

图 3-13　梁中钢筋构造三维透视图

能力单元 2　梁钢筋识图及施工工艺

3.4　梁平法施工图制图规则

梁的钢筋施工图可采用平面注写方式或截面注写方式，有时这两种注写方式可配合使用。

3.4.1　平面注写方式

平面注写方式是指在梁的平面布置图上，分别在不同编号的梁中各选一根梁，在其上注写截面尺寸和配筋具体数值的表达方式。平面注写包括集中标注和原位标注，集中标注表达梁的通用数值，原位标注表达梁的特殊数值。当集中标注中的某项数值不适用于梁的某部位时，则将该项数值原位标注。

> **特别提示**：施工时，原位标注取值优先于集中标注值。

1. 集中标注

集中标注内容包括梁编号、梁截面尺寸、梁箍筋、梁上部通长筋或架立筋、梁侧面构造筋或抗扭钢筋、梁顶面标高高差。

（1）梁编号

梁编号为必注值，它由梁类型代号、序号、跨数及有无悬挑代号组成，梁编号应符合表3-4的规定。表3-4中 ××A 表示梁一端有悬挑，××B 为两端有悬挑，悬挑不计入跨数。

表3-4　梁编号

梁类型	代号	跨数及是否带有悬挑
楼层框架梁	KL	（××）、（××A）、（××B）
屋面框架梁	WKL	（××）、（××A）、（××B）
框支梁	KZL	（××）、（××A）、（××B）
非框架梁	L	（××）、（××A）、（××B）
悬挑梁	XL	
井字梁	JZL	（××）、（××A）、（××B）

（2）梁截面尺寸

梁截面尺寸为必注值。当为等截面时，用 $b \times h$ 表示；当为竖向加腋梁时，用 $b \times h$ GY $c_1 \times c_2$ 表示，其中 c_1 为腋长，c_2 为腋高；当为水平加腋梁时，一侧加腋时用 $b \times h$ PY $c_1 \times c_2$ 表示，其中 c_1 为腋长，c_2 为腋宽；加腋部位应在平面图中绘制；当有悬挑梁且根部和端部的高度不同时，用斜线分隔根部与端部的高度值，即 $b \times h_1 / h_2$。

（3）梁箍筋

梁箍筋包括钢筋级别、直径、加密区与非加密区间距及肢数，该项为必注值。箍筋加密区与非加密区的不同间距及肢数需用斜线"/"分隔;当梁箍筋为同一种间距及肢数时,则不需用斜线;箍筋肢数应写在括号内。加密区范围见相应抗震等级的标准构造详图。

例Φ8@100/200(4),表示箍筋为 HPB300 钢筋,直径为 8mm,加密区间距为 100mm,非加密区间距为 200mm,均为四肢箍。

(4)梁上部通长筋或架立筋

梁上部通长筋或架立筋的配置为必注值。所注规格与根数应根据结构受力要求及箍筋肢数等构造要求而定。当同排纵筋中既有通长筋又有架立筋时,应用"+"将通长筋与架立筋相联。注写时需将角部纵筋写在加号前面,架立筋写在加号后面的括号内,以示不同直径及与通长筋的区别。当全部采用架立筋时,则将其写入括号内。

当梁的跨度小于 4m 时,梁内架立筋的直径不宜小于 8mm;当梁的跨度为 4~6m 时,架立筋的直径不宜小于 10mm;当梁的跨度大于 6m 时,架立筋的直径不宜小于 12mm。

当梁的上部纵筋和下部纵筋均为全跨相同,且多数跨配筋相同时,此项可加注下部纵筋的配筋值,用";"将上部与下部纵筋的配筋值分隔开来;少数跨不同者,应做原位标注。

(5)梁侧面构造筋或抗扭钢筋

梁侧面构造筋或抗扭钢筋的配置为必注值。

当梁腹板高度 $h_w \geq 450mm$ 时,要配置纵向构造筋。此项注写值以 G 打头,接续注写配置在梁两个侧面的总配筋值,且对称配值。

> **特别提示**:配置构造钢筋是为了抑制梁的腹板高度范围内由荷载作用或混凝土收缩引起的垂直裂缝的开展。

当梁侧面需配置纵向抗扭钢筋时,此项值以 N 打头,接续注写配置在梁两个侧面的总配筋值,且对称配置。抗扭纵向钢筋应满足梁侧面纵向构造钢筋的间距要求,且不再重复配置纵向构造钢筋。

(6)梁顶面标高高差

梁顶面标高高差为选注值。梁顶面标高高差是指相对于结构层楼面标高的高差值;对于位于结构夹层的梁,则指相对于结构夹层楼面标高的高差。

2. 原位标注

原位标注内容包括梁支座上部纵筋、梁下部纵筋、附加箍筋或吊筋、其他等。

(1)梁支座上部纵筋

梁支座上部纵筋指含通长筋在内的所有钢筋。

当上部筋多于一排时,用"/"将各排纵筋从上到下分开;当同排纵筋有两种钢筋直径时,用"+"将两种直径的钢筋相联,注写时将角筋写在前面。当梁中间支座两边的上部纵筋不同时,需在支座两边分别标注;当梁中间支座两边的上部筋相同时,可仅在支座的一边标注配置筋,另一边则省去不注。

(2)梁下部纵筋

当梁下部筋多于一排时,用斜线"/"将各排纵筋从上到下分开;当同排纵筋中有两种直径时,用"+"将两种直径的钢筋相联,注写时将角筋写在前面;当梁下部纵筋不全伸入支座时,将梁支座下部纵筋减少的数量写在括号内;当梁的集中标注已经分别注写了上部和下部均为通长的纵筋时，则不需在梁下部做原位标注。

（3）附加箍筋或吊筋

附加箍筋或吊筋直接画在平面图中的主梁上，用线引注总配置筋（附加箍筋的肢数注写在括号内）。当多数附加箍筋或吊筋相同时，可在梁平法施工图上统一注明，少数与统一注明值不同时，再做原位标注。

（4）其他

当在梁上集中标注的内容，即梁截面尺寸、箍筋、上部通长筋或架立筋、梁侧面构造钢筋或受扭钢筋以及梁顶标高高差中的一项或几项数值不适于某跨或某悬臂部位，应在原位进行标注。

3.4.2　截面注写方式

截面注写方式是指在分标准层绘制的梁平面布置图上，分别在不同编号的梁中各选择一根梁，用剖面符号引出配筋图，并在截面配筋图上注写截面尺寸和配筋具体数值，以此来表达梁平法施工图的注写方式，如图 3-14 所示。

（1）对所有梁均按规定进行编号，从相同编号的梁中选择一根梁，先将"单边截面号"画在该梁上，再将截面配筋详图画在本图或其他图上。当某梁的顶面标高与结构层的楼面标高不同时，还应继其梁编号后注写梁顶面标高高差。

（2）在截面配筋详图上注写截面尺寸、上部筋、下部筋、侧面构造筋或抗扭钢筋、箍筋的具体数值，其表达形式与平面注写方式相同。

（3）截面注写方式既可单独使用，也可与平面注写方式结合使用。

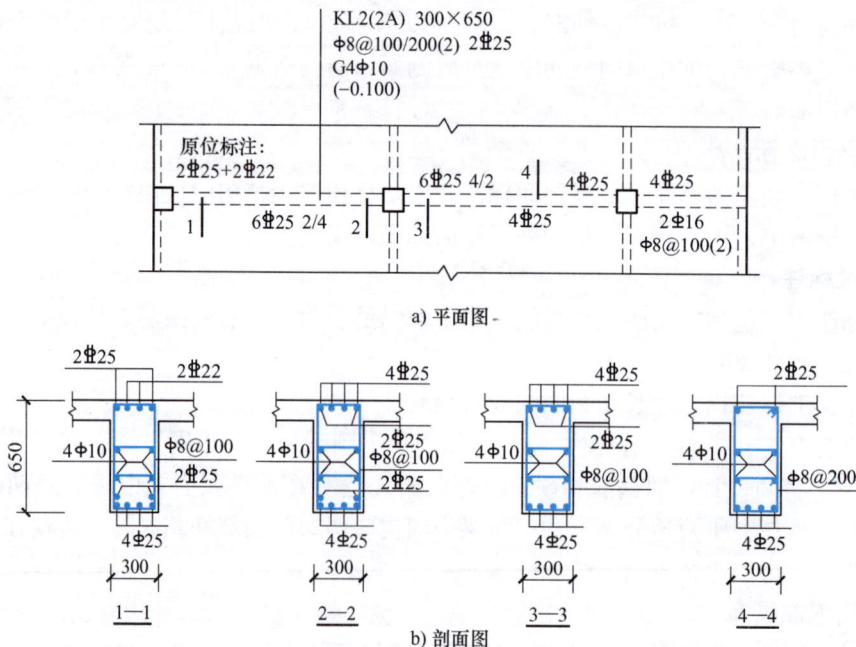

a) 平面图

b) 剖面图

图 3-14　梁截面注写方式

3.5　梁平法识读

【案例3-4】　完成附录所示工程中 4.17m 标高处框架梁 KL1 的识图（图3-15、图3-16）。

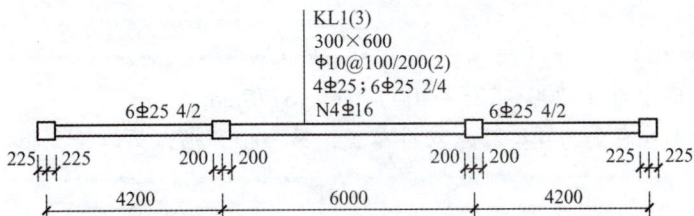

图 3-15　框架梁 KL1 配筋图

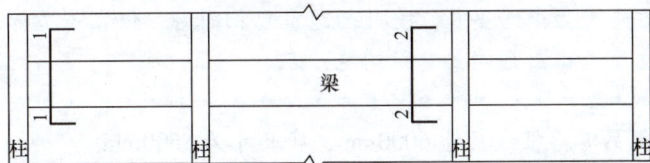

a) 框架梁KL1立面图

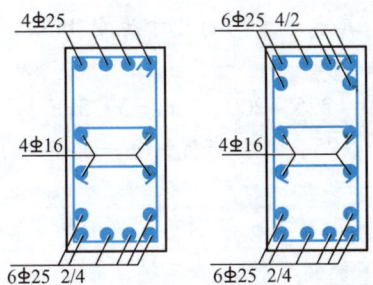

b) 1—1剖面图　　c) 2—2剖面图

图 3-16　框架梁 KL1 立面图

【解】　图 3-15、图 3-16 中 KL1 的钢筋信息有：

1. 集中标注信息

1）该梁为框架梁，编号为 KL1。

2）梁的跨数为 3 跨，无悬挑。

3）梁截面尺寸为 $b=300$mm，$h=600$mm，是矩形截面梁。

4）梁上部通长钢筋为 4Φ25，单排布置（4 根 HRB335 钢筋，直径为 25mm）。

5）梁下部通长钢筋为 6Φ25，双排布置，其中第一排 2 根，第二排 4 根，全为直径 25mm 的 HRB335 钢筋。

6）梁箍筋为 ϕ10@100/200（2），箍筋直径为 10mm，牌号为 HPB300，加密区间距 100mm，非加密区间距 200mm，双肢箍。

7）梁抗扭钢筋为 4Φ16，分两排布置，每排两根。

2. 原位标注信息

（1）第一跨：

1）梁第一跨轴线尺寸 4200mm。

2）第一跨左支座是柱子，其水平方向的尺寸为 450mm。第一跨右支座柱子的水平方向尺寸为400mm。

> **特别提示：**识图过程中要注意柱子的尺寸，因为柱子是梁的支座，会影响到钢筋锚固长度的计量。

3）第一跨净尺寸为（4200 – 225 – 200）mm = 3775mm。

4）第一跨右支座负筋为4Φ25，双排布置，第一排2根，第二排2根。

> **特别提示：**第一跨右支座处上部纵筋共有4根，其中第一排有2根是梁上部通长筋，所以左支座负筋仅为4根，即第一排2根，第二排2根。
>
> 由于第一跨右支座为中间支座，支座两边负筋相同时，仅在一边标注，即此支座负筋在第二跨左侧也有，识图时就要意识到这一点。

（2）第二跨：梁第二跨轴线尺寸6000mm，净尺寸为5600mm。

（3）第三跨：

1）梁第三跨轴线尺寸4200mm。

2）第三跨左支座是柱子，其水平方向的尺寸为400mm。第三跨右支座柱子的水平方向尺寸为450mm。

3）第三跨净尺寸为（4200 – 225 – 200）mm = 3775mm。

4）第三跨左支座负筋为4Φ25，双排布置，第一排2根，第二排2根。

> **特别提示：**第三跨左支座处共有6根钢筋，其中第一排有2根是梁上部通长筋，所以左支座负筋仅为4根，即第一排2根，第二排2根。
>
> 由于第三跨左支座为中间支座，支座两边负筋相同时，仅在一边标注，即此支座负筋在第二跨右侧也有。

3.6 梁施工工艺

高楼是分层盖起来的，每层内的梁是分构件来进行钢筋施工的。本书在进行梁中纵筋（上部钢筋、侧面钢筋和下部钢筋）、箍筋、拉筋和吊筋的计量时，均以构件为对象进行讲述。

一般而言，梁钢筋的施工工艺：基层清理—画梁箍筋位置线—放梁箍筋—穿梁底层纵向钢筋—梁底层纵向钢筋与箍筋固定—穿梁上层纵向钢筋—按间距固定箍筋。

能力单元3 梁钢筋计量

3.7 楼层框架梁钢筋计量

3.7.1 楼层框架梁上部钢筋计量

抗震楼层框架梁纵向钢筋的构造如图3-17所示。

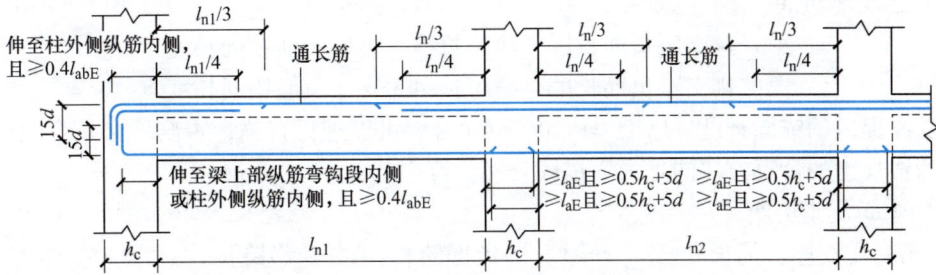

图 3-17 抗震楼层框架梁纵向钢筋构造

1. 上部通长钢筋

上通筋长度 = 净跨长 + 左锚固长度 + 右锚固长度

净跨长根据图纸计算。锚固分为两种情况：直锚和弯锚（图 3-18）。当柱子提供的锚固长度 $\geq l_{aE}$ 且 $\geq 0.5h_c + 5d$ 时，可以进行直锚，否则就必须弯锚。

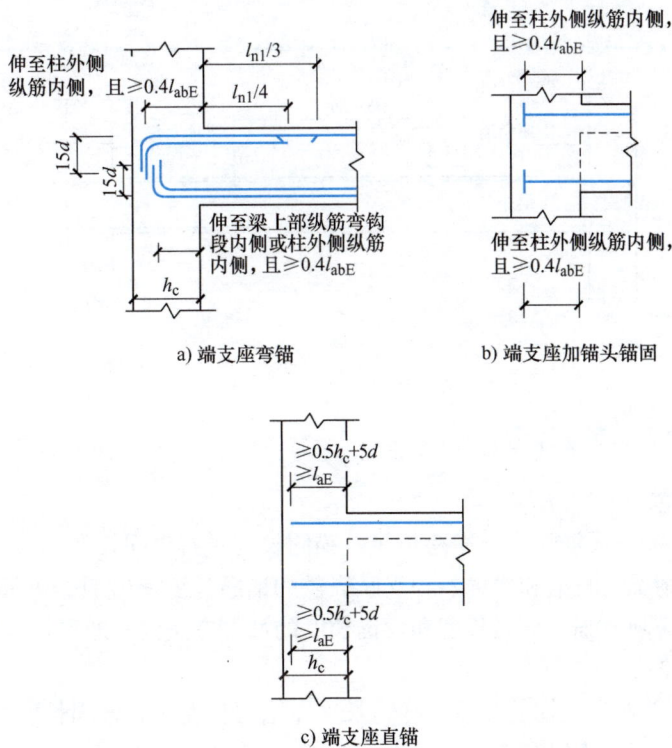

a) 端支座弯锚
b) 端支座加锚头锚固
c) 端支座直锚

图 3-18 端支座锚固计算图

$$直锚长度 = \max(l_{aE}, 0.5h_c + 5d)$$

$$弯锚长度 = \max(0.4l_{abE} + 15d, 支座宽度\ h_c - 保护层厚度 + 15d)$$

式中　h_c——支座宽度，即柱子的宽度；

d——钢筋直径。

2. 支座负筋

（1）边支座负筋

第一排支座负筋长度 = 净跨长/3 + 支座负筋锚固长度

第二排支座负筋长度 = 净跨长/4 + 支座负筋锚固长度

当支座提供的锚固长度 $\geq l_{aE}$ 且 $\geq 0.5h_c + 5d$ 时，可以进行直锚，否则就必须弯锚。直锚长度和弯锚长度的计算方法同上通筋锚固长度计算。

（2）中间支座负筋

第一排支座负筋长度 = 2 × max（第一跨净跨长,第二跨净跨长）/3 + 支座宽度

第二排支座负筋长度 = 2 × max（第一跨净跨长,第二跨净跨长）/4 + 支座宽度

3. 架立筋

当箍筋的肢数大于上通筋的根数时就需要设架立筋，架立筋与支座负筋的搭接长度为150mm（图3-19）。

架立筋长度 = 净跨长 − 左侧支座负筋伸入长度 − 右侧支座负筋伸入长度 + 150 × 2

特别提示：若为 HPB300 钢筋时，需要在其两端设置180°弯钩，每个弯钩长度为 $6.25d$。本模块其余钢筋计算同理。

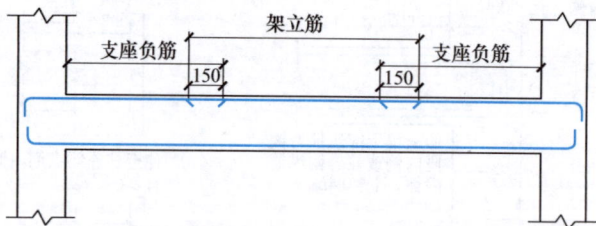

图3-19 架立筋长度计算图

3.7.2 楼层框架梁下部钢筋计量

1. 下部通长钢筋

下通筋长度 = 净跨长 + 左锚固长度 + 右锚固长度

锚固分为两种情况：直锚和弯锚。当支座提供的锚固长度 $\geq l_{aE}$ 且 $\geq 0.5h_c + 5d$ 时，可以进行直锚，否则就必须弯锚。直锚长度和弯锚长度的计算方法同上通筋锚固长度计算。

2. 下部非贯通钢筋

下部非贯通钢筋长度 = 净跨长 + 左锚固长度 + 右锚固长度

锚固分为两种情况：直锚和弯锚。

（1）对边支座而言，当柱子提供的锚固长度 $\geq l_{aE}$ 且 $\geq 0.5h_c + 5d$ 时，可以进行直锚，否则就必须弯锚。直锚长度和弯锚长度的计算方法同上通筋锚固长度计算。

（2）对中间支座而言，若柱子提供的锚固长度不足以保证钢筋的直锚要求，钢筋可伸至另一跨梁中进行锚固，所以中间支座锚固长度 = max（l_{aE},$0.5h_c + 5d$）。

3.7.3 侧面纵向钢筋及拉筋计量

1. 侧面抗扭钢筋

梁侧面抗扭纵向钢筋的锚固方式同框架梁下部纵筋。

$$侧面抗扭纵向钢筋长度 = 净跨长 + 左锚固长度 + 右锚固长度$$

当支座提供的锚固长度 $\geqslant l_{aE}$ 且 $\geqslant 0.5h_c + 5d$ 时，可以进行直锚，否则就必须弯锚。直锚长度和弯锚长度的计算方法同下通筋锚固长度计算。

2. 侧面构造钢筋

当梁腹板高度 $h_w \geqslant 450$mm 时，需配置侧面构造钢筋，其间距 $a \leqslant 200$mm。

$$侧面构造钢筋长度 = 净跨长 + 15d \times 2$$

3. 拉筋

当有梁侧面构造钢筋或抗扭钢筋时，就必须配置拉筋，拉筋构造如图 3-20 所示。

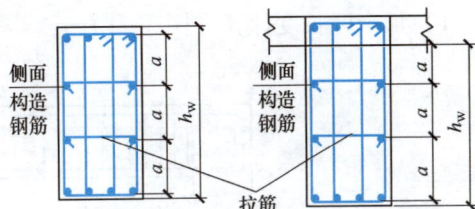

图 3-20 梁侧面纵向构造筋和拉筋构造示意图

当梁宽 $\leqslant 350$mm 时，拉筋直径为 6mm；梁宽 > 350mm 时，拉筋直径为 8mm。拉筋间距为非加密区箍筋间距的两倍。当设有多排拉筋时，上下两排拉筋竖向错开设置。

拉筋长度按照外皮尺寸来计算，则

$$拉筋长度 = (梁宽度 - 保护层厚度 \times 2) + 1.9d \times 2 + \max(10d, 75\text{mm}) \times 2$$

$$拉筋根数 = 单排跨拉筋总根数 \times 排数$$

式中

$$单排跨拉筋总根数 = \sum(单跨净跨长 - 2 \times 50\text{mm})/拉筋间距 + 1$$

框架梁截面尺寸 $b \times h = 450$mm $\times 700$mm，配置了 $4\underline{\Phi}18$ 的抗扭钢筋，箍筋为 $\phi 10@100/200$ （2）。因为框架梁宽为 450mm，大于 350mm，拉筋直径为 8mm，拉筋间距为箍筋非加密区间距的 2 倍，即 2×200mm $= 400$mm，所以拉筋为 $\phi 8@400$。

抗扭钢筋 $4\underline{\Phi}18$ 对称布置为两排，拉结筋应分为两排。

特别提示： 拉筋排数计算是根据梁侧面构造钢筋和抗扭钢筋来确定的。

3.7.4 箍筋、附加箍筋和吊筋计量

1. 箍筋

箍筋的计算分为长度和根数两块内容。

（1）计算箍筋长度

按照外皮尺寸来计算箍筋长度，则

$$箍筋长度 = (梁宽度 - 保护层厚度 \times 2) \times 2 + (梁高度 - 保护层厚度 \times 2) \times 2 + $$
$$1.9d \times 2 + \max(10d, 75\text{mm}) \times 2$$
$$= [(梁宽度 - 保护层厚度 \times 2) + (梁高度 - 保护层厚度 \times 2)] \times 2 + $$
$$1.9d \times 2 + \max(10d, 75\text{mm}) \times 2$$
$$= (b + h - 4c) \times 2 + 1.9d \times 2 + \max(10d, 75\text{mm}) \times 2$$

式中 d——箍筋直径。

若梁箍筋肢数大于2，则需要进行梁箍筋的拆解。梁箍筋拆解的方法同柱，具体参见模块二内容。

（2）计算箍筋根数

箍筋根数＝左加密区根数＋中间非加密区根数＋右加密区根数

$$＝[（左加密区长度－50mm）/加密间距＋1]＋（非加密区长度/非加密间距－1）＋$$
$$[（右加密区长度－50mm）/加密间距＋1]$$

1）加密区长度计算（图3-21）：

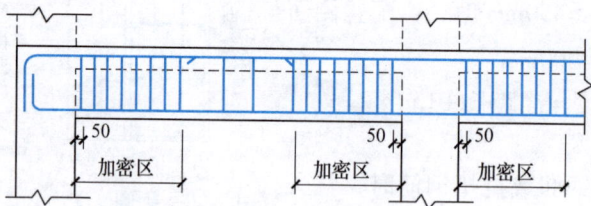

图3-21 抗震框架梁箍筋加密区

一级抗震时的梁箍筋加密区长度＝$\max(2.0h_b, 500mm)$

二、三、四级抗震时的梁箍筋加密区长度＝$\max(1.5h_b, 500mm)$

式中 h_b——梁高。

2）非加密区长度计算：

非加密区长度＝净跨长－左加密区长度－右加密区长度

2. 附加箍筋

在主梁和次梁交接处，由于次梁传给主梁的集中力作用，在主梁中要增加附加箍筋或吊筋，图3-22中在主梁内的次梁两侧各增加了3个箍筋，该区域的正常箍筋或加密区箍筋照设。

箍筋长度＝（梁宽度－保护层厚度×2）×2＋（梁高度－保护层厚度×2）×2＋
$$1.9d×2＋\max(10d, 75mm)×2$$
$$＝[（梁宽度－保护层厚度×2）＋（梁高度－保护层厚度×2）]×2＋$$
$$1.9d×2＋\max(10d, 75mm)×2$$
$$＝(b+h-4c)×2＋1.9d×2＋\max(10d, 75mm)×2$$

式中 d——箍筋直径。

3. 吊筋

吊筋构造如图3-23所示。

特别提示： 当梁高度$h≤800mm$时，吊筋弯起夹角为45°，当梁高$h>800mm$时，吊筋弯起夹角为60°。

吊筋长度＝（次梁宽度＋2×50mm）＋2×（梁高度－保护层厚度×2）/$\sin45°(60°)$＋
$$2×20d$$

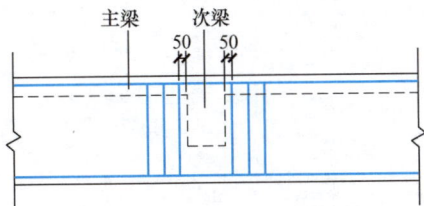

图 3-22　附加箍筋构造

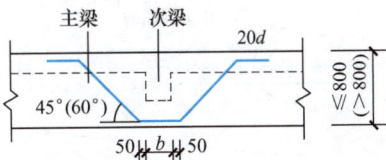

图 3-23　吊筋构造

3.8　屋面框架梁钢筋计量

抗震屋面框架梁上部钢筋要求伸到梁尽头后弯折到梁底部，如图 3-24 所示。

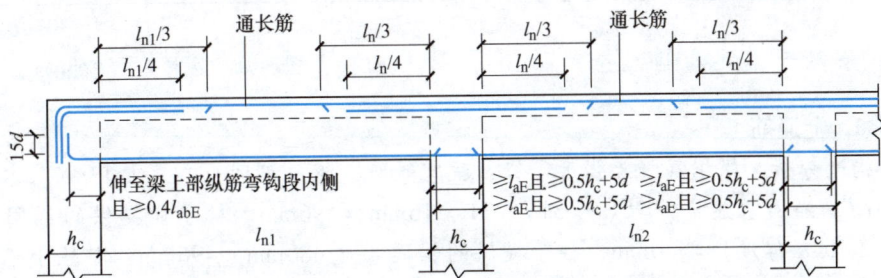

图 3-24　抗震屋面框架梁纵向钢筋构造

1. 上部通长钢筋

上通筋长度 = 净跨长 + 左锚固长度 + 右锚固长度

式中

锚固长度 = 支座宽度 − 保护层厚度 + 梁高度 − 保护层厚度

2. 边支座负筋

第一排支座负筋长度 = 净跨长/3 + 支座负筋锚固长度

第二排支座负筋长度 = 净跨长/4 + 支座负筋锚固长度

式中

锚固长度 = 支座宽度 − 保护层厚度 + 梁高度 − 保护层厚度

其余钢筋计量规则同楼层框架梁。

3.9　悬挑梁钢筋计量

悬挑梁上部钢筋在悬挑段与其余跨上部钢筋拉通，梁上部第一排纵筋的 1/2（至少 2 根角筋）伸到悬臂梁端部后弯折 $12d$，其余第一排纵筋构造如图 3-25 所示。当悬挑长度 $<4h_b$ 时，可不将钢筋在端部弯下。上部第二排纵筋也应如图 3-25 所示弯下。下部钢筋应在梁悬挑长度范围内单独布设，伸入支座内 $15d$。

【案例 3-5】　完成图 3-26 所示悬臂梁 KL1 的钢筋计量。

已知悬臂梁混凝土采用 C30，抗震等级为三级，保护层厚度 20mm，箍筋采用 HPB300，其余钢筋采用 HRB335。图中框架柱尺寸为 500mm×500mm。钢筋定尺长度为 8m，采用焊接的连接方式。

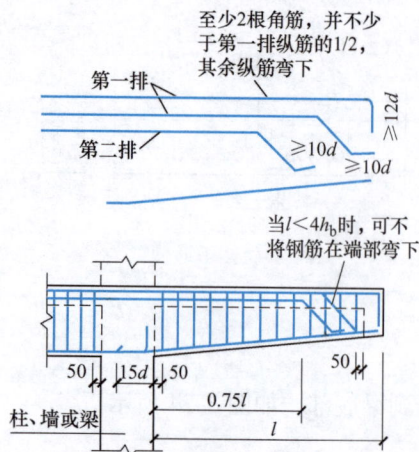

图 3-25　悬挑梁钢筋构造

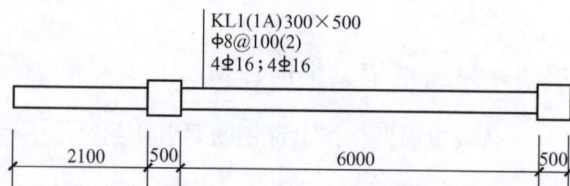

图 3-26　悬臂梁 KL1 配筋

【解】 1. 上通筋

（1） 构造分析　根据混凝土强度等级、抗震等级、钢筋级别，查表 1-13 得基本锚固长度 $l_{abE} = 31d$，锚固长度 $l_{aE} = l_{abE} = 31d = 31 \times 16\text{mm} = 496\text{mm}$。柱子能提供的锚固长度 = （500mm - 保护层厚度） = 480mm，柱子提供的锚固长度 480mm < 496mm，即柱子不能提供足够的锚固长度，所以需要弯锚。

$$
\begin{aligned}
\text{弯锚长度} &= \max(0.4 l_{abE} + 15d, \text{支座宽度} - \text{保护层厚度} + 15d) \\
&= \max(0.4 \times 496 + 15 \times 16, 500 - 20 + 15 \times 16)\text{mm} \\
&= \max(438.4, 720)\text{mm} \\
&= 720\text{mm}
\end{aligned}
$$

由于悬挑长度 $2100\text{mm} > 4h_b = 4 \times 500\text{mm} = 2000\text{mm}$，应将钢筋在端部弯下。

上通筋分成两部分，其中 1/2 伸到悬臂梁端后弯折 12d，其余纵筋弯下（弯折角按 45°考虑）。

（2） 计算弯折 12d 的上通筋 2Φ16 长度

$$
\begin{aligned}
\text{上通筋长度} &= \text{净跨长度} + \text{右支座锚固长度} + \text{左支座宽度} + (\text{悬挑长度} - \text{保护层厚度} + 12d) \\
&= [6000 + 720 + 500 + (2100 - 20 + 12 \times 16)]\text{mm} \\
&= (6000 + 720 + 500 + 2272)\text{mm} \\
&= 9.492\text{m}
\end{aligned}
$$

单根上通筋长度 9.492m，超过钢筋定尺长度为 8m，需要考虑连接，本例采用焊接的连接方式。

上通筋需要 2 个接头。

（3） 计算弯下的上通筋 2Φ16 长度

$$
\begin{aligned}
\text{上通筋长度} &= \text{净跨长度} + \text{右支座锚固长度} + \text{左支座宽度} + (\text{悬挑长度} - \text{保护层厚度} + \text{折加长度}) \\
&= [6000 + 720 + 500 + (2100 - 20 + 190.4)]\text{mm} \\
&= (6000 + 720 + 500 + 2270.4)\text{mm} \\
&= 9.49\text{m}
\end{aligned}
$$

式中

折加长度 $=($ 梁高度 $-$ 保护层厚度 $\times 2)/\sin 45° - ($ 梁高度 $-$ 保护层厚度 $\times 2)$

$=($ 梁高度 $-$ 保护层厚度 $\times 2) \times (\sqrt{2}-1)$

$=(500-20\times2)\text{mm}\times 0.414$

$=190.4\text{mm}$

上通筋需要 2 个接头。

2. 下部钢筋

（1）非悬挑跨下部钢筋 4 $\oplus$ 16

非悬挑跨下部钢筋长度 $=$ 净跨长度 $+$ 右支座锚固长度 $+$ 左支座锚固长度

$=(6000+720+720)\text{mm}$

$=7.44\text{m}$

（2）悬挑跨下部钢筋 4 $\oplus$ 16

悬挑跨下部钢筋长度 $=$ 净跨长度 $-$ 保护层厚度 $+$ 左支座处伸入长度

$=2100\text{mm}-20\text{mm}+15d$

$=(2100-20+15\times16)\text{mm}$

$=2.32\text{m}$

3. 箍筋 ϕ 8@100（2）

（1）计算箍筋长度

箍筋长度 $=($ 梁宽度 $-$ 保护层厚度 $\times 2) \times 2 + ($ 梁高度 $-$ 保护层厚度 $\times 2) \times 2 +$

$1.9d\times2 + \max(10d,75\text{mm})\times2$

$=[($ 梁宽度 $-$ 保护层厚度 $\times 2) + ($ 梁高度 $-$ 保护层厚度 $\times 2)]\times2 +$

$1.9d\times2 + \max(10d,75\text{mm})\times2$

$=(b+h-4c)\times2 + 1.9d\times2 + \max(10d,75\text{mm})\times2$

$=[(300+500-4\times20)\times2 + 2\times1.9\times8 + 2\times80]\text{mm}$

$=(1440+30.4+160)\text{mm}$

$=1.630\text{m}$

（2）计算箍筋根数

根数 $=$ 非悬挑跨根数 $+$ 悬挑跨根数

1）非悬挑跨根数 $=$ 左加密区根数 $+$ 右加密区根数 $+$ 非加密区根数

$=[($ 左加密区长度 $-50\text{mm})/$ 加密间距 $+1] + [($ 右加密区长度 $-$

$50\text{mm})/$ 加密间距 $+1] + ($ 非加密区长度 $/$ 非加密间距 $-1)$

$=[(750-50)/100+1]\times2 + (4500/200-1)$

$=8\times2+22$

$=38($ 根 $)$

式中

加密区长度 $=\max(1.5h_\text{b},500\text{mm})=750\text{mm}($ 三级抗震 $)$

非加密区长度 $=$ 净跨长度 $-$ 左加密区长度 $-$ 右加密区长度

$=(6000-750-750)\text{mm}$

$=4500\text{mm}$

2）悬挑跨根数 = （悬挑跨净长度 − 20mm − 50mm）/100mm + 1

$$= (2100 - 20 - 50)/100 + 1$$

$$= 21（根）$$

箍筋总跟数 = 38 + 21 = 59（根）

3.10　非框架梁钢筋计量

非框架梁配筋构造如图 3-27 所示。

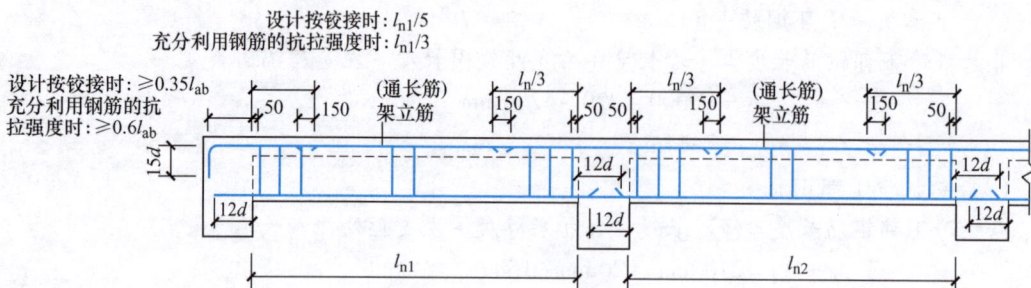

图 3-27　非框架梁配筋构造

1. 上通筋

上通筋长度 = 净跨长 + 左锚固长度 + 右锚固长度

（1）当柱子提供的锚固长度 ≥ L_a 且 ≥ $0.5h_c + 5d$ 时，可以进行直锚，否则就必须弯锚。直锚长度计算见模块 3.7 的内容。

（2）梁上部钢筋的弯锚分"设计按铰接时"和"充分利用钢筋的抗拉强度时"两种情况。

1）设计按铰接时：

弯锚长度 = $\max(0.35l_{ab} + 15d，支座宽度 − 保护层厚度 + 15d)$

2）充分利用钢筋的抗拉强度时：

弯锚长度 = $\max(0.60l_{ab} + 15d，支座宽度 − 保护层厚度 + 15d)$

"设计按铰接时"及"充分利用钢筋的抗拉强度时"由设计人员确定。本书按照"设计按铰接时"的情况考虑。

2. 下部钢筋

下部钢筋长度 = 净跨长 + 12d × 2

3. 支座负筋

（1）边支座负筋长度

边支座负筋长度 = 伸入跨内的长度 + 支座负筋锚固长度

1）伸入跨内的长度计算分以下两种情况：

当"设计按铰接"时，伸入跨内的长度 = 净跨长/5；

当"充分利用钢筋的抗拉强度"时，伸入跨内的长度 = 净跨长/3。

2）锚固长度的计算同上通筋。

（2）中间支座负筋长度

中间支座支座负筋长度 = 2 × max（第一跨净跨长，第二跨净跨长）/3 + 支座宽度

4. 箍筋

箍筋长度 $= 2 \times ($ 梁宽度 $-$ 保护层厚度 $\times 2 +$ 梁高度 $-$ 保护层厚度 $\times 2) + 2 \times \max(10d, 75mm) + 2 \times 1.9d$

箍筋根数 $=$ 左加密区根数 $+$ 中间非加密区根数 $+$ 右加密区根数

$\qquad = [($ 左加密区长度 $-50)/$ 加密间距 $+1] + ($ 非加密区长度 $/$ 非加密间距 $-1) + [($ 右加密区长度 $-50)/$ 加密间距 $+1]$

箍筋加密区长度由设计人员确定。

能力单元4 梁钢筋计量实训

【**实训 3-1**】 完成附录所示工程中 4.17m 标高处框架梁 KL2 的钢筋计量。钢筋定尺长度为 8m，采用焊接的连接方式。

【**理清思路**】 KL2 钢筋计量分析见表 3-5。

表 3-5 KL2 钢筋计量分析

钢筋类型及部位			需要计算的量
纵筋	上通筋		长度、根数、质量
	支座负筋	左支座负筋	长度、根数、质量
		右支座负筋	长度、根数、质量
		中间支座负筋	长度、根数、质量
	架立筋		长度、根数、质量
	构造筋		长度、根数、质量
	拉筋		长度、根数、质量
	下通筋		长度、根数、质量
箍筋			长度、根数、质量

【**计算基础**】 KL2 所处的环境见表 3-6。

表 3-6 KL2 所处的环境描述

混凝土强度等级	抗震等级	保护层厚度
C30	三级	20mm

【**实例体验**】

1. 上通筋 2 ⊈ 25

根据混凝土强度等级、抗震等级、钢筋级别，查表 1-13 得锚固长度 $l_{aE} = l_{abE} = 31d = 31 \times 25mm = 775mm$，而第一跨左侧柱子能提供的锚固长度 $= (225mm \times 2 -$ 保护层厚度 $) = (225 \times 2 - 20)mm = 430mm$，柱子提供的锚固长度 $430mm <$ 锚固长度 $775mm$，即柱子不能提供足够的锚固长度，所以需要弯锚。第三跨右支座柱子的锚固计算方法相同。

$\qquad$ 弯锚长度 $= \max(0.4l_{abE} + 15d,$ 支座宽度 $-$ 保护层厚度 $+15d)$

$\qquad\qquad = \max(0.4 \times 775 + 15 \times 25, 450 - 20 + 15 \times 25)mm$

$$= \max(685, 805)\,\text{mm}$$
$$= 805\,\text{mm}$$

$$\begin{aligned}
上通筋长度 &= 净跨长 + 左支座锚固长度 + 右支座锚固长度\\
&= \big[(4200 + 6000 + 4200 - 225 \times 2) + 805 + 805\big]\,\text{mm}\\
&= (13950 + 805 \times 2)\,\text{mm}\\
&= 15.56\,\text{m}
\end{aligned}$$

单根上通筋长度 15.56m，超过钢筋定尺长度 8m，需要考虑连接，本例采用焊接的连接方式。

上通筋需要 2 个接头。

2. 下通筋 4Φ25

$$\begin{aligned}
下通筋长度 &= 净跨长 + 左支座锚固长度 + 右支座锚固长度\\
&= \big[(4200 + 6000 + 4200 - 225 \times 2) + 805 + 805\big]\,\text{mm}\\
&= (13950 + 805 \times 2)\,\text{mm}\\
&= 15.56\,\text{m}
\end{aligned}$$

单根下通筋长度 15.56m，超过钢筋定尺长度 8m，需要考虑连接，本例采用焊接的连接方式。

下通筋需要 4 个接头。

3. 第 1 跨左支座负筋 2Φ25

$$\begin{aligned}
支座负筋长度 &= 净跨长/3 + 支座负筋锚固长度\\
&= \max(4200 - 225 - 200)\,\text{mm}/3 + \max(0.4l_{abE} + 15d, 支座宽度 - 保护层厚\\
&\quad 度 + 15d)\\
&= (3775/3 + 805)\,\text{mm}\\
&= (1258 + 805)\,\text{mm}\\
&= 2.063\,\text{m}
\end{aligned}$$

4. 第 1 跨右支座负筋 2Φ25

$$\begin{aligned}
中间支座负筋长度 &= 2 \times \max(第一跨净跨长, 第二跨净跨长)/3 + 支座宽度\\
&= 2 \times \max(4200 - 225 - 200, 6000 - 200 \times 2)\,\text{mm}/3 + 支座宽度\\
&= (2 \times 5600/3 + 400)\,\text{mm}\\
&= (2 \times 1867 + 400)\,\text{mm}\\
&= 4.134\,\text{m}
\end{aligned}$$

5. 第 3 跨左支座负筋 2Φ25

$$\begin{aligned}
中间支座负筋长度 &= 2 \times \max(第一跨净跨长, 第二跨净跨长)/3 + 支座宽度\\
&= 2 \times \max(4200 - 225 - 200, 6000 - 200 \times 2)\,\text{mm}/3 + 支座宽度\\
&= (2 \times 5600/3 + 400)\,\text{mm}\\
&= (2 \times 1867 + 400)\,\text{mm}\\
&= 4.134\,\text{m}
\end{aligned}$$

6. 第 3 跨右支座负筋 2Φ25

$$\begin{aligned}
支座负筋长度 &= 净跨长/3 + 支座负筋锚固长度\\
&= (4200 - 225 - 200)\,\text{mm}/3 + \max(0.4l_{abE} + 15d, 支座宽度 - 保护层厚度 + 15d)
\end{aligned}$$

$$= (3775/3 + 805)\text{mm}$$

$$= (1258 + 805)\text{mm}$$

$$= 2.063\text{m}$$

7. 架立筋 2ϕ14

第一跨：

架立筋长度 = 净跨长 - 左侧支座负筋伸入长度 - 右侧支座负筋伸入长度 + 150mm × 2 + 弯钩长度 6.25d × 2

$$= [(4200 - 225 - 200) - 1258 - 1867 + 150 × 2 + 6.2514 × 2]\text{mm}$$

$$= (3775 - 1258 - 1867 + 300 + 175)\text{mm}$$

$$= 1.125\text{m}$$

第二跨：

架立筋长度 = 净跨长 - 左侧支座负筋伸入长度 - 右侧支座负筋伸入长度 + 150mm × 2 + 弯钩长度 6.25d × 2

$$= [(6000 - 200 × 2) - 1867 × 2 + 150 × 2 + 6.25 × 14 × 2]\text{mm}$$

$$= 2.341\text{m}$$

第三跨：

架立筋长度 = 净跨长 - 左侧支座负筋伸入长度 - 右侧支座负筋伸入长度 + 150mm × 2 + 弯钩长度 6.25d × 2

$$= [(4200 - 200 - 225) - 1867 - 1258 + 150 × 2 + 6.25 × 14 × 2]\text{mm}$$

$$= 1.125\text{m}$$

8. 侧面构造筋 4ϕ12

侧面构造钢筋长度 = 净跨长 + 2 × 15d + 弯钩长度 6.25d × 2

$$= [(4200 + 6000 + 4200 - 225 × 2) + 2 × 15 × 12 + 6.25 × 12 × 2]\text{mm}$$

$$= (13950 + 360 + 150)\text{mm}$$

$$= 14.46\text{m}$$

单根钢筋长度 14.46m，超过钢筋定尺长度 8m，需要考虑连接。

侧面构造筋需要 4 个接头。

9. 箍筋 ϕ10@100/200（4）

此处箍筋全部按照外皮尺寸考虑。将箍筋拆解为 1#大箍筋和 2#小箍筋。

（1）1#箍筋。

1）计算箍筋长度

1#箍筋长度 = (梁宽度 - 保护层厚度 × 2) × 2 + (梁高度 - 保护层厚度 × 2) × 2 + 1.9d × 2 + max(10d,75mm) × 2

$$= [(梁宽度 - 保护层厚度 × 2) + (梁高度 - 保护层厚度 × 2)] × 2 + 1.9d × 2 + \max(10d,75\text{mm}) × 2$$

$$= (b + h - 4c) × 2 + 1.9d × 2 + \max(10d,75\text{mm}) × 2$$

$$= [(300 + 600 - 4 × 20) × 2 + 2 × 1.9 × 10 + 2 × 100]\text{mm}$$

$$= (1640 + 38 + 200)\text{mm}$$

$$= 1.878\text{m}$$

2）计算箍筋根数

根数 = 第一跨根数 + 第二跨根数 + 第三跨根数

每跨箍筋根数 = 左加密区根数 + 中间非加密区根数 + 右加密区根数

$$= [(左加密区长度 - 50mm)/加密间距 + 1] + (非加密区长度/非加密间距 - 1) + [(右加密区长度 - 50mm)/加密间距 + 1]$$

式中

加密区长度 $\max(1.5h_b, 500mm) = 900mm$（三级抗震）

非加密区长度 = 净跨长 - 左加密区长度 - 右加密区长度

① 第一跨根数：

加密区长度：900mm

非加密区长度 = 净跨长 - 左加密区长度 - 右加密区长度

$$= [(4200 - 225 - 200) - 900 \times 2]mm$$

$$= (3775 - 900 \times 2)mm$$

$$= 1975mm$$

左加密区根数 = (900 - 50)/100 + 1 = 10(根)

右加密区根数 = (900 - 50)/100 + 1 = 10(根)

非加密区根数 = (1975/200 - 1) = 9(根)

第一跨箍筋总根数 = 10 × 2 + 9 = 29(根)

② 第二跨根数：

加密区长度：900mm

非加密区长度 = 净跨长 - 左加密区长度 - 右加密区长度

$$= [(6000 - 200 - 200) - 900 \times 2]mm$$

$$= 3800mm$$

左加密区根数 = (900 - 50)/100 + 1 = 10(根)

右加密区根数 = (900 - 50)/100 + 1 = 10(根)

非加密区根数 = (3800/200 - 1) = 18(根)

第二跨箍筋总根数 = 10 × 2 + 18 = 38(根)

③ 第三跨根数：

加密区长度：900mm

非加密区长度 = 净跨长 - 左加密区长度 - 右加密区长度

$$= [(4200 - 225 - 200) - 900 \times 2]mm$$

$$= 1975mm$$

左加密区根数 = (900 - 50)/100 + 1 = 10(根)

右加密区根数 = (900 - 50)/100 + 1 = 10(根)

非加密区根数 = (1975/200 - 1) = 9(根)

第三跨箍筋总根数 = 10 × 2 + 9 = 29(根)

1#箍筋根数 = 第一跨根数 + 第二跨根数 + 第三跨根数

$$= 29 + 38 + 29$$

$$= 96(根)$$

（2）2#箍筋

2#箍筋长度 $= [($梁宽度 $-$ 保护层厚度 $\times 2 - 2d - 2 \times D_主/2)/3 \times 1 + 2 \times D_主/2 + d \times 2] \times 2 +$
（梁高度 $-$ 保护层厚度 $\times 2) \times 2 + 1.9d \times 2 + \max$（$10d, 75mm$）$\times 2$

$= \{[($梁宽度 $-$ 保护层厚度 $\times 2 - 2d - 2 \times D_主/2)/3 \times 1 + 2 \times D_主/2]$
$+ ($梁高度 $-$ 保护层厚度 $\times 2)\} \times 2 + 4d + 1.9d \times 2 + \max(10d, 75mm) \times 2$

$= \{[(300 - 2 \times 20 - 2 \times 10 - 2 \times 25/2)/3 \times 1 + 2 \times 25/2] + (600 - 2 \times 20)\}mm \times 2 + 4 \times$
$10mm + 1.9 \times 10 \times 2mm + \max(10 \times 10, 75)mm \times 2$

$= (1313.3 + 40 + 38 + 200)mm$

$= 1.591m$

2#箍筋根数同1#箍筋，为96根

10. 拉筋

由于KL2的梁宽300mm $<$ 350mm，拉筋直径为6mm；拉筋间距为非加密区箍筋间距的两倍，即 $2 \times 200mm = 400mm$。拉筋为$\phi 6@400$，分两排设置。

拉筋长度 $= ($梁宽度 $-$ 保护层厚度 $\times 2) + 1.9d \times 2 + \max(10d, 75mm) \times 2$

$= [(300 - 2 \times 20) + 2 \times 1.9 \times 6 + 2 \times 75]mm$

$= (260 + 22.8 + 150)mm$

$= 0.433m$

拉筋根数 $=$ 单排拉筋根数 $\times$ 排数

$= ($第一跨根数 $+$ 第二跨根数 $+$ 第三跨根数$) \times$ 排数

$= (10 + 15 + 10) \times 2$

$= 70($根$)$

式中

第一跨净跨长 $= (4200 - 225 - 200)mm = 3775mm$

第一跨根数 $= (3775 - 50 \times 2)/400 + 1 = 10($根$)$

第二跨净跨长 $= (6000 - 200 - 200)mm = 5600mm$

第二跨根数 $= (5600 - 50 \times 2)/400 + 1 = 15($根$)$

第三跨拉筋根数同第一跨，为10根

11. 钢筋工程量汇总

KL2钢筋工程量汇总见表3-7。

表3-7　KL2钢筋工程量汇总

钢筋类别	单根梁中钢筋数量/根	单根钢筋长度/m	每米钢筋理论质量/（kg/m）	单根钢筋质量/kg	KL2中钢筋总质量/kg	接头/个
上通筋	2	15.56	3.85	59.906	119.81	2
下通筋	4	15.56	3.85	59.906	239.62	4
第一跨左支座负筋	2	2.063	3.85	7.943	15.89	
第一跨右支座负筋	2	4.134	3.85	15.916	31.83	

（续）

钢筋类别	单根梁中钢筋数量/根	单根钢筋长度/m	每米钢筋理论质量/(kg/m)	单根钢筋质量/kg	KL2 中钢筋总质量/kg	接头/个
第三跨左支座负筋	2	4.134	3.85	15.916	31.83	
第三跨右支座负筋	2	2.063	3.85	7.943	15.89	
架立筋第一跨	2	1.125	1.21	1.361	2.72	
架立筋第二跨	2	2.341	1.21	2.833	5.67	
架立筋第三跨	2	1.125	1.21	1.361	2.72	
侧面构造筋	4	14.46	0.888	12.840	51.36	4
拉筋	70	0.433	0.222	0.096	6.72	
1#箍筋	96	1.878	0.617	1.159	111.26	
2#箍筋	96	1.591	0.617	0.982	94.27	
总计					729.59	

【实训 3-2】 完成附录所示工程中屋面框架梁（WKL1）的钢筋计量。钢筋定尺长度为 8m，采用焊接的连接方式。

【理清思路】 WKL1 钢筋计量分析见表 3-8。

表 3-8　WKL1 钢筋计量分析

钢筋类型及部位		需要计算的量
纵筋	上通筋	长度、根数、质量
	中间支座负筋（第二排）	长度、根数、质量
	抗扭钢筋	长度、根数、质量
	拉筋	长度、根数、质量
	下通筋	长度、根数、质量
箍筋		长度、根数、质量

【计算基础】 WKL1 所处环境见表 3-9。

表 3-9　WKL1 所处环境描述

混凝土强度等级	抗震等级	保护层厚度
C30	三级	20mm

【实例体验】

1. 上通筋 4 ⊈ 22

上通筋长度 = 净跨长 + 左锚固长度 + 右锚固长度

$= [(4200 + 6000 + 4200 - 225 - 225) + (450 - 20 + 500 - 20) \times 2]\,mm$

$= (13950 + 910 \times 2)\,mm$

$= 15.77\,m$

抗震屋面框架梁上部钢筋要求伸到梁尽头后弯折到梁底部。

锚固长度 = 支座宽度 - 保护层厚度 + 梁高度 - 保护层厚度

$= (450 - 20 + 500 - 20)\,mm$

$= 0.91\,m$

单根上通筋长度 15.77m，需要考虑连接，本例采用焊接的连接方式。

上通筋需要 4 个接头。

2. 第一跨右支座负筋 2 ⊈ 22

第一排 4 根是上通钢筋，此处的支座负筋位于第二排。

中间支座负筋长度 = 2 × max(第一跨净跨长, 第二跨净跨长)/4 + 支座宽度

$= 2 \times max(4200 - 225 - 200, 6000 - 200 \times 2)\,mm/4 + 支座宽度$

$= (2 \times 5600/4 + 400)\,mm$

$= 3.2\,m$

3. 抗扭纵向钢筋 4 ⊈ 16

当为梁侧面抗扭纵向钢筋时，其锚固长度与方式同框架梁下部纵筋。

抗扭钢筋长度 = 净跨长 + 左支座锚固长度 + 右支座锚固长度

$= [(4200 + 6000 + 4200 - 225 - 225) + 670 \times 2]\,mm$

$= (13950 + 670 \times 2)\,mm$

$= 15.29\,m$

根据混凝土强度等级、抗震等级、钢筋级别，查表 1-13 得锚固长度 $l_{aE} = l_{abE} = 31d = 31 \times 16\,mm = 496\,mm$，而柱子能提供的锚固长度 = $(225\,mm \times 2 - 保护层厚度) = (225 \times 2 - 20)\,mm = 430\,mm$，柱子提供的锚固长度 430mm < 496mm，即柱子不能提供足够的锚固长度，所以需要弯锚。

弯锚长度 = max($0.4l_{abE} + 15d$, 支座宽度 - 保护层厚度 + $15d$)

$= max(0.4 \times 496 + 15 \times 16, 450 - 20 + 15 \times 16)\,mm$

$= max(438.4, 670)\,mm$

$= 670\,mm$

抗扭纵向钢筋需要 4 个接头。

4. 拉筋

梁宽度 300mm < 350mm，拉筋直径为 6mm，拉筋间距为箍筋非加密区间距的 2 倍，即 400mm。

拉筋长度 = (梁宽度 - 保护层厚度 × 2) + $1.9d \times 2$ + max($10d$, 75mm) × 2

$= [(300 - 2 \times 20) + 2 \times 1.9 \times 6 + 2 \times 75]\,mm$

$= (260 + 22.8 + 150)\,mm$

$= 0.433\,m$

第一跨净跨长 $= (4200 - 225 - 200)\,\text{mm} = 3775\,\text{mm}$

第一跨根数 $= (3775 - 50 \times 2)/400 + 1 = 10(\text{根})$

第二跨净跨长 $= (6000 - 200 - 200)\,\text{mm} = 5600\,\text{mm}$

第二跨根数 $= (5600 - 50 \times 2)/400 + 1 = 15(\text{根})$

第三跨净跨长 $= (4200 - 225 - 200)\,\text{mm} = 3775\,\text{mm}$

第三跨根数 $= (3775 - 50 \times 2)/400 + 1 = 10(\text{根})$

总计拉筋根数 $=$ 单排拉筋根数 $\times$ 排数

$\qquad = (10 + 15 + 10) \times 2$

$\qquad = 70(\text{根})$

5. 下通筋 4 ⏀ 22

下通筋长度 $=$ 净跨长 $+$ 左锚固长度 $+$ 右锚固长度

$\qquad = [(4200 + 6000 + 4200 - 225 - 200) + 760 \times 2]\,\text{mm}$

$\qquad = (13950 + 760 \times 2)\,\text{mm}$

$\qquad = 15.47\,\text{m}$

根据混凝土强度等级、抗震等级、钢筋级别，查表 1-13 得锚固长度 $l_{aE} = l_{abE} = 31d = 31 \times 22\,\text{mm} = 682\,\text{mm}$，而柱子能提供的锚固长度 $= (225\,\text{mm} \times 2 -$ 保护层厚度$) = (225 \times 2 - 20)\,\text{mm} = 430\,\text{mm}$，柱子提供的锚固长度 $430\,\text{mm} < 682\,\text{mm}$，即柱子不能提供足够的锚固长度，所以需要弯锚。

弯锚长度 $= \max(0.4 l_{abE} + 15d,$ 支座宽度 $-$ 保护层厚度 $+ 15d)$

$\qquad = \max(0.4 \times 682 + 15 \times 22, 450 - 20 + 15 \times 22)\,\text{mm}$

$\qquad = \max(602.8, 760)\,\text{mm}$

$\qquad = 760\,\text{mm}$

下通筋需要 4 个接头。

6. 第三跨左支座负筋 2 ⏀ 22

中间支座负筋长度 $= 2 \times \max($ 第一跨净跨长，第二跨净跨长 $)/4 +$ 支座宽度

$\qquad = 2 \times \max(4200 - 225 - 200, 6000 - 200 \times 2)\,\text{mm}/4 +$ 支座宽度

$\qquad = 2 \times \max(3775, 5600)\,\text{mm}/4 +$ 支座宽度

$\qquad = (2 \times 5600/4 + 400)\,\text{mm}$

$\qquad = 3.2\,\text{m}$

7. 箍筋 ⏀ 10@100/200（2）

（1）计算箍筋长度

箍筋长度 $=$（梁宽度 $-$ 保护层厚度 $\times 2) \times 2 +$（梁高度 $-$ 保护层厚度 $\times 2) \times 2 +$

$\qquad 1.9d \times 2 + \max(10d, 75\,\text{mm}) \times 2$

$\qquad = [($ 梁宽度 $-$ 保护层厚度 $\times 2) + ($ 梁高度 $-$ 保护层厚度 $\times 2)] \times 2 +$

$\qquad 1.9d \times 2 + \max(10d, 75\,\text{mm}) \times 2$

$\qquad = (b + h - 4c) \times 2 + 1.9d \times 2 + \max(10d, 75\,\text{mm}) \times 2$

$\qquad = [(300 + 500 - 4 \times 20) \times 2 + 2 \times 1.9 \times 10 + 2 \times 100]\,\text{mm}$

$\qquad = (1440 + 38 + 200)\,\text{mm}$

$\qquad = 1.678\,\text{m}$

（2）计算箍筋根数

1）第一跨

加密区长度 = max(1.5h_b,500mm) = 750mm

非加密区长度 = 净跨长 - 左加密区长度 - 右加密区长度

$$= [(4200 - 225 - 200) - 750 - 750]mm$$

$$= 2275mm$$

箍筋根数 = [(左加密区长度 - 50mm)/加密间距 + 1] + (非加密区长度/非加密间距 - 1) +

[(右加密区长度 - 50mm)/加密间距 + 1]

$$= [(750 - 50)/100 + 1] \times 2 + (2275/200 - 1)$$

$$= 8 \times 2 + 10$$

$$= 26(根)$$

2）第二跨

加密区长度 = max(1.5h_b,500mm) = 750mm

非加密区长度 = 净跨长 - 左加密区长度 - 右加密区长度

$$= [(6000 - 200 - 200) - 750 - 750]mm$$

$$= 4100mm$$

箍筋根数 = [(左加密区长度 - 50mm)/加密间距 + 1] + (非加密区长度/非加密间距 - 1) +

[(右加密区长度 - 50mm)/加密间距 + 1]

$$= [(750 - 50)/100 + 1] + (4100/200 - 1) + [(750 - 50)/100 + 1]$$

$$= 8 + 20 + 8$$

$$= 36(根)$$

3）第三跨

加密区长度 = max(1.5h_b,500mm) = 750mm

非加密区长度 = 净跨长 - 左加密区长度 - 右加密区长度

$$= [(4200 - 225 - 200) - 750 - 750]mm$$

$$= 2275mm$$

箍筋根数 = [(左加密区长度 - 50mm)/加密间距 + 1] + (非加密区长度/非加密间距 - 1) +

[(右加密区长度 - 50mm)/加密间距 + 1]

$$= [(750 - 50)/100 + 1] \times 2 + (2275/200 - 1)$$

$$= 8 \times 2 + 10$$

$$= 26(根)$$

梁箍筋总根数 = 26 + 36 + 26 = 88(根)

8. 钢筋工程量汇总

WKL1 钢筋工程量汇总见表 3-10。

表3-10 WKL1 钢筋工程量汇总

钢筋类别	单根梁中 钢筋数量 /根	单根钢筋 长度 /m	每米钢筋 理论质量 /(kg/m)	单根钢筋 质量 /kg	WKL1 中钢筋 总质量 /kg	接头 /个
上通长筋	4	15.77	2.98	46.995	187.98	4
第一跨 右支座负筋	2	3.2	2.98	9.536	19.07	
侧面 抗扭通长筋	4	15.29	1.58	24.158	96.63	4
下通长筋	4	15.47	2.98	46.101	184.40	4
第三跨 左支座负筋	2	3.2	2.98	9.536	19.07	
箍筋	88	1.678	0.617	1.035	91.08	
拉筋	70	0.433	0.222	0.096	6.72	
总计					604.95	

【实训3-3】 完成附录所示工程中 4.17m 标高处 L1 的钢筋计量。

【理清思路】 L1 钢筋计量分析见表3-11。

表3-11 L1 钢筋计量分析

钢筋类型及部位		需要计算的量
纵筋	上通筋	长度、根数、质量
	下通筋	长度、根数、质量
箍筋		长度、根数、质量

【计算基础】 L1 所处环境见表3-12。

表3-12 L1 所处环境描述

混凝土强度等级	抗震等级	保护层厚度
C30	非抗震	20mm

【实例体验】

1. 上通筋 2 Φ 20

根据混凝土强度等级、钢筋级别，查表1-12得锚固长度 $l_a = l_{ab} = 29d = 29 \times 20mm = 580mm$，而 L1 的支座分别为 KL4 和 KL5，支座宽度均为 300mm，支座能提供的锚固长度 = $(300 - 20)mm = 280mm$，支座提供的锚固长度 280mm < 580mm，即支座不能提供足够的锚固长度，所以需要弯锚。

当"设计按铰接时"，有以下计算：

弯锚长度 = $\max(0.35l_{ab} + 15d, 支座宽度 - 保护层厚度 + 15d)$

$= \max(0.35 \times 29d + 15d, 300mm - 20mm + 15d)$

$= \max(503, 580)mm$

$= 580mm$

上通筋长度 = 净跨长 + 左锚固长度 + 右锚固长度

$$= \left[(4200 - 150 \times 2) + 580 \times 2 \right] \text{mm}$$

$$= (3900 + 580 \times 2) \text{mm}$$

$$= 5.06 \text{m}$$

2. 下通筋 2 ⏀ 20

下通筋长度 = 净跨长 + 左锚固长度 + 右锚固长度

$$= (4200 - 150 \times 2) \text{mm} + 12d + 12d$$

$$= (3900 + 12 \times 20 + 12 \times 20) \text{mm}$$

$$= 4.38 \text{m}$$

3. 箍筋 ⏀ 8@200（2）

箍筋长度 = (梁宽度 − 保护层厚度 × 2) × 2 + (梁高度 − 保护层厚度 × 2) × 2 +

$$1.9d \times 2 + \max(10d, 75\text{mm}) \times 2$$

$$= \left[(梁宽度 - 保护层厚度 \times 2) + (梁高度 - 保护层厚度 \times 2) \right] \times 2 +$$

$$1.9d \times 2 + \max(10d, 75\text{mm}) \times 2$$

$$= (b + h - 4c) \times 2 + 1.9d \times 2 + \max(10d, 75\text{mm}) \times 2$$

$$= \left[(250 + 400 - 4 \times 20) \times 2 + 2 \times 1.9 \times 8 + 2 \times 80 \right] \text{mm}$$

$$= (1140 + 30.4 + 160) \text{mm}$$

$$= 1.330 \text{m}$$

箍筋根数 = (净跨长 − 50 × 2)/箍筋间距 + 1

$$= \left[(4200 - 150 \times 2) - 50 \times 2 \right] / 200 + 1$$

$$= 20 (根)$$

4. 钢筋工程量汇总表

表 3-13　L1 钢筋工程量汇总表

钢筋类别	单根梁中钢筋数量/根	单根钢筋长度/m	每米钢筋理论质量（kg/m）	单根钢筋质量/kg	L1 中钢筋总质量/kg
上通筋	2	5.06	2.47	12.498	25.00
下通筋	2	4.38	2.47	10.819	21.64
箍筋	20	1.330	0.395	0.525	10.50
总计					57.14

知识链接：

两根梁编成同一编号的条件：

（1）两根梁的跨数相等，而且对应跨的跨度和支座情况相同。

（2）两根梁在各跨的截面尺寸对应相同。

（3）两根梁的配筋（集中标注和原位标注）相同。

相同尺寸和配筋的梁在平面图上布置的位置（轴线正中或轴线偏离）不相同，不影响梁的编号。

能力模块内容回顾

本能力模块主要内容是：梁受力及构造、梁钢筋识图及施工、梁钢筋计量、梁钢筋计量实训等。

具体内容为：楼层框架梁、屋面框架梁、悬挑梁、非框架梁中钢筋的计量。

梁钢筋的计量分为纵筋、箍筋、拉筋和吊筋的计量。纵筋的计量按照其布设位置分为上部钢筋、侧面钢筋和下部钢筋的计量。箍筋计量分为长度和根数两块内容。梁中有侧面钢筋时，就有拉筋。拉筋计量分为长度和根数两块内容。

模 拟 测 试

1. 完成附录所示工程中4.17m标高处框架梁KL1的钢筋计量。

工程抗震设防烈度为7度，钢筋定尺长度为8m，采用机械连接方式。其余条件同附录所示工程。

2. 完成附录所示工程中4.17m标高处框架梁KL3的钢筋计量。

工程抗震设防烈度为7度，钢筋定尺长度为8m，采用机械连接方式。其余条件同附录所示工程。

3. 完成附录所示工程中4.17m标高处框架梁KL5的钢筋计量。

工程抗震设防烈度为7度，钢筋定尺长度为8m，采用机械连接方式。其余条件同附录所示工程。

4. 完成附录所示工程中7.77m标高处框架梁KL11的钢筋计量。

工程抗震设防烈度为7度，钢筋定尺长度为8m，采用机械连接方式。其余条件同附录所示工程。

5. 完成附录所示工程中屋面框架梁WKL2的钢筋计量。

工程抗震设防烈度为7度，钢筋定尺长度为8m，采用机械连接方式。其余条件同附录所示工程。

6. 完成附录所示工程中屋面框架梁WKL3的钢筋计量。

工程抗震设防烈度为7度，钢筋定尺长度为8m，采用机械连接方式。其余条件同附录所示工程。

7. 完成附录所示工程中屋面框架梁WKL4的钢筋计量。

工程抗震设防烈度为7度，钢筋定尺长度为8m，采用机械连接方式。其余条件同附录所示工程。

模块四　剪力墙钢筋计量

模块导读

本模块主要介绍剪力墙的钢筋计量。

剪力墙钢筋应分楼层分构件进行计量。

模块内容以剪力墙构件为载体，遵循"剪力墙体系构成—剪力墙钢筋构造图解—剪力墙平法识读—剪力墙钢筋计量—剪力墙钢筋计量实训"的体系化能力构建流程，系统阐述剪力墙钢筋计量的步骤、方法和技巧。

能力模块学习目标

通过对本能力模块的学习，要求掌握剪力墙平法施工图制图规则，能够进行剪力墙钢筋识图，掌握剪力墙钢筋计量的原则、方法、流程、技巧。通过本书中剪力墙钢筋计量实训案例的学习，要求能结合实际工程图纸熟练地进行剪力墙钢筋的计量。

能力单元1　剪力墙构造及钢筋识图

4.1　剪力墙体系

剪力墙结构是整体现浇的。依据部位功能的不同，把剪力墙各个不同部位称为构件。剪力墙中常见的构件有剪力墙墙身、剪力墙墙柱、剪力墙墙梁和剪力墙洞口，见表4-1。

表4-1　剪力墙体系中的构件

构　　件		构 件 代 号
剪力墙墙身		Q
剪力墙墙柱	约束边缘构件	YBZ
	构造边缘构件	GBZ
	非边缘暗柱	AZ
	扶壁柱	FBZ
剪力墙墙梁	连梁	LL
	连梁（对角暗撑配筋）	LL（JC）
	连梁（交叉斜筋配筋）	LL（JX）
	连梁（集中对角斜筋配筋）	LL（DX）
	暗梁	AL
	边框梁	BKL
剪力墙洞口	矩形洞口	JD
	圆形洞口	YD

4.2　剪力墙钢筋构造图解

4.2.1　墙身钢筋构造图解

剪力墙墙身钢筋包括水平钢筋、竖向钢筋和拉筋。剪力墙墙身钢筋如图 4-1a、图 4-2 所示。

4.2.2　墙柱钢筋构造图解

剪力墙墙柱钢筋见图 4-3 所示。

4.2.3　有洞口剪力墙钢筋构造图解

有洞口剪力墙钢筋构造如图 4-1b 所示。

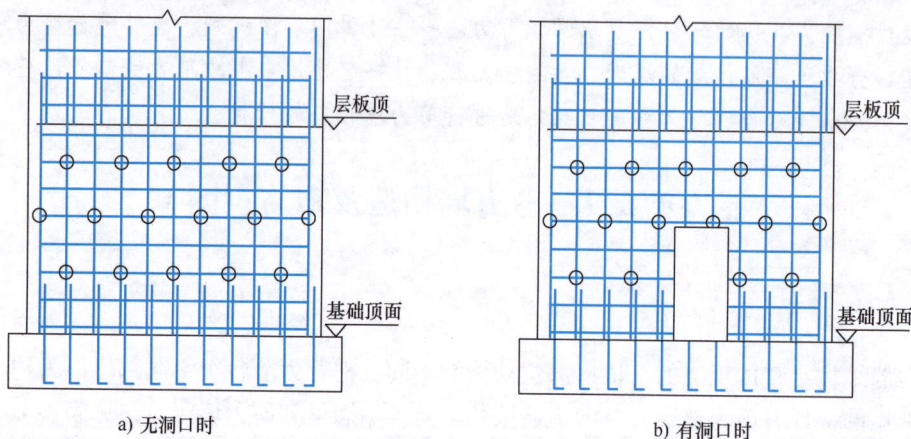

a) 无洞口时　　　　　　　　　　　　　b) 有洞口时

图 4-1　剪力墙墙身钢筋示意图（一）

4.3　剪力墙平法识读

剪力墙平法标注有列表注写和截面注写两种方式。

列表注写时剪力墙由剪力墙柱、剪力墙身和剪力墙梁三类构件组成。

截面注写指在分标准层绘制的剪力墙平面布置图上，直接在墙柱、墙身、墙梁上注写截面尺寸和配筋具体数值，以此表达剪力墙平法施工图的注写方式。

4.3.1　墙身平法识读

1. 列表注写

剪力墙墙身标注由墙身代号、序号及墙身所配置的水平和竖向钢筋的排数组成。

墙身代号、序号为：Q××（×排）。

"Q"表示墙，"×"排表示墙身所设置的水平和竖向钢筋的排数，当墙身所设置的水平和竖向钢筋的排数为 2 时可不注。

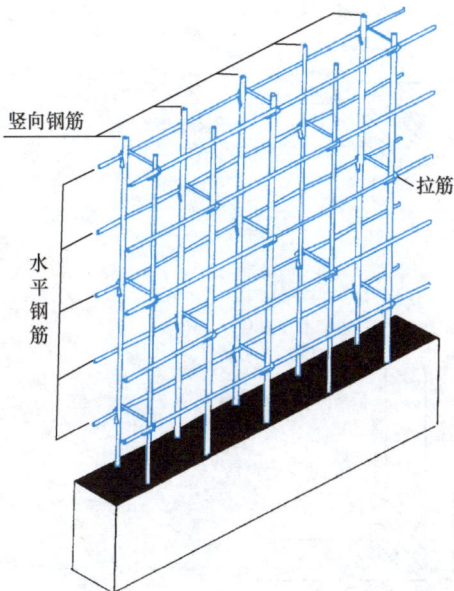

图 4-2　剪力墙墙身钢筋示意图（二）

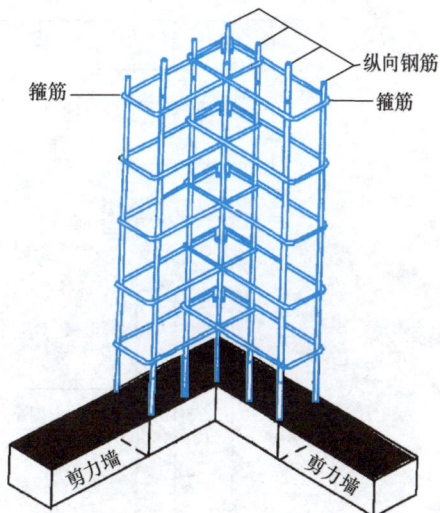

图 4-3　剪力墙转角柱钢筋示意图

2. 截面注写

截面注写是在分标准层绘制的剪力墙平面布置图上，直接在墙身上注写截面尺寸和配筋具体数值。

4.3.2　墙柱平法识读

1. 列表注写

剪力墙墙柱标注内容包括：墙柱编号（表 4-1）、各段墙柱的起止标高、各段墙柱的纵向钢筋和箍筋。

剪力墙墙柱有约束边缘构件、构造边缘构件、非边缘暗柱和扶壁柱四种类型。

约束边缘构件包括约束边缘暗柱、约束边缘端柱、约束边缘翼墙和约束边缘转角墙（图 4-4）。

构造边缘构件包括构造边缘暗柱、构造边缘端柱、构造边缘翼墙和构造边缘转交墙（图 4-5）。

2. 截面注写

截面注写是在分标准层绘制的剪力墙平面布置图上，直接在墙柱上注写截面尺寸和配筋具体数值。

4.3.3　墙梁平法识读

1. 列表注写

剪力墙梁中标注的内容包括：墙梁编号（表 4-1）、墙梁所在楼层号、墙梁顶面标高高差、墙梁截面尺寸及墙梁配筋。

2. 截面注写

截面注写是在分标准层绘制的剪力墙平面布置图上，直接在墙梁上注写截面尺寸和配筋

a) 约束边缘暗柱　　　　　　　　b) 约束边缘端柱

c) 约束边缘翼墙　　　　　　　　d) 约束边缘转角墙

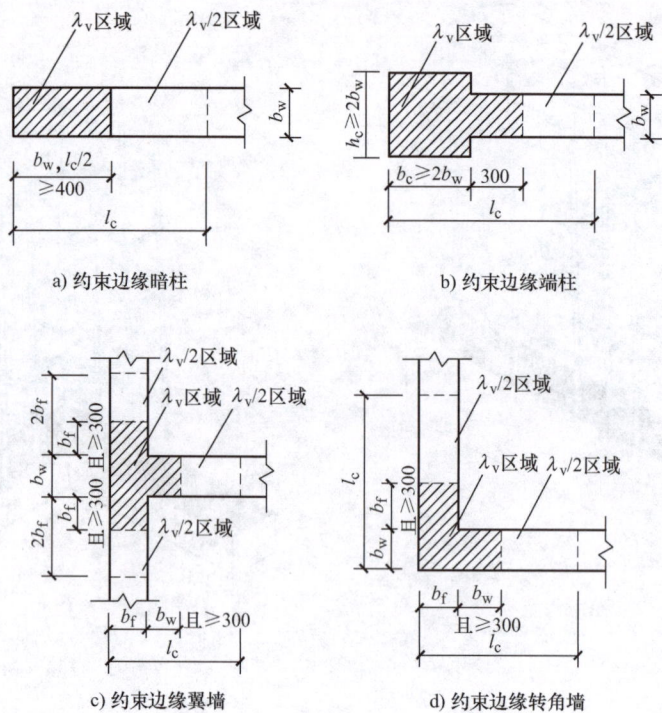

图 4-4　约束边缘构件

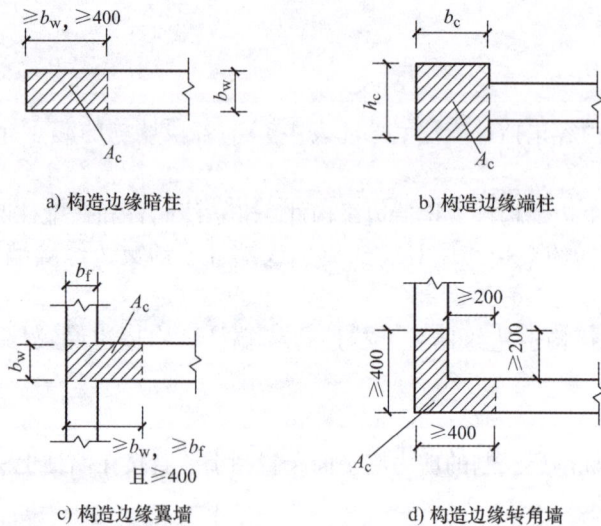

a) 构造边缘暗柱　　　　　　　　b) 构造边缘端柱

c) 构造边缘翼墙　　　　　　　　d) 构造边缘转角墙

图 4-5　构造边缘构件

具体数值。

4.3.4　洞口平法识读

无论是截面注写还是列表注写，洞口均可在剪力墙平面布置图上原位表达。在剪力墙平面布置图上绘制洞口尺寸，并在洞口位置引注洞口编号、洞口几何尺寸、洞口中心相对标高、洞口每边补强钢筋内容。剪力墙洞口编号及几何尺寸标注见表4-2。

表4-2　剪力墙洞口编号及几何尺寸标注

类型	洞口代号	洞口几何尺寸
矩形洞口	JD	洞宽b×洞高h
圆形洞口	YD	直径D

图4-6所示的YD1洞口为1#圆形洞口，直径为200mm，二层洞口中心相对于二层结构层楼面标高的高差值为−0.8m，三层洞口中心相对于三层结构层楼面标高的高差值为−0.7m，该圆形洞口在其他层的洞口中心相对于本层结构层楼面标高的高差值为−0.5m。洞口每边补强钢筋为2Φ16。

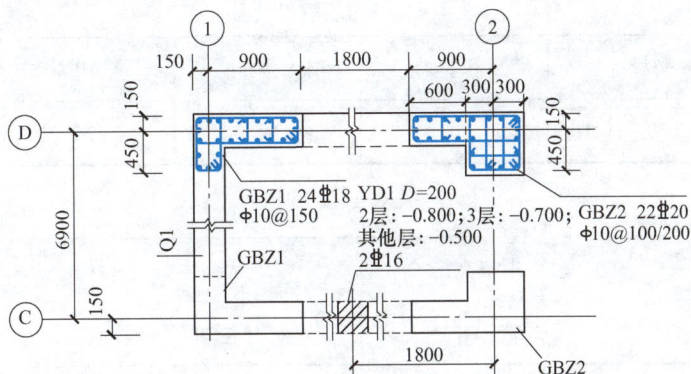

图4-6　剪力墙洞口标注

4.3.5　剪力墙平法标注实例

在该剪力墙结构中，平面注写如图4-7所示，截面注写如图4-6所示；结构层楼面标高见表4-3，墙身信息见表4-4，墙柱信息见表4-5。

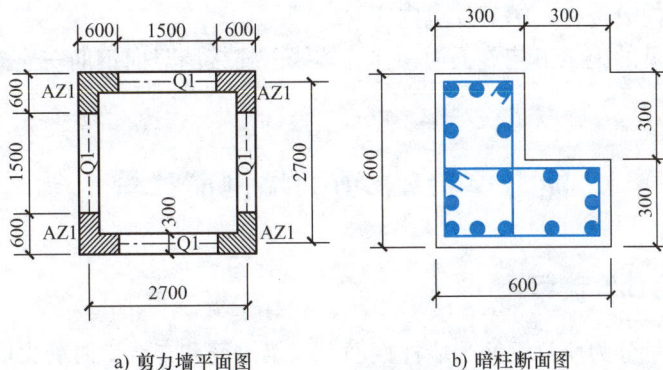

a) 剪力墙平面图　　　b) 暗柱断面图

图4-7　剪力墙平面注写

表 4-3 结构层楼面标高

屋面	11.37	
3	7.77	3.6
2	4.17	3.6
1	−0.03	4.2
基础层	−2.53	2.5
层号	标高/m	层高/m

表 4-4 剪力墙墙身信息

编号	墙标高	墙厚度	水平分布筋	垂直分布筋	拉筋（双向）
Q1	−2.53 ~ 11.37	300	⏀12@150	⏀12@150	Φ6@400@400

表 4-5 剪力墙墙柱信息

编号	墙柱标高	纵筋	箍筋
AZ1	−2.53 ~ 11.37	16⏀20	Φ10@100

4.4 剪力墙施工工艺

剪力墙钢筋在施工中是分层布设的。在进行剪力墙钢筋计量时，分层计算剪力墙墙身的水平钢筋、竖向钢筋和拉筋与施工实际及钢筋下料的要求相匹配，同时也符合了工程计划管理和进度管理的要求。

本书在讲述剪力墙墙身、墙柱钢筋计量时，均按照施工实际来分层进行介绍。而对于墙梁，则是在研究层内分构件介绍其计量内容。

剪力墙墙身常见的施工工艺流程为：弹墙体线—连接墙竖向钢筋—连接墙水平钢筋—绑拉筋。

能力单元2 剪力墙钢筋计量

4.5 剪力墙钢筋计算流程

剪力墙钢筋计量分为墙身钢筋、墙柱钢筋、墙梁钢筋和有洞口时剪力墙钢筋计量四部分内容，如图 4-8 所示。

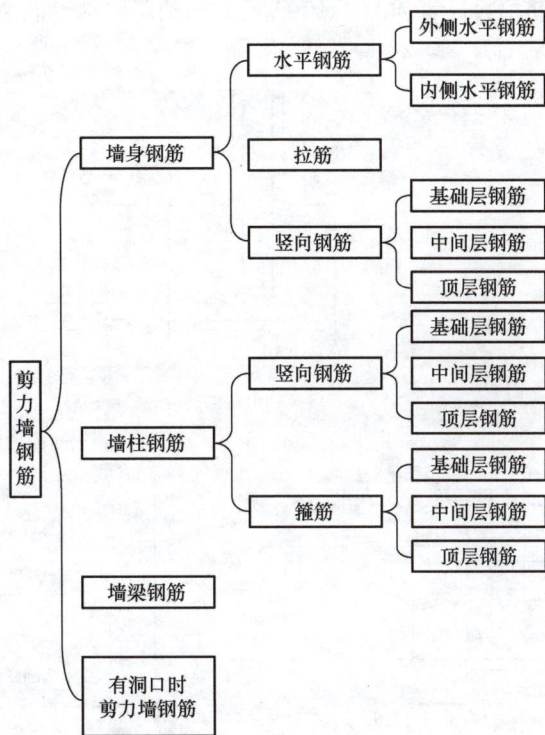

图4-8　剪力墙钢筋计算分类

4.6　剪力墙墙身钢筋计量

4.6.1　墙身水平钢筋计量

1. 基础层

如图4-9所示，当墙厚$b_w \leqslant 400mm$时，剪力墙双排配筋；当$400mm < b_w \leqslant 700mm$时，剪力墙三排配筋。

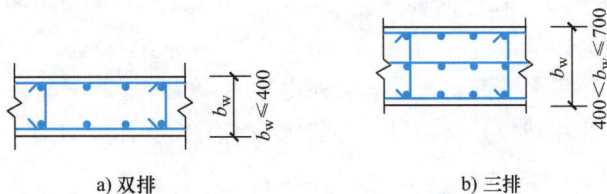

a) 双排　　　　　　　　　　　　　b) 三排

图4-9　剪力墙水平配筋排数

（图中b_w表示墙厚）

（1）内侧水平钢筋

内侧水平钢筋长度 = 墙外皮长度 - 保护层厚度×2 + 15d×2

内侧水平钢筋根数 = （基础高度 - 基础保护层厚度 - 100mm）/布筋间距 + 1

式中，布筋间距为500mm。

基础层内侧水平钢筋根数计算如图 4-10 所示，基础层水平钢筋应不少于 2 道（排）。

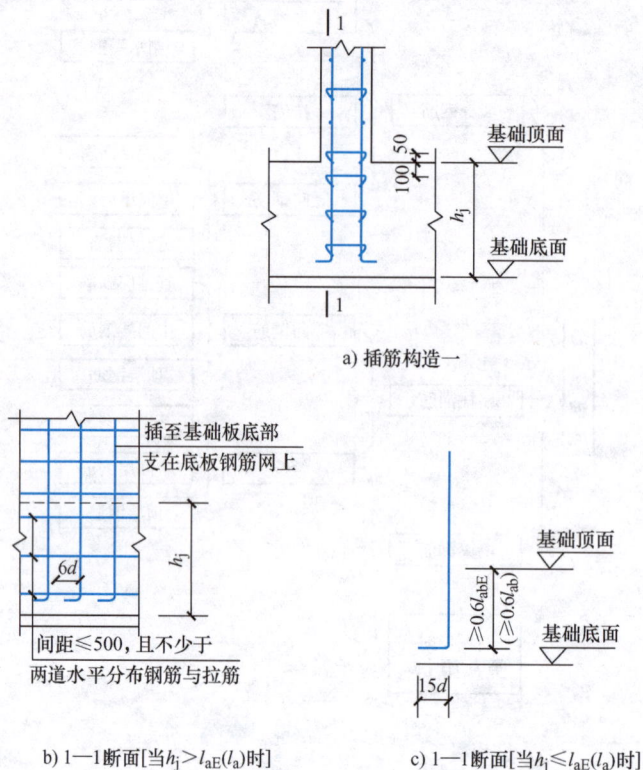

a) 插筋构造一

b) 1—1 断面[当 $h_j > l_{aE}(l_a)$ 时]   c) 1—1 断面[当 $h_j \leqslant l_{aE}(l_a)$ 时]

图 4-10　墙插筋锚固构造一

> **特别提示：** 若为 HPB300 钢筋时，需要在其两端设置 180° 弯钩。每个弯钩长度为 $6.25d$。本模块其余钢筋计算同理。

（2）外侧水平钢筋

1）外侧水平钢筋长度计算分两种情况：

① 当外侧水平钢筋连续通过转弯时，

外侧水平钢筋长度 = 墙外皮长度 − 保护层厚度 ×2

② 当外侧水平钢筋在转角处搭接时，外侧水平钢筋长度计算如图 4-11 所示，需要额外考虑搭接长度 l_{lE}（l_l）。

本模块案例全部采用外侧水平钢筋连续通过转弯。

2）外侧水平钢筋根数

外侧水平钢筋根数 =（基础高度 − 基础保护层厚度 − 100mm）/布筋间距 +1

式中，基础层布筋间距为 500mm。

基础层外侧水平钢筋根数计算如图 4-11 所示，基础层水平钢筋应不少于 2 道（排）。

2. 首层

（1）内侧水平钢筋

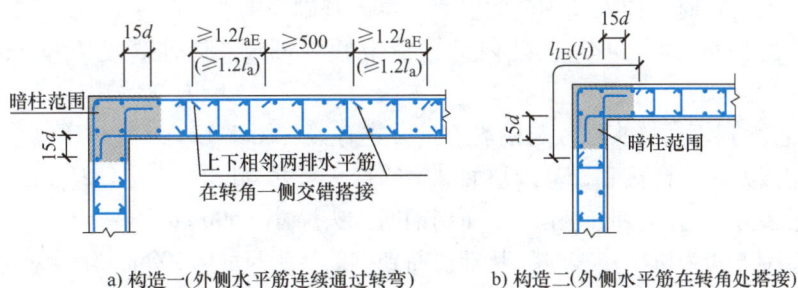

a) 构造一(外侧水平筋连续通过转弯)　　　b) 构造二(外侧水平筋在转角处搭接)

图 4-11　转角剪力墙水平钢筋构造

内侧水平钢筋长度 = 墙外皮长度 - 保护层厚度 × 2 + 15d × 2

内侧水平钢筋根数 = (首层计算层高 - 50mm)/布筋间距

式中，首层计算层高为基础顶面到二层楼面的高度

（2）外侧水平钢筋

外侧水平钢筋长度 = 墙外皮长度 - 保护层厚度 × 2

外侧水平钢筋根数 = (首层计算层高 - 50mm)/布筋间距

3. 中间层

（1）内侧水平钢筋

内侧水平钢筋长度 = 墙外皮长度 - 保护层厚度 × 2 + 15d × 2

内侧水平钢筋根数 = (中间层层高 - 50mm)/布筋间距

（2）外侧水平钢筋

外侧水平钢筋长度 = 墙外皮长度 - 保护层厚度 × 2

外侧水平钢筋根数 = (中间层层高 - 50mm)/布筋间距

4. 顶层

（1）内侧水平钢筋

内侧水平钢筋长度 = 墙外皮长度 - 保护层厚度 × 2 + 15d × 2

内侧水平钢筋根数 = (顶层层高 - 50mm)/布筋间距 + 1

（2）外侧水平钢筋

外侧水平钢筋长度 = 墙外皮长度 - 保护层厚度 × 2

外侧水平钢筋根数 = (顶层层高 - 50mm)/布筋间距 + 1

4.6.2　墙身竖向钢筋计量

1. 基础层

（1）墙插筋在基础中的锚固构造一

当墙插筋保护层厚度 >5d 时，墙插筋在基础中的锚固构造如图 4-10 所示。

墙插筋长度 = 弯折长度 + 竖直高度 + 基础顶面到钢筋接头尺寸

1）弯折长度分为以下两种情况：

当 $h_j > l_{aE}$ （l_a） 时，弯折长度 = 6d；

当 $h_j \leqslant l_{aE}$ （l_a） 时，弯折长度 = 15d。

2）竖直高度也分为以下两种情况：

当 $h_j > l_{aE}$（l_a）时，伸入基础内的竖直高度 = 基础高度 $h_j - c$；

当 $h_j \leqslant l_{aE}$（l_a）时，伸入基础内的竖直高度 = max［基础高度 $h_j - c$，$0.6l_{abE}$（或 $0.6l_{ab}$）］。

3）基础顶面到钢筋接头尺寸与钢筋连接方式有关（图4-12）：

当钢筋连接方式为搭接时，基础顶面到钢筋接头尺寸 = $1.2l_{aE}$（或 $1.2l_a$）；

当钢筋连接方式为焊接时，基础顶面到钢筋接头尺寸 = 500mm；

当钢筋连接方式为机械连接时，基础顶面到钢筋接头尺寸 = 500mm。

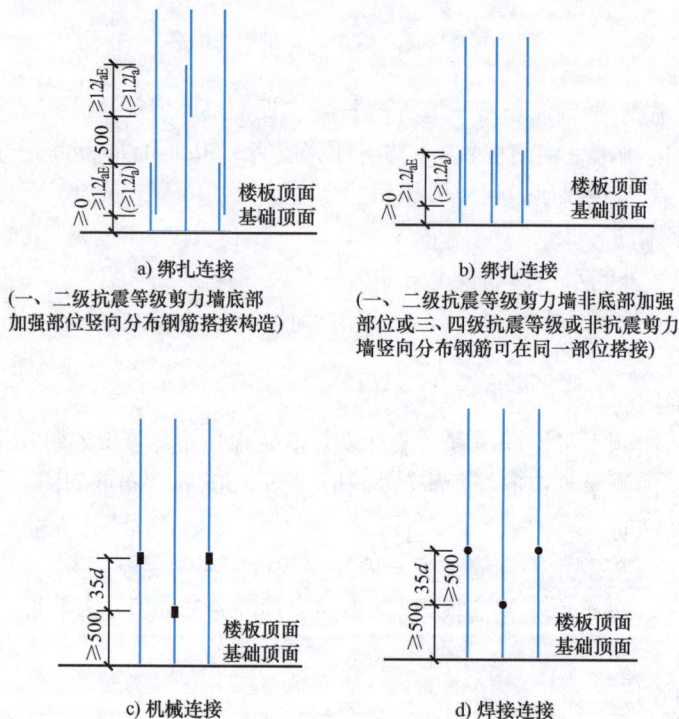

a) 绑扎连接
（一、二级抗震等级剪力墙底部加强部位竖向分布钢筋搭接构造）

b) 绑扎连接
（一、二级抗震等级剪力墙非底部加强部位或三、四级抗震等级或非抗震剪力墙竖向分布钢筋可在同一部位搭接）

c) 机械连接

d) 焊接连接

图4-12　不同钢筋连接方式时的连接长度

（2）墙插筋在基础中的锚固构造二

当墙插筋保护层厚度 $\leqslant 5d$ 时，墙插筋在基础中的锚固构造如图4-13所示。2 – 2 断面处墙插筋计算式为

墙插筋长度 = 弯折长度 + 竖直高度 + 基础顶面到钢筋接头尺寸

1）弯折长度为 $15d$。

2）竖直高度分为以下两种情况：

当 $h_j > l_{aE}$（l_a）时，伸入基础内的竖直高度 = $h_j - c$；

当 $h_j \leqslant l_{aE}$（l_a）时，伸入基础内的竖直高度 = max［基础高度 $h_j - c$，$0.6l_{abE}$（或 $0.6l_{ab}$）］。

3）基础顶面到钢筋接头尺寸与钢筋连接方式有关：

当钢筋连接方式为搭接时，基础顶面到钢筋接头尺寸 = $1.2l_{aE}$（或 $1.2l_a$）；

当钢筋连接方式为焊接时，基础顶面到钢筋接头尺寸 = 500mm；

a) 插筋构造一

b) 2—2断面[当$h_j > l_{aE}(l_a)$时]　　　c) 2—2断面[当$h_j \leqslant l_{aE}(l_a)$时]

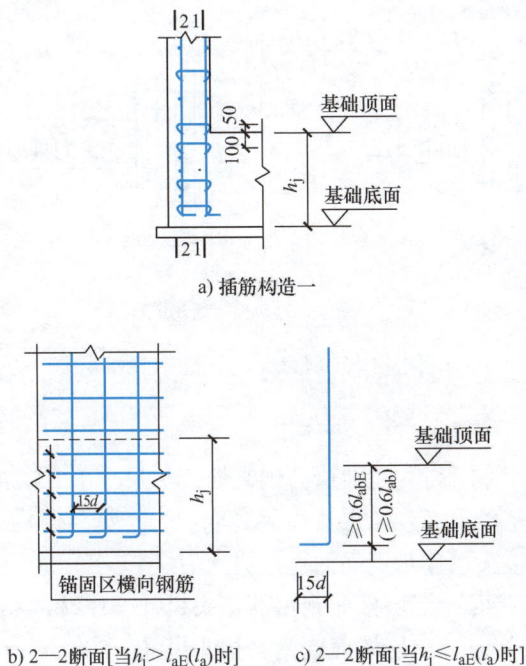

图4-13　墙插筋锚固构造二

当钢筋连接方式为机械连接时，基础顶面到钢筋接头尺寸 =500mm。

（3）墙插筋在基础中的锚固构造三

当墙外侧纵筋与底板纵筋搭接时，墙插筋在基础中的锚固构造如图4-14 所示。

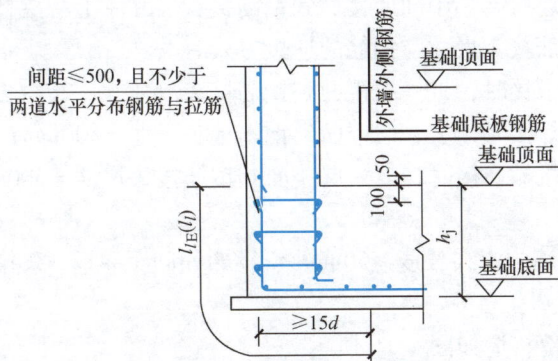

图4-14　墙插筋锚固构造三

（4）墙插筋根数

基础插筋根数 =［（墙中心线长度 −50mm ×2）/布筋间距 +1］×2 排

式中

墙中心线长度 =（墙内皮长度 +墙外皮长度）/2

"2 排"是指内侧一排，外侧一排。

2. 首层

如图 4-15 所示，当墙厚 $b_w \leqslant 400$mm 时，剪力墙双排配筋；当 400mm $< b_w \leqslant 700$mm 时，

剪力墙三排配筋。

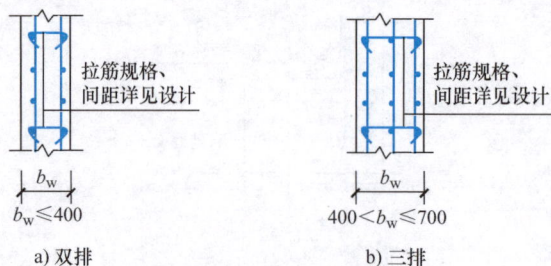

a) 双排   b) 三排

图 4-15　剪力墙竖向配筋排数

（1）竖向钢筋长度

竖向钢筋长度 = 首层计算层高 – 基础顶面到钢筋接头尺寸 + 二层楼面到钢筋接头尺寸

1）首层计算层高为基础顶面到二层楼面的高度。

2）二层楼面到钢筋接头尺寸与钢筋的连接方式有关：

当钢筋连接方式为搭接时，二层楼面到钢筋接头尺寸 = $1.2l_{aE}$（或 $1.2l_a$）；

当钢筋连接方式为焊接时，二层楼面到钢筋接头尺寸 = 500mm；

当钢筋连接方式为机械连接时，二层楼面到钢筋接头尺寸 = 500mm。

（2）竖向钢筋根数

竖向钢筋根数 = [（墙中心线长度 – 50mm × 2）/布筋间距 + 1] × 2 排

3. 中间层

（1）竖向钢筋长度

竖向钢筋长度 = 中间层层高 – 中间层楼面到钢筋接头尺寸 + 上一层楼面到钢筋接头尺寸

式中，上一层楼面到钢筋接头尺寸与钢筋的连接方式有关：

当钢筋连接方式为搭接时，上一层楼面到钢筋接头尺寸 = $1.2l_{aE}$（或 $1.2l_a$）；

当钢筋连接方式为焊接时，上一层楼面到钢筋接头尺寸 = 500mm；

当钢筋连接方式为机械连接时，上一层楼面到钢筋接头尺寸 = 500mm。

（2）竖向钢筋根数

竖向钢筋根数 = [（墙中心线长度 – 50mm × 2）/布筋间距 + 1] × 2 排

4. 顶层

剪力墙竖向钢筋顶部构造如图 4-16 所示。

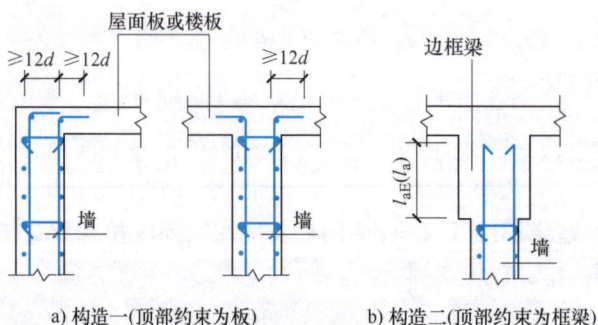

a) 构造一(顶部约束为板)   b) 构造二(顶部约束为框梁)

图 4-16　剪力墙竖向钢筋顶部构造

竖向钢筋长度 = 顶层层高 – 顶层楼面到钢筋接头尺寸 – 屋面板厚度(梁高度) + 伸入长度

竖向钢筋根数 = [(墙中心线长度 – 50mm × 2)/布筋间距 + 1] × 2 排

（1）伸入长度

顶部约束为板时，伸入长度 = 板厚度 – 保护层厚度 + 12d；

顶部约束为框梁时，伸入长度 = l_{aE}（或 l_a）。

（2）顶层楼面到钢筋接头尺寸同中间层。

4.6.3 墙身拉筋计量

1. 基础层

墙拉筋长度 = 墙厚度 – 保护层厚度 × 2 + 1.9d × 2 + max(10d,75mm) × 2

墙拉筋根数 = [(墙中心线长度 – 50mm × 2)/布筋间距 + 1] × 排数

式中，基础层布筋间距为 500mm。

基础层拉筋根数计算如图 4-10 所示，不少于 2 道（排）拉筋。

2. 首层

墙拉筋长度 = 墙厚度 – 保护层厚度 × 2 + 1.9d × 2 + max(10d,75mm) × 2

墙拉筋根数 = 墙面积/(布筋间距 × 布筋间距)

式中

墙面积 = 墙中心线长度 × 首层计算层高

首层计算层高 = 基础顶面到二层楼面的高度

3. 中间层

墙拉筋长度 = 墙厚度 – 保护层厚度 × 2 + 1.9d × 2 + max(10d,75mm) × 2

墙拉筋根数 = 墙面积/(布筋间距 × 布筋间距)

式中

墙面积 = 墙中心线长度 × 中间层层高

4. 顶层

墙拉筋长度 = 墙厚度 – 保护层厚度 × 2 + 1.9d × 2 + max(10d,75mm) × 2

墙拉筋根数 = 墙面积/(布筋间距 × 布筋间距)

式中

墙面积 = 墙中心线长度 × 顶层层高。

4.7 剪力墙墙柱钢筋计量

4.7.1 墙柱基础层钢筋计量

1. 暗柱插筋

暗柱插筋长度 = 弯折长度 + 竖直高度 + 基础顶面到钢筋接头尺寸

（1）弯折长度、竖直高度计算同模块 4.6.2 中墙身竖向钢筋基础层插筋的计算。

（2）基础顶面到钢筋接头尺寸与钢筋的连接方式有关：

当钢筋连接方式为搭接时，基础顶面到钢筋接头尺寸 = 1.2l_{aE}(1.2l_a)；

当钢筋连接方式为焊接时，基础顶面到钢筋接头尺寸 = 500mm；

当钢筋连接方式为机械连接时，基础顶面到钢筋接头尺寸 = 500mm。

（3）暗柱插筋间距≤500mm且不少于2道矩形封闭箍筋。

2. 暗柱箍筋

暗柱箍筋长度计算原理同模块二框架柱箍筋计算。

将图4-7b所示的暗柱箍筋拆解为1#箍筋和2#箍筋，如图4-17所示。

暗柱1#箍筋长度 = $\left[(b_1-2c)+(h-2c)\right] \times 2 + 1.9d \times 2 + \max(10d, 75\text{mm}) \times 2$

暗柱2#箍筋长度 = $\left[(h_1-2c)+(b-2c)\right] \times 2 + 1.9d \times 2 + \max(10d, 75\text{mm}) \times 2$

规范要求暗柱箍筋间距≤500mm且不少于2道。

4.7.2 墙柱首层钢筋计量

1. 暗柱主筋

暗柱纵筋长度 = 首层计算层高 − 基础顶面到钢筋接头尺寸 + 二层楼面到钢筋接头尺寸

式中

首层计算层高 = 基础顶面到二层楼面的高度

二层楼面到钢筋接头尺寸与钢筋的连接方式有关：

当钢筋连接方式为搭接时，二层楼面到钢筋接头尺寸 = $1.2l_{aE}$（或 $1.2l_a$）；

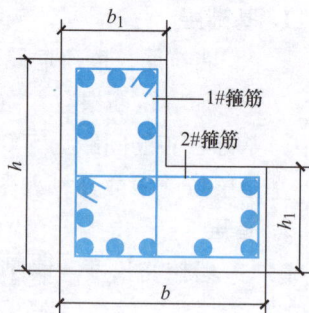

图4-17　剪力墙暗柱箍筋示意图

当钢筋连接方式为焊接时，二层楼面到钢筋接头尺寸 = 500mm；

当钢筋连接方式为机械连接时，二层楼面到钢筋接头尺寸 = 500mm。

2. 暗柱箍筋

首层剪力墙暗柱箍筋长度同基础层箍筋长度。

暗柱箍筋根数 = （首层计算层高 − 50mm）/布筋间距 + 1

4.7.3 墙柱中间层钢筋计量

1. 暗柱主筋

暗柱纵筋长度 = 中间层层高 − 中间层楼面到钢筋接头尺寸 + 上一层楼面到钢筋接头尺寸

式中，上一层楼面到钢筋接头尺寸与钢筋的连接方式有关：

当钢筋连接方式为搭接时，上一层楼面到钢筋接头尺寸 = $1.2l_{aE}$（或 $1.2l_a$）；

当钢筋连接方式为焊接时，上一层楼面到钢筋接头尺寸 = 500mm；

当钢筋连接方式为机械连接时，上一层楼面到钢筋接头尺寸 = 500mm。

2. 暗柱箍筋

首层剪力墙暗柱箍筋长度同基础层箍筋长度。

暗柱箍筋根数 = （中间层层高 − 50mm）/布筋间距

4.7.4 墙柱顶层钢筋计量

1. 暗柱主筋

顶层剪力墙暗柱纵筋长度 = 顶层层高 − 顶层楼面到钢筋接头尺寸 − 屋面板厚度（梁高度）+ 伸入长度

式中，顶部约束为板时，伸入长度 = 板厚度 − 保护层厚度 + 12d；顶部约束为框梁时，伸入长度 = $l_{aE}(l_a)$。

2. 暗柱箍筋

顶层剪力墙暗柱箍筋长度同基础层箍筋长度。

顶层剪力墙暗柱箍筋根数 = (顶层层高 − 50mm)/布筋间距 + 1

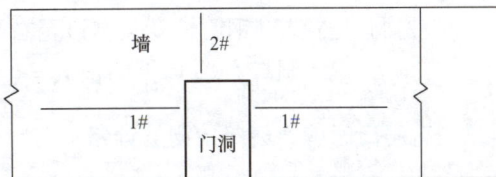

图 4-18　有洞口剪力墙钢筋分解

4.8　有洞口剪力墙钢筋计量

有洞口时剪力墙钢筋分解如图 4-18 所示，钢筋分类如图 4-19 所示，墙筋遇洞口弯折如图 4-20 所示。

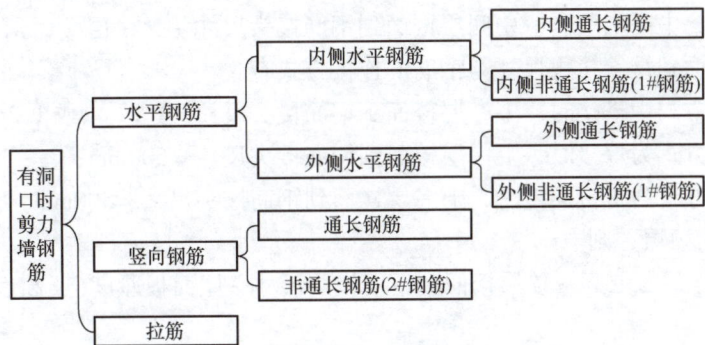

图 4-19　有洞口时剪力墙钢筋分类

4.8.1　有洞口时剪力墙水平钢筋计量

1. 内侧水平钢筋

（1）内侧通长水平钢筋

内侧通长水平钢筋长度 = 墙外皮长度 − 保护层厚度 × 2 + 15d × 2

内侧通长水平钢筋根数 = (本层层高 − 洞口高度 − 50mm)/布筋间距 + 1

（2）内侧非通长钢筋（1#钢筋）

洞口左端 1#钢筋长度 = 洞口至左端墙外皮长度 − 保护层厚度 × 2 + 15d × 2

洞口左端 1#钢筋根数 = (洞口高度 − 50mm)/布筋间距

洞口右端 1#钢筋长度 = 洞口至右端墙外皮长度 − 保护层厚度 × 2 + 15d × 2

洞口右端 1#钢筋根数 = (洞口高度 − 50mm)/布筋间距

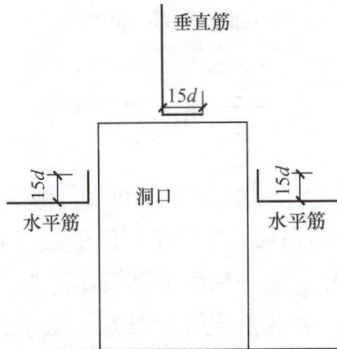

图 4-20　墙筋遇洞口弯折示意图

2. 外侧水平钢筋

（1）处侧通长水平钢筋

外侧通长水平钢筋长度 = 墙外皮长度 − 保护层厚度 × 2

外侧通长水平钢筋根数 = (本层层高 - 洞口高度 - 50mm)/布筋间距 + 1

（2）外侧非通长钢筋（1#钢筋）

洞口左端1#钢筋长度 = 洞口至左端墙外皮长度 - 保护层厚度 × 2 + 15d

洞口左端1#钢筋根数 = (洞口高度 - 50mm)/布筋间距

洞口右端1#钢筋长度 = 洞口至右端墙外皮长度 - 保护层厚度 × 2 + 15d

洞口右端1#钢筋根数 = (洞口高度 - 50mm)/布筋间距

4.8.2　有洞口时剪力墙竖向钢筋计量

1. 通长钢筋

（1）通长钢筋长度

1）若该层为中间层，则

通长钢筋长度 = 中间层层高 - 中间层楼面到钢筋接头尺寸 + 上一层楼面到钢筋接头尺寸

式中，上一层楼面到钢筋接头尺寸与钢筋的连接方式有关：

当钢筋连接方式为搭接时，上一层楼面到钢筋接头尺寸 = $1.2l_{aE}$（或 $1.2l_a$）；

当钢筋连接方式为焊接时，上一层楼面到钢筋接头尺寸 = 500mm；

当钢筋连接方式为机械连接时，上一层楼面到钢筋接头尺寸 = 500mm。

2）若该层为顶层，则

通长钢筋长度 = 顶层层高 - 顶层楼面到钢筋接头尺寸 - 屋面板厚度（梁高度）+ 伸入长度

式中：

顶部约束为板时，伸入长度 = 板厚度 - 保护层厚度 + 12d；

顶部约束为框梁时，伸入长度 = l_{aE}（或 l_a）。

（2）通长钢筋根数

通长钢筋根数 = （通长钢筋布置范围/钢筋间距 + 1）× 排数

2. 非通长钢筋（2#钢筋）

（1）2#钢筋长度

1）若该层为中间层，则

2#钢筋长度 = 中间层层高 - 洞口高度 - 保护层厚度 + 15d + 上一层楼面到钢筋接头尺寸

式中，上一层楼面到钢筋接头尺寸与钢筋的连接方式有关：

当钢筋连接方式为搭接时，上一层楼面到钢筋接头尺寸 = $1.2l_{aE}$（或 $1.2l_a$）；

当钢筋连接方式为焊接时，上一层楼面到钢筋接头尺寸 = 500mm；

当钢筋连接方式为机械连接时，上一层楼面到钢筋接头尺寸 = 500mm。

2）若该层为顶层，则

2#钢筋长度 = 顶层层高 - 洞口高度 - 保护层厚度 + 15d - 屋面板厚度（梁高度）+ 伸入长度

式中，顶部约束为板时，伸入长度 = 板厚度 - 保护层厚度 + 弯折长度12d；顶部约束为框梁时，伸入长度 = l_{aE}（或 l_a）。

（2）2#钢筋根数

2#钢筋根数 = 洞口宽度/布筋间距 - 1

4.8.3　有洞口时剪力墙拉筋计量

$$墙拉筋长度 = 墙厚度 - 保护层厚度 \times 2 + 1.9d \times 2 + \max(10d, 75\text{mm}) \times 2$$
$$墙拉筋根数 = (墙总面积 - 洞口面积)/(布筋间距 \times 布筋间距)$$

4.9　剪力墙墙梁钢筋计量

4.9.1　墙顶连梁钢筋计量

连梁构造如图 4-21 所示。

1. 连梁纵筋

$$连梁纵向钢筋长度 = 洞口宽度 + 左侧锚固长度 + 右侧锚固长度$$

式中

$$锚固长度 = \max[l_{aE}(或 l_a), 600\text{mm}]$$

2. 连梁箍筋

按照外皮尺寸来计算连梁箍筋长度，则

洞口顶部连梁箍筋长度 = [（连梁宽度 - 保护层厚度 $\times 2$) + (连梁高度 - 保护层厚度 $\times 2$)] $\times 2 + 2 \times 1.9d + \max(10d, 75\text{mm}) \times 2$

洞口顶部连梁箍筋根数 = (洞口宽度 - 50mm $\times 2$)/布筋间距 + 1

洞口两侧顶部连梁箍筋长度 = [（连梁宽度 - 保护层厚度 $\times 2$) + (连梁高度 - 保护层厚度 $\times 2$)] $\times 2 + 2 \times 1.9d + \max(10d, 75\text{mm}) \times 2$

洞口左侧顶部连梁箍筋根数 = (箍筋布筋范围 - 100mm)/布筋间距 + 1

洞口右侧顶部连梁箍筋根数 = (箍筋布筋范围 - 100mm)/布筋间距 + 1

式中

$$箍筋布筋范围 = \max[l_{aE}(或 l_a), 600\text{mm}]$$

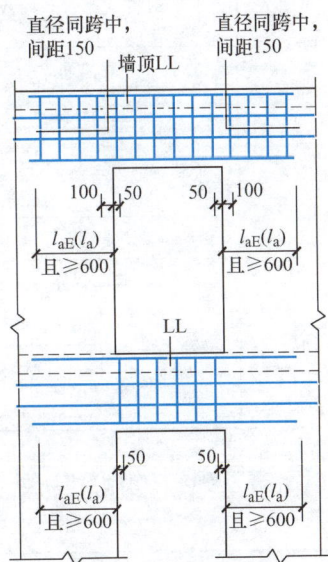

图 4-21　连梁构造示意图

4.9.2　其余层连梁钢筋计量

1. 连梁纵筋

连梁纵向钢筋长度 = 洞口宽度 + 左侧锚固长度 + 右侧锚固长度

式中

$$锚固长度 = \max[l_{aE}(或 l_a), 600\text{mm}]$$

2. 连梁箍筋

连梁箍筋长度 = [（连梁宽度 - 保护层厚度 $\times 2$) + (连梁高度 - 保护层厚度 $\times 2$)] $\times 2 + 2 \times 1.9d + \max(10d, 75\text{mm}) \times 2$

连梁箍筋根数 = (洞口宽度 - 50mm $\times 2$)/布筋间距 + 1

能力单元3　剪力墙钢筋计量实训

【实训4-1】　完成图4-7所示剪力墙墙身钢筋的计量。已知：

1）该工程为三级抗震，C30混凝土，钢筋绑扎连接。

2）剪力墙每层层顶为楼板（屋面板），板厚120mm。

3）基础高度为800mm。

4）楼层结构标高信息见表4-3、表4-4。

【理清思路】　剪力墙钢筋计算分析见表4-6。

表4-6　剪力墙钢筋计量分析

钢筋类型及部位			需要计算的量
基础	基础插筋		长度、根数、质量
	水平钢筋	内侧钢筋	长度、根数、质量
		外侧钢筋	长度、根数、质量
	墙拉筋		长度、根数、质量
首层	竖向钢筋		长度、根数、质量
	水平钢筋	内侧钢筋	长度、根数、质量
		外侧钢筋	长度、根数、质量
	墙拉筋		长度、根数、质量
二层	竖向钢筋		长度、根数、质量
	水平钢筋	内侧钢筋	长度、根数、质量
		外侧钢筋	长度、根数、质量
	墙拉筋		长度、根数、质量
顶层	竖向钢筋		长度、根数、质量
	水平钢筋	内侧钢筋	长度、根数、质量
		外侧钢筋	长度、根数、质量
	墙拉筋		长度、根数、质量

【计算基础】　剪力墙所处环境见表4-7。

表4-7　剪力墙所处环境描述

混凝土强度等级	抗震等级	基础保护层厚度	其他保护层厚度
C30	三级抗震	40mm	15mm

【实例体验】　仅进行一道轴线上剪力墙的钢筋计量，其余轴线上剪力墙墙身钢筋的计量方法相同。剪力墙钢筋计算层高如图4-22所示。

1. 剪力墙水平钢筋$\underline{\Phi}$12@200

（1）基础层

1）内侧水平筋

内侧水平钢筋长度＝墙外皮长度－保护层厚度×2＋15d×2

　　　　　　　　　＝[（1500＋600＋600）－15×2＋15×12×2]mm

　　　　　　　　　＝3.03m

内侧水平钢筋根数＝（基础高度－基础保护层厚度－100mm）/布筋间距＋1

　　　　　　　　　＝（800－40－100）/500＋1

　　　　　　　　　＝2（根）

2）外侧水平筋

外侧水平钢筋长度＝墙外侧长度－保护层厚度×2

　　　　　　　　　＝[（1500＋600＋600）－15×2]mm

　　　　　　　　　＝2.67m

外侧水平钢筋根数＝（基础层层高－基础保护层厚度－

　　　　　　　　　100mm）/布筋间距＋1

　　　　　　　　　＝（800－40－100）/500＋1

　　　　　　　　　＝2（根）

（2）首层

1）内侧水平筋

内侧水平钢筋长度＝墙外侧长度－保护层厚度×2＋

　　　　　　　　　15d×2

　　　　　　　　　＝3.03m

内侧水平钢筋根数＝（首层计算层高－50mm）/布筋间距

　　　　　　　　　＝（5900－50）/200

　　　　　　　　　＝29（根）

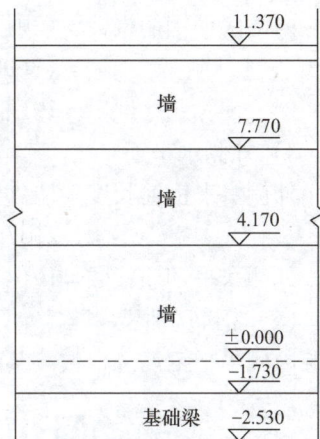

图 4-22　剪力墙钢筋计算层高示意图

式中

　　首层计算层高＝基础顶面到二层楼面的高度

　　　　　　　　　＝（4170＋1730）mm

　　　　　　　　　＝5.9m

2）外侧水平筋

外侧水平钢筋长度＝墙外侧长度－保护层厚度×2

　　　　　　　　　＝2.67m

内侧水平钢筋根数＝29（根）

（3）二层

1）内侧水平筋

内侧水平钢筋长度＝墙外侧长度－保护层厚度×2＋15d×2

　　　　　　　　　＝3.03m

内侧水平钢筋根数＝（二层层高－50mm）/布筋间距

　　　　　　　　　＝（3600－50）/200

　　　　　　　　　＝18（根）

2）外侧水平筋

外侧水平钢筋长度＝墙外侧长度－保护层厚度×2

$$= 2.67\text{m}$$

外侧水平钢筋根数 = 18（根）

（4）顶层

1）内侧水平筋

内侧水平钢筋长度 = 墙外侧长度 − 保护层厚度 × 2 + 15d × 2

$$= 3.03\text{m}$$

内侧水平钢筋根数 = （顶层层高 − 50mm）/ 布筋间距 + 1

$$= (3600 - 50)/200 + 1$$

$$= 19（根）$$

2）外侧水平筋

外侧水平钢筋长度 = 墙外侧长度 − 保护层厚度 × 2

$$= 2.67\text{m}$$

外侧水平钢筋根数 = 19（根）

（5）钢筋总根数

内侧水平钢筋总根数 = 基础层根数 + 首层根数 + 二层根数 + 顶层根数

$$= 2 + 29 + 18 + 19$$

$$= 68（根）$$

外侧水平钢筋总根数 = 基础层根数 + 首层根数 + 二层根数 + 顶层根数

$$= 2 + 29 + 18 + 19$$

$$= 68（根）$$

2. 剪力墙竖向钢筋 $\phi 12@200$

（1）基础层

本案例采用墙插筋在基础中的锚固构造一。

根据混凝土强度等级 C30、三级抗震等级、钢筋牌号 HRB335，查表 1-13 得基本锚固长度 $l_{abE} = 31d = 31 \times 12\text{mm} = 372\text{mm}$。

锚固长度 $l_{aE} = 31d = 31 \times 12\text{mm} = 372\text{mm}$

钢筋连接方式为搭接，基础顶面到钢筋接头尺寸 $= 1.2l_{aE} = 1.2 \times 31 \times 12\text{mm} = 446.4\text{mm}$。

$h_j = 800\text{mm} > l_{aE} = 372\text{mm}$

墙插筋长度 = 弯折长度 + 竖直高度 + 基础顶面到钢筋接头尺寸

$$= 6d + (800 - 40)\text{mm} + 1.2 \times 31d$$

$$= (72 + 760 + 446.4)\text{mm}$$

$$= 1.278\text{m}$$

基础插筋根数 = [（墙中心线长度 − 50mm × 2）/ 布筋间距 + 1] × 2 排

$$= [(2400 - 50 \times 2)/200 + 1] \times 2$$

$$= 26（根）$$

式中

墙中心线长度 = （墙内侧长度 + 墙外侧长度）/2

$$= [(1500 + 600 \times 2) + (1500 + 300 \times 2)]\text{mm}/2$$

$$= 2.4\text{m}$$

（2）首层

竖向钢筋长度 = 首层计算层高 − 基础顶面到钢筋接头尺寸 + 二层楼面到钢筋接头尺寸

$$= (1730 + 4170)\,\text{mm} − 1.2l_{aE} + 1.2l_{aE}$$

$$= 5.90\,\text{m}$$

竖向钢筋根数 = [（墙中心线长度 − 50mm × 2）/ 布筋间距 + 1] × 2 排

$$= [(2400 − 50 × 2)/200 + 1] × 2$$

$$= 26（根）$$

（3）二层

竖向钢筋长度 = 二层层高 − 二层楼面到钢筋接头尺寸 + 三层楼面到钢筋接头尺寸

$$= 3600\,\text{mm} − 1.2l_{aE} + 1.2l_{aE}$$

$$= 3.60\,\text{m}$$

竖向钢筋根数 = [（墙中心线长度 − 50mm × 2）/ 布筋间距 + 1] × 2 排

$$= [(2400 − 50 × 2)/200 + 1] × 2$$

$$= 26（根）$$

（4）顶层

墙顶部的约束为屋面板。

竖向钢筋长度 = 顶层层高 − 顶层楼面到钢筋接头尺寸 − 顶层板厚度 + 伸入长度

$$= (3600 − 446.4 − 120 + 249)\,\text{mm}$$

$$= 3.283\,\text{m}$$

伸入长度 = 板厚度 − 保护层厚度 + 12d

$$= (120 − 15 + 12 × 12)\,\text{mm}$$

$$= 249\,\text{mm}$$

竖向钢筋根数 = [（墙中心线长度 − 50mm × 2）/ 布筋间距 + 1] × 2 排

$$= [(2400 − 50 × 2)/200 + 1] × 2$$

$$= 26（根）$$

3. 剪力墙拉筋φ6@400@400

墙拉筋长度 = 墙厚度 − 保护层厚度 × 2 + 1.9d × 2 + max(10d, 75mm) × 2

$$= [300 − 15 × 2 + 1.9 × 6 × 2 + 75 × 2)\,\text{mm}$$

$$= 0.443\,\text{m}$$

（1）基础层

基础层拉筋一般为两道（排）。

墙拉筋根数 = [（墙中心线长度 − 50mm × 2）/ 布筋间距 + 1] × 排数

$$= [(2400 − 50 × 2)/200 + 1] × 2$$

$$= 13 × 2$$

$$= 26（根）$$

（2）首层

墙拉筋根数 = 墙面积 /（布筋间距 × 布筋间距）

$$= (2400 × 5900)/(400 × 400)$$

$$= 89（根）$$

（3）二层

墙拉筋根数 = 墙面积/（布筋间距×布筋间距）

= （2400×3600）/（400×400）

= 54（根）

（4）顶层

墙拉筋根数 = 墙面积/（布筋间距×布筋间距）

= （2400×3600）/（400×400）

= 54（根）

（5）剪力墙拉筋总根数

剪力墙拉筋总根数 = 基础层根数 + 首层根数 + 二层根数 + 顶层根数

= 26 + 89 + 54 + 54

= 223（根）

4. 钢筋工程量汇总

剪力墙钢筋工程量汇总见表4-8。

表4-8　剪力墙钢筋工程量汇总表

钢筋类别	单块墙中钢筋数量/根	单根钢筋长度/m	每米钢筋理论质量/(kg/m)	单根钢筋质量/kg	墙中钢筋总质量/kg
内侧水平钢筋	68	3.03	0.888	2.691	182.99
外侧水平钢筋	68	2.67	0.888	2.371	161.23
墙拉筋	223	0.443	0.222	0.098	21.85
基础插筋	26	1.278	0.888	1.135	29.51
首层竖向钢筋	26	5.90	0.888	5.239	136.21
二层竖向钢筋	26	3.60	0.888	3.197	83.12
顶层竖向钢筋	26	3.283	0.888	2.915	75.79
总计					690.70

知识链接：

端柱和暗柱的区别：

（1）端柱一般突出墙身，剪力墙中端柱钢筋的计算一般同框架柱。

（2）暗柱一般与剪力墙墙身平齐，其钢筋计算基本与墙身竖向钢筋相同。

能力模块内容回顾

本能力模块主要内容是：剪力墙平法识图、剪力墙钢筋计量、剪力墙钢筋计量实训等。具体内容为：剪力墙墙身、剪力墙墙柱、剪力墙墙梁和有洞口时剪力墙钢筋的计量。剪力墙墙身分为水平钢筋、竖向钢筋和拉筋的计量。剪力墙墙柱分为竖向钢筋和箍筋的计量。有洞口剪力墙分为水平钢筋、竖向钢筋和拉筋的计量。

模 拟 测 试

完成图 4-23、图 4-24 所示工程中剪力墙墙身的钢筋计量。

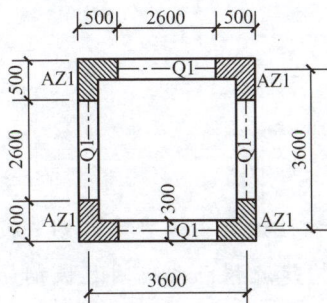

图 4-23 剪力墙平面图

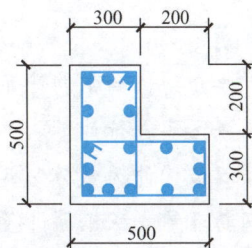

图 4-24 AZ1 断面图

该工程为二级抗震，C30 混凝土。钢筋定尺长度为 8m，绑扎连接。剪力墙层顶为屋面板（楼板），板厚 120mm。该剪力墙结构层标高、墙身钢筋、墙柱钢筋见表 4-9~表 4-11。

表 4-9 结构层楼面标高

屋面	11.37	
3	7.77	3.6
2	4.17	3.6
1	−0.03	4.2
基础层	−2.53	2.5
层号	标高/m	层高/m

表 4-10 剪力墙墙身

编号	墙标高	墙厚度	水平分布筋	垂直分布筋	拉筋（双向）
Q1	−2.53~11.37	300	Φ10@200	Φ10@200	ϕ6@400@400

表 4-11 剪力墙墙柱

编号	墙柱标高	纵筋	箍筋
AZ1	−2.53~11.37	16Φ20	Φ10@100

模块五　板钢筋计量

模块导读

本模块主要介绍板的钢筋计量。

板钢筋应分区块进行计量。

模块内容以板构件为载体。遵循"板受力分析—板构件设计—板平法识图—板钢筋构造图解—板钢筋计量—板钢筋计量实训"的体系化能力构建流程，系统阐述板钢筋计量的步骤、方法和技巧。

能力模块学习目标

通过对本能力模块的学习，要求熟悉板的受力分析、构件设计，掌握板平法施工图制图规则，能够进行板钢筋识图，掌握板钢筋计量的原则、方法、流程、技巧。通过本书中板钢筋计量实训案例的学习，要求能结合实际工程图纸熟练地进行板钢筋的计量。

能力单元1　板受力及构造

5.1　板受力分析

建筑结构中板是主要的水平受力构件。楼板及屋面板是将活荷载和恒荷载（通过梁或直接）传递到竖向支承结构（柱、墙）的典型受弯构件，其内力主要是剪力和弯矩。现浇板按建筑部位分有楼面板、屋面板、悬挑板等。

【案例5-1】　如图5-1所示，80mm厚的简支板支承在厚240mm墙上，板上的恒荷载（含构件自重）和活荷载的设计值为 $g+q=6.237\text{kN/m}$，墙间的轴线尺寸为2380mm。请计算该简支板上的最大弯矩和最大剪力。

【解】　根据板受力情况进行力学分析，受力简图如图5-1所示。

支座约束力 $F_{Ay}=F_{By}=\dfrac{1}{2}(g+q)\times2.38=7.422\text{kN}$

剪力方程：$Q(x)=7.422-6.237x \qquad (0<x<l)$

弯矩方程：$M(x)=7.422x-\dfrac{1}{2}\times6.237x^2 \quad (0\leqslant x\leqslant l)$

根据剪力和弯矩方程，绘制出剪力图和弯矩图，如图5-2所示。

由剪力图可知，最大剪力出现在支座处，为7.422kN。

由弯矩图可知，最大弯矩出现在跨中，为4.416kN·m。

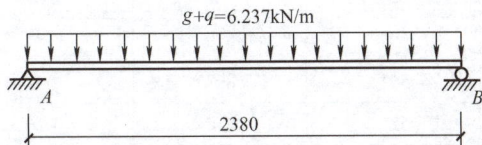

图 5-1 简支板受力图

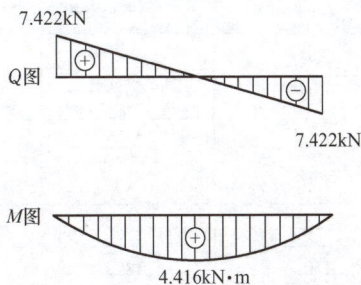

图 5-2 简支板剪力图和弯矩图

5.2 板构件设计

板配筋计算方法同梁的配筋计算。

$$\alpha_1 f_c b x = f_y A_s$$

$$M \leqslant M_u = \alpha_1 f_c b x \left(h_0 - \frac{x}{2} \right)$$

式中 b——截面宽度（一般计算时取板宽 $b = 1000$mm）；

$\quad h_0$——截面有效高度，$h_0 = h - a_s$；

$\quad h$——截面高度；

$\quad a_s$——受拉区边缘到受拉纵筋合力作用点的距离，板计算时取 $a_s = 20$mm；

其余符号含义见模块二所述内容。

板配筋计算公式必须满足防止发生少筋破坏和防止发生超筋破坏两个条件，验算条件的应用见模块二所述内容。

板中受力钢筋常见直径有 6mm、8mm、10mm 和 12mm，为了防止施工时钢筋被踩下，现浇板的板面钢筋直径不宜小于 8mm。为了便于浇筑混凝土，保证钢筋周围混凝土的密实性，板内钢筋间距不宜过密；为了正常地分担内力，当然也不宜过稀。钢筋的间距一般为 70 ~ 200mm；当板厚 ≤150mm，不宜大于 200mm；当板厚 >150mm，不宜大于 1.5h（h 为板厚度），且不应大于 250mm。

当按单向板设计时，除沿受力方向布置受力钢筋外，还应在受力钢筋的内侧布置与其垂直的分布钢筋。分布钢筋常用直径是 6mm 和 8mm。单位宽度上分布钢筋的截面面积不宜小于单位宽度上受力钢筋的 15%，且配筋率不宜小于 0.15%，分布钢筋的间距不宜大于 250mm，直径不宜小于 6mm。当集中荷载较大时，分布钢筋的配筋面积应增加，且间距不宜大于 200mm。

板每米宽的钢筋面积见表 5-1。

表 5-1　板每米宽的钢筋面积　　　　　　　　（单位：mm²）

钢筋间距 /mm	钢筋直径/mm				
	6	8	10	12	14
80	354	629	981	1414	1924
100	283	503	785	1131	1539
120	236	419	654	942	1283
130	218	387	604	870	1184
140	202	359	561	808	1099
150	189	335	523	754	1026
160	177	314	491	707	962
170	168	295	462	665	905
180	157	279	436	628	855

在温度、收缩应力较大的现浇板区域，应在板的表面双向配置防裂构造钢筋。配筋率均不宜小于 0.10%，间距不宜大于 200mm。防裂构造钢筋可利用原有钢筋贯通布置，也可另行设置钢筋并与原有钢筋按受拉钢筋的要求搭接或在周边构件中锚固。

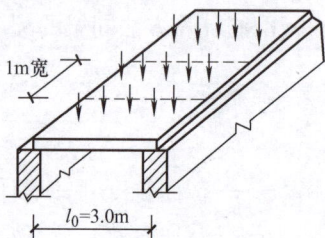

【案例5-2】 如图 5-3 所示一单跨简支板，计算跨度$l_0 = 3.0$m，板厚 100mm，计算宽度 $b = 1000$mm，承受均布荷载，已知该板跨中正截面承受弯矩设计值 $M = 14.5$kN·m。混凝土强度等级 C30，采用 HRB335 钢筋，构件所处的环境类别为一类。请确定该楼板的受力钢筋和分布钢筋。

图 5-3　单跨简支板受力计算图

【解】 取板宽 $b = 1000$mm 作为计算单元。

当环境类别为一类时，C30 混凝土板的最小保护层厚度 $c = 15$mm，取 $a_s = 20$mm。

$h_0 = (100 - 20)$mm $= 80$mm

C30 混凝土 $f_c = 14.3$N/mm²，$f_t = 1.43$N/mm²。HRB335 钢筋 $f_y = 300$N/mm²。

根据 $M \leq M_u = \alpha_1 f_c bx\left(h_0 - \dfrac{x}{2}\right)$ 公式，可求得

$$x = h_0\left(1 - \sqrt{1 - \frac{2M}{\alpha_1 f_c b h_0^2}}\right)$$

$$= 80 \times \left(1 - \sqrt{1 - \frac{2 \times 14.5 \times 10^6}{1.0 \times 14.3 \times 1000 \times 80^2}}\right)\text{mm}$$

$$= 13.88\text{mm}$$

$$\xi = \frac{x}{h_0} = \frac{13.88}{80} = 0.174 < \xi_b = 0.550$$

$$A_s = \frac{\alpha_1 f_c bx}{f_y} = \frac{1.0 \times 14.3 \times 1000 \times 13.88}{300}\text{mm}^2 = 662\text{mm}^2$$

选配 ⊈10@120（$A_s = 654$mm²）。

$$\rho = \frac{A_s}{bh_0} = \frac{654}{1000 \times 80} \times 100\% = 0.818\% > \rho_{min} = 0.45\frac{f_t}{f_y} = 0.45 \times \frac{1.43}{300} \times 100\% =$$

0.215%

且 $\rho > 0.2\% \dfrac{h}{h_0} = 0.2\% \times \dfrac{100}{80} = 0.25\%$

配筋满足要求。

分布钢筋选配Φ6@180，其截面面积为 $28.3 \times \dfrac{1000}{180}\,mm^2 =$

$157\,mm^2 > 0.15\% \times b \times h = 0.15\% \times 1000 \times 100\,mm^2 =$

$150\,mm^2$ ，且 $> 15\% A_s = 0.15 \times 654\,mm^2 = 98\,mm^2$ ，配筋满足

构造要求。

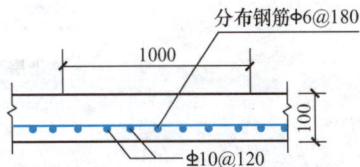

该单跨简支板配筋如图5-4所示。

图 5-4　单跨简支板配筋图

5.3　板钢筋构造图解

板中的钢筋有板上部钢筋、板下部钢筋和马凳筋等（图5-5）。

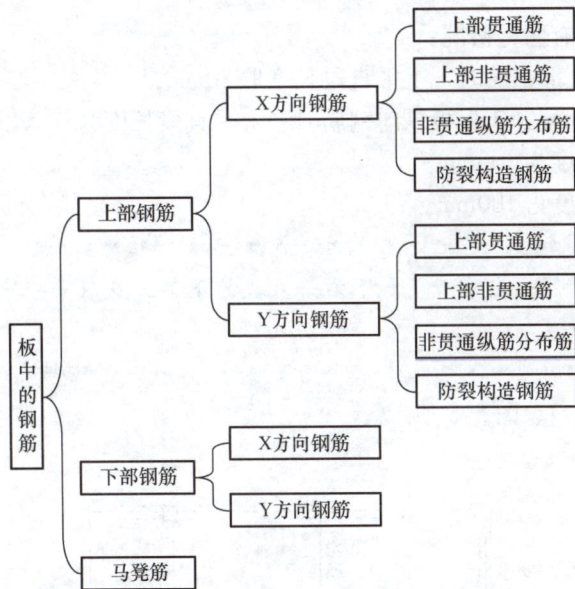

图 5-5　板中钢筋分类

　　板上部钢筋分为 X 方向钢筋和 Y 方向钢筋。X 方向钢筋按照其布设的位置分为上部贯通筋、上部非贯通筋、非贯通纵筋分布筋和防裂构造钢筋。Y 方向钢筋按照其布设的位置也分为上部贯通筋、上部非贯通筋、非贯通纵筋分布筋和防裂构造钢筋。板下部钢筋也分为 X 方向钢筋和 Y 方向钢筋。

　　马凳筋俗称撑马、撑筋，常用在基础底板和现浇板中双层双向钢筋网片间以固定基础和板上层钢筋，确保钢筋位置的正确。马凳筋一般不在图中标注。马凳筋设置的原则是固定牢上层的钢筋，使其能承受各种施工活动荷载，确保上层钢筋的保护层在规范规定的范围内。板厚很小时可不配置马凳筋，用短钢筋头代替，并应有可靠的措施。马凳筋的设置要符合够用、适度的原则，既能满足要求又要节约资源。马凳筋不能接触模板，以防止马凳筋返锈。马凳筋的构造如图5-6所示。

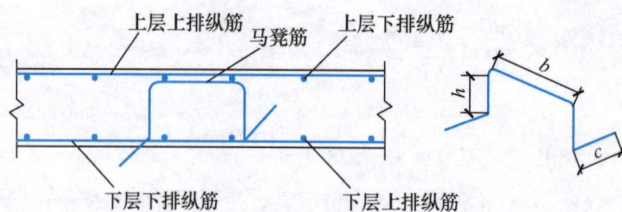

图 5-6　马凳筋构造示意

马凳筋长度 = 下左平直段长度 + 马凳筋高度 + 上平直段长度 + 马凳筋高度 +
　　　　　　下右平直段长度

1）马凳筋高度：

马凳筋高度 = 板厚度 − 保护层厚度 × 2 − $\sum$（上部板筋直径 + 下部板筋直径）

2）上平直段长度有两种情况：

当马凳上放一根上部钢筋时，上平直段长度取 80mm；

当马凳上平直部分放置 2 根板纵向钢筋时，上平直段长度为（板筋间距 +50mm）。

3）下左平直段长度为 100mm。

4）下右平直段长度为 100mm。

> **特别提示：** 马凳筋下左平直段和下右平直段的下部三点应平稳地支承在板的下部钢筋上。

板钢筋构造如图 5-7、图 5-8 所示。

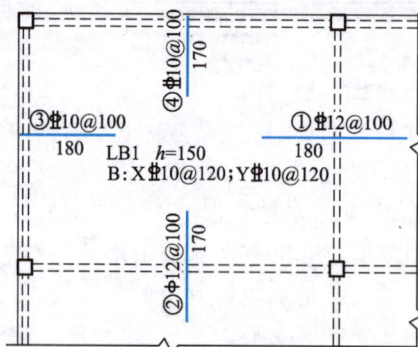

a) 平面图

图 5-7　楼面板和屋面板钢筋构造一

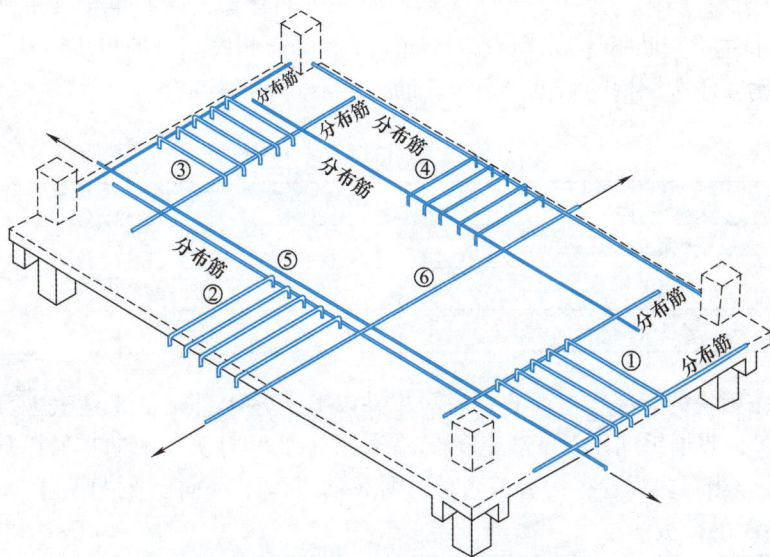

b) 透视图

图 5-7　楼面板和屋面板钢筋构造一（续）

（图中①、②、③、④分别为板下侧、左侧、上侧、右侧的上部非贯通纵筋；⑤、⑥为板下部钢筋）

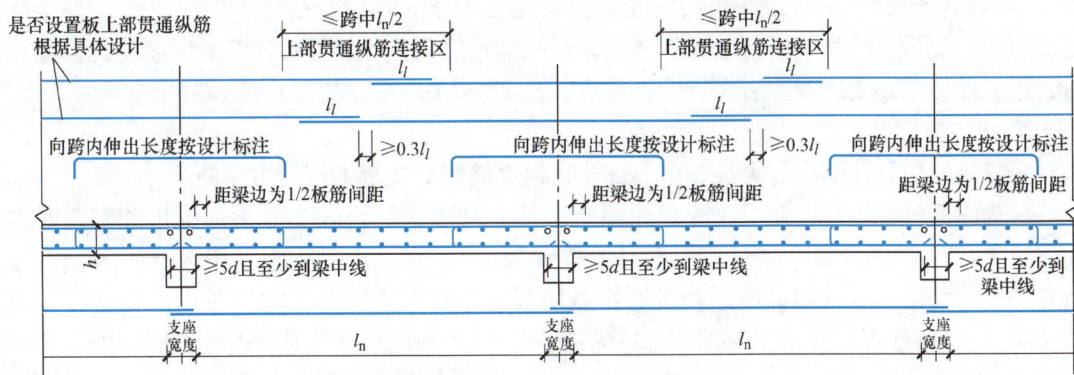

图 5-8　楼面板和屋面板钢筋构造二

能力单元 2　板钢筋识图及施工工艺

5.4　板平法识读

5.4.1　有梁楼盖板平法识图

有梁楼盖板平法注写包括板块集中标注和板支座原位标注两部分内容。

1. 板块集中标注

板块集中标注包括板块编号、板厚、贯通纵筋，以及当板面标高不同时的标高高差。

对于普通楼面，两向均以一跨为一板块；对于密肋楼盖，两向主梁（框架梁）均以一跨为一板块（非主梁密肋不计）。所有板块应逐一编号，相同编号的板块可择其一做集中标注，其他仅注写置于圆圈内的板编号及当板面标高不同时的标高高差。板块编号见表5-2。

表5-2　板块编号

板 类 型	代 号
楼面板	LB
屋面板	WB
悬挑板	XB

贯通纵筋按板块的下部和上部分别注写，并以 B 表示下部，以 T 代表上部，B&T 代表下部和上部；X 向贯通纵筋以 X 打头，Y 向贯通纵筋以 Y 打头，两向贯通纵筋配置相同时则以 X&Y 打头。当板内配置有构造钢筋时，则 X 向以 X_c，Y 向以 Y_c 打头注写。

图 5-7a 所示的楼板注写为

$$LB1 \quad h = 150$$
$$B：X\Phi10@120；Y\Phi10@120$$

表示 1 号楼面板，板厚 150mm，板下部配置的贯通纵筋 X 向为 $\Phi10@120$，Y 向为 $\Phi10@120$。

板上部纵向钢筋在端支座（梁或圈梁）的锚固要求：当设计按铰接时，平直段伸至端支座对边后弯折，且平直段长度 $\geqslant 0.35 l_{ab}$，弯折段长度为 $15d$；当充分考虑钢筋的抗拉强度时，平直段伸至端支座对边后弯折，且平直段长度 $\geqslant 0.6 l_{ab}$，弯折段长度为 $15d$。

2. 板支座原位标注

板支座原位标注的内容为板支座上部非贯通纵筋和悬挑板上部受力钢筋。

板支座原位标注的钢筋应在配置相同跨的第一跨表达（当在梁悬挑部位单独配置时则在原位表达）。在配置相同跨的第一跨（悬挑梁部位），垂直于板支座（梁或墙）绘制一段适宜长度的中粗实线（当该筋通长设置在悬挑板或短跨板上部时，实线段应画至对边或贯通短跨），以该线段代表支座上部非贯通纵筋，并在线段上方注写钢筋编号、配筋值、横向连续布置的跨数（当为一跨时可不注），以及是否横向布置到梁的悬挑端。

板支座上部非贯通纵筋自支座中线向跨内的伸出长度，注写在线段的下方位置。

如图 5-9 所示，当中间支座上部非贯通纵筋向支座两侧对称伸出时，可仅在支座一侧线段下方标注伸出长度，另一侧不注；当向支座两侧非对称伸出时，应分别在支座两侧线段下方标注伸出长度。

对线段画至对边贯通全跨或贯通全悬挑长度的上部通长纵筋，贯通全跨或伸出至全悬挑一侧的长度值不注，只注明非贯通筋另一侧的伸出长度值。

在板平面布置图中，不同部位的板支座上部非贯通纵筋和悬挑板上部受力钢筋，可仅在一个部位注写，对其他相同者则仅需在代表钢筋的线段上注写编号及连续布置的跨数即可。

当板的上部已经配置了贯通纵筋，但需增配板支座上部非贯通纵筋时，应结合已配置的同向贯通纵筋的直径和间距采取"隔一布一"的方式配置。

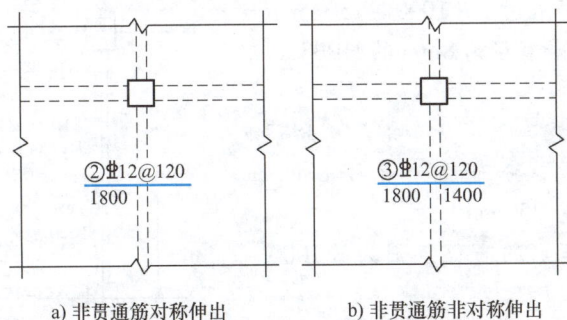

a) 非贯通筋对称伸出　　　　　b) 非贯通筋非对称伸出

图 5-9　板支座上部非贯通筋

5.4.2　无梁楼盖板平法识图

无梁楼盖板平法注写主要有板带集中标注、板带支座原位标注两部分内容。

1. 板带集中标注

板带集中标注包括的内容为板带编号、板带厚、板带宽和贯通纵筋。贯通纵筋按板带下部和板带上部分别注写，并以 B 表示下部，T 代表上部，B&T 代表下部和上部。

板带编号见表 5-3，表中跨数按柱网轴线计算（两相邻轴线之间为一跨）。"（××A）"为一端有悬挑，"（××B）"为两端有悬挑，悬挑不计入跨数。

表 5-3　板带编号

板带类型	代号	跨数及有无悬挑
柱上板带	ZSB	（××）、（××A）或（××B）
跨中板带	KZB	（××）、（××A）或（××B）

2. 板带支座原位标注

板带支座原位标注的内容为板带支座上部非贯通纵筋。

以一段与板带同向的中粗线段代表板带支座上部非贯通纵筋。对柱上板带，实线段贯穿柱上区域绘制；对跨中板带，实线段横贯柱网轴线绘制。在线段上注写钢筋编号、配筋值，并在线段的下方注写自支座中线向两侧跨内的伸出长度。

当板带支座非贯通纵筋自支座中线向两侧对称伸出时，其伸出长度可仅在一侧标注；当配置在悬挑端的边柱上时，该筋伸出到悬挑尽端，设计不注。

不同部位的板带支座上部非贯通纵筋相同者，可仅在一个部位标注，其余则在代表非贯通纵筋的线段上注写编号。

5.4.3　板平法识读案例

【案例 5-3】 完成图 5-10 所示双跨板的识图。

【解】 图中所有框架梁 KL1 宽度均为 300mm，且梁居中布置。

图中未注明分布筋为 Φ8@250，防裂构造钢筋为 Φ8@250。

图中板的厚度 $h = 120mm$，编号为 LB1。

板的下部钢筋为贯通筋，下部 X 方向贯通筋为 Φ10@100，Y 方向贯通筋为 Φ10@150。板下部的 X 方向贯通筋和 Y 方向贯通筋形成钢筋网片。

Ⓐ、③、①、Ⓑ轴线板上部的非贯通纵筋为 1# 钢筋，1# 非贯通纵筋的水平尺寸为

1000mm，伸入板内的净尺寸为（1000 − 150）mm = 850mm，1#非贯通纵筋是直径为8mm的HPB300钢筋，间距为150mm。

1#非贯通纵筋范围内布置有分布钢筋，分布钢筋与1#钢筋垂直布设。分布筋为直径8mm的HPB300钢筋，其间距为250mm。

1#非贯通纵筋分布筋的布筋范围为（1000 − 150）mm = 850mm。

② 轴线板上部的非贯通纵筋为2#非贯通纵筋，2#非贯通纵筋的水平尺寸为左侧1000mm，右侧1000mm（因为是对称布置，所以仅标注了一侧）。2#非贯通纵筋的水平尺寸为（1000 + 1000）mm =

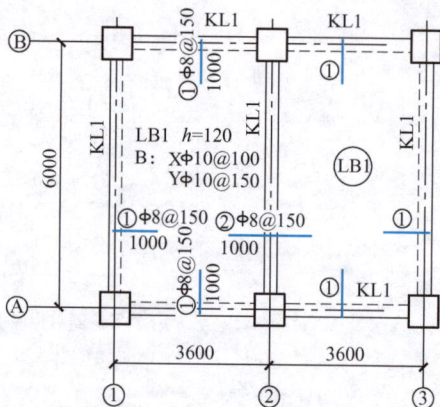

图 5-10 双跨板配筋图

2000mm，2#非贯通纵筋为直径8mm的HPB300钢筋，其间距为150mm。

2#非贯通纵筋范围内也布置有分布钢筋，分布钢筋与2#非贯通纵筋垂直布设，分布筋为直径8mm的HPB300钢筋，其间距为250mm。

2#非贯通纵筋分布筋的布筋范围为其水平尺寸2000mm − 支座宽（梁宽）300mm = 1700mm。

①、②、Ⓐ、Ⓑ轴线围起来的板块内，四周是由非贯通纵筋和分布筋构成的上部钢筋网片，中间区域布设有防裂构造钢筋。①、②轴线间X方向的防裂构造钢筋为Φ8@250，Ⓐ、Ⓑ轴线间Y方向的防裂构造钢筋为Φ8@250。防裂构造钢筋具体计量见本模块能力单元3所述内容。

②、③、Ⓐ、Ⓑ轴线围起来的板块内防裂构造钢筋情况同①、②、Ⓐ、Ⓑ板块。

5.5 板施工工艺

从施工角度来看，建筑物每层楼板（屋面板）的钢筋是分区块进行施工的。针对板中的上部钢筋、板下部钢筋和马凳筋，本书以板区块为研究对象进行板钢筋计量的讲述。

板常见的施工工艺流程为：弹板下部钢筋间距线—摆放板下部钢筋—下部钢筋固定—布置板上部钢筋—上部钢筋固定。

若板的钢筋为上、下双层钢筋时，需加马凳筋，以确保板上部钢筋位置的准确。

现浇板的配筋形式有分离式配筋和部分贯通式配筋两种，如图5-11所示。

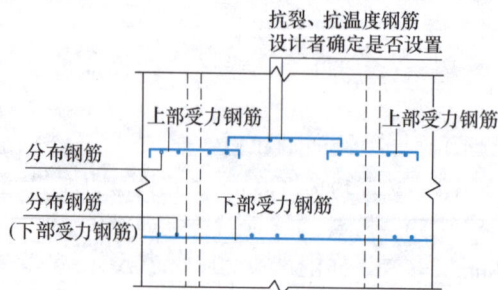

a) 分离式配筋

图 5-11 板配筋形式

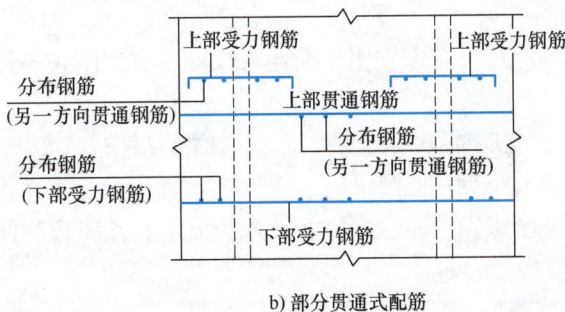

b) 部分贯通式配筋

图 5-11 板配筋形式（续）

能力单元 3 板钢筋计量

5.6 楼（屋）面板钢筋计量

5.6.1 板下部钢筋（底筋）计量

板底筋分 X 方向筋和 Y 方向筋。

1. X 方向筋长度

（1）当板端支座为框架梁时（图 5-12）

$$底筋长度 = 净跨长 + 左支座底筋伸入长度 + 右支座底筋伸入长度$$

式中

$$支座底筋伸入长度 = \max（梁宽度/2，5d）$$

> **特别提示：** 若为 HPB300 钢筋时，需要在其两端设置 180°弯钩。每个弯钩长度为 $6.25d$。本模块其余钢筋计算同理。

（2）当板端支座为剪力墙时（图 5-13）

$$底筋长度 = 净跨长 + 左支座底筋伸入长度 + 右支座底筋伸入长度$$

式中

$$支座底筋伸入长度 = \max（墙宽度/2，5d）$$

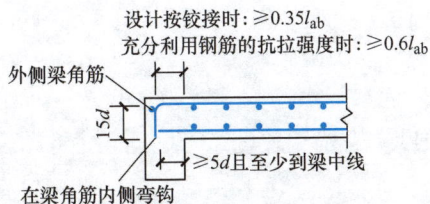

图 5-12 端部支座为梁

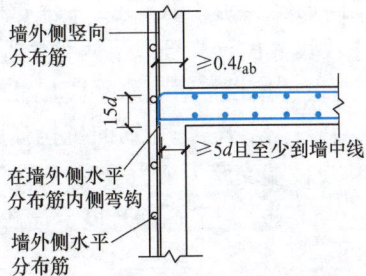

图 5-13 端部支座为剪力墙

（3）当板端支座为圈梁时（图 5-14）

$$底筋长度 = 净跨长 + 左支座底筋伸入长度 + 右支座底筋伸入长度$$

式中

$$支座底筋伸入长度 = \max（圈梁宽度/2，5d）$$

（4）当板端支座为砌体墙时（图 5-15）

$$底筋长度 = 净跨长 + 左支座底筋伸入长度 + 右支座底筋伸入长度$$

式中

$$支座底筋伸入长度 = \max（墙厚度/2，120，板厚度 h）$$

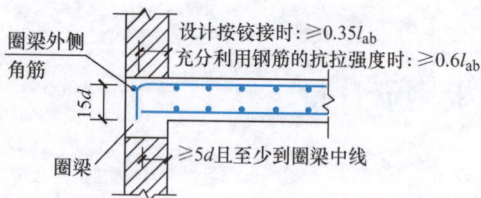

图 5-14　端部支座为砌体墙的圈梁

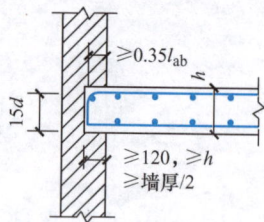

图 5-15　端部支座为砌体墙

2. X 方向钢筋根数

如图 5-16 所示，第一根板筋距梁边为 1/2 板筋间距。

$$底筋根数 = 底筋布筋范围/板筋间距 + 1$$

式中：

$$底筋布筋范围 = 净跨长 - 1/2 板筋间距 \times 2$$

3. Y 方向钢筋

Y 方向钢筋长度计算方法和 X 方向钢筋相同，Y 方向的根数计算同 X 方向根数方法。

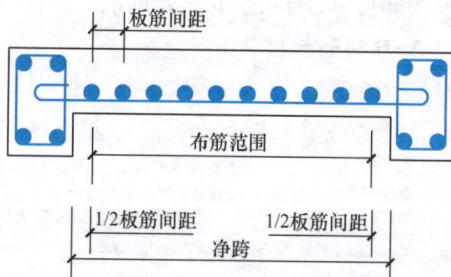

图 5-16　板底钢筋根数计算图

5.6.2　板上部钢筋（面筋）计量

1. 面筋长度

（1）当板端支座为框架梁时（图 5-12）

$$面筋长度 = 净跨长 + 左锚固长度 + 右锚固长度$$

式中

$$锚固长度 = \max（梁宽度 - 保护层厚度 - 梁角筋直径 + 15d，水平段尺寸 + 15d）$$

水平段尺寸的计算分以下两种情况：

1）当设计按铰接时，水平段尺寸 $\geq 0.35 l_{ab}$；

2）当设计充分考虑钢筋的抗拉强度时，水平段尺寸 $\geq 0.6 l_{ab}$。

（2）当板端支座为剪力墙时（图 5-13）

$$面筋长度 = 净跨长 + 左锚固长度 + 右锚固长度$$

式中

$$锚固长度 = \max（墙厚度 - 保护层厚度 - 梁角筋直径 + 15d，0.4 l_{ab} + 15d）$$

（3）当板端支座为圈梁时（图 5-14）

$$面筋长度 = 净跨长 + 左锚固长度 + 右锚固长度$$

式中

$$锚固长度 = \max（梁宽度 - 保护层厚度 - 梁角筋直径 + 15d，水平段尺寸 + 15d）$$

水平段尺寸的计算分以下两种情况：

1）当设计按铰接时，水平段尺寸 $\geq 0.35 l_{ab}$；

2）当设计充分考虑钢筋的抗拉强度时，水平段尺寸 $\geq 0.6 l_{ab}$。

（4）当板端支座为砌体墙时（图 5-15）

$$面筋长度 = 净跨长 + 左锚固长度 + 右锚固长度$$

式中

$$锚固长度 = \max（板伸入墙内尺寸 - 保护层厚度 + 15d，0.35 l_{ab} + 15d）$$

2. 面筋根数

第一根板筋距梁边为 1/2 板筋间距。

$$面筋根数 = 面筋布筋范围 / 板筋间距 + 1$$

式中

$$面筋布筋范围 = 净跨长 - 板筋间距 1/2 \times 2$$

5.6.3　端支座上部非贯通纵筋计量

板端支座非贯通纵筋计算如图 5-17 所示。

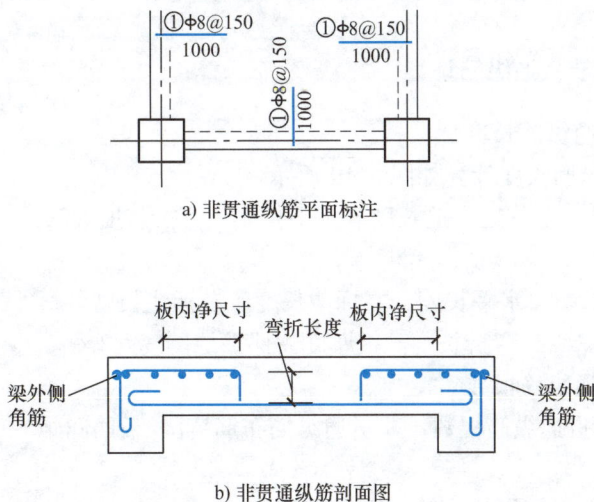

a) 非贯通纵筋平面标注

b) 非贯通纵筋剖面图

图 5-17　板端支座非贯通纵筋计算图

1. 端支座非贯通纵筋长度

$$非贯通纵筋长度 = 锚固长度 + 板内净尺寸 + 弯折长度$$

式中

$$弯折长度 = 板厚度 - 保护层厚度 \times 2$$

锚固长度的计算方法同板面筋计算。

2. 端支座非贯通纵筋根数

$$非贯通纵筋根数 = 非贯通纵筋布筋范围/板筋间距 + 1$$

式中

$$非贯通纵筋布筋范围 = 净跨长 - 1/2 板筋间距 \times 2$$
$$= 净跨长 - 板筋间距$$

第一根板非贯通纵筋距梁边为 1/2 板筋间距。

3. 端支座非贯通纵筋分布筋

分布筋长度计算如图 5-18 所示。

$$非贯通纵筋分布筋长度 = 净跨长 - 非贯通纵筋标注长度 + 参差长度 \times 2$$
$$非贯通纵筋分布筋根数 = 非贯通纵筋板内净长/分布筋间距$$

式中，参差长度 = 150mm。

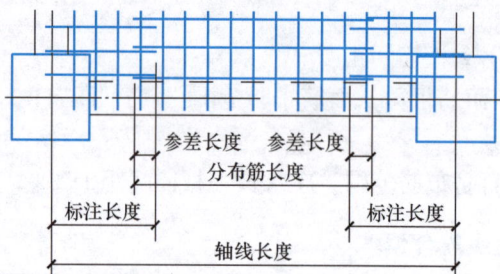

图 5-18 分布筋长度计算图

5.6.4 中间支座上部非贯通纵筋计量

1. 中间支座非贯通纵筋长度

中间支座非贯通纵筋长度计算如图 5-19 所示。

$$非贯通纵筋长度 = 水平长度 + 弯折长度 \times 2$$

式中

$$水平长度 = 左标注长度 + 右标注长度$$
$$弯折长度 = 板厚度 - 保护层厚度 \times 2$$

2. 中间支座非贯通纵筋根数

$$非贯通纵筋根数 = 非贯通纵筋布筋范围/板筋间距 + 1$$

式中

$$非贯通纵筋布筋范围 = 净跨长 - 1/2 板筋间距 \times 2$$

第一根板非贯通纵筋距梁边为 1/2 板筋间距。

3. 中间支座非贯通纵筋分布筋

$$非贯通纵筋分布筋长度 = 净跨长 - 非贯通纵筋标注长度 \times 2 + 参差长度 \times 2$$

式中，参差长度 = 150mm。

中间支座非贯通纵筋分布筋根数按图 5-20 所示进行计算。

$$非贯通纵筋分布筋根数 = 布筋范围 1/布筋间距 + 布筋范围 2/布筋间距$$

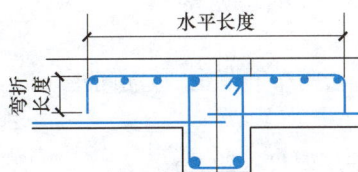

图 5-19　中间支座非贯通纵筋长度计算图　　图 5-20　中间支座非贯通纵筋分布筋根数计算

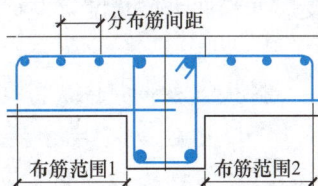

5.6.5　防裂构造钢筋计量

防裂构造钢筋计算如图 5-21 所示。

防裂构造钢筋长度＝轴线长度－非贯通纵筋标注长度×

$$2 + 参差长度×2$$

抗裂构造钢筋根数＝抗裂构造钢筋布筋范围/布筋间距－1

式中，参差长度＝搭接长度 l_1

5.7　悬挑板钢筋计量

图 5-22 为一端悬挑板的配筋图，图中③轴线以右为悬挑跨，悬挑跨配筋主要特殊在图中所示的③筋、⑤筋、③筋分布筋和悬挑板下部钢筋。

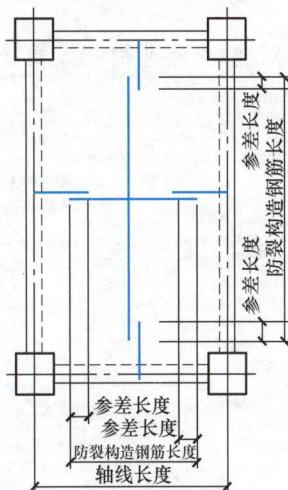

图 5-21　防裂构造钢筋计算

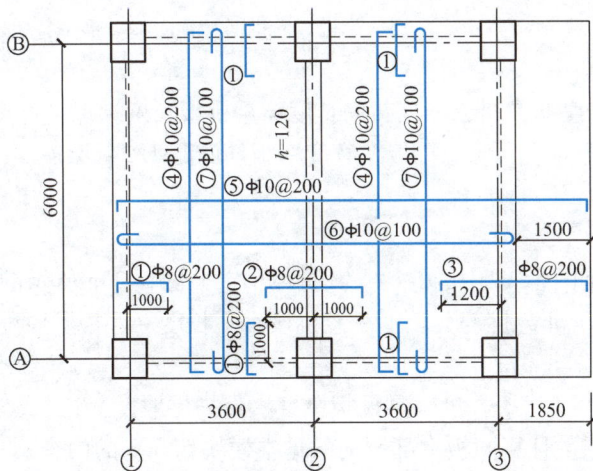

图 5-22　悬挑板配筋

（图中③筋在悬挑段内的分布筋为 Φ8@250）

5.7.1　悬挑板支座非贯通纵筋计量

悬挑板支座非贯通纵筋见图 5-22 中的③筋，其具体构造如图 5-23a 所示。

悬挑板支座非贯通纵筋长度 = 左标注长度 + 支座宽度 + 悬挑板净跨长度 − 保护层厚度 + 左弯折长度 + 右弯折长度

悬挑板支座非贯通纵筋根数 = 支座非贯通纵筋布筋范围/板筋间距 + 1

式中

弯折长度 = 板厚度 − 保护层厚度 × 2

支座非贯通纵筋布筋范围 = 净跨长 − 1/2 板筋间距 × 2

5.7.2 悬挑板支座非贯通纵筋分布筋计量

悬挑板支座非贯通纵筋分布筋如图 5-22 中的③筋的分布筋，即图 5-23a 所示位于上部的分布筋。

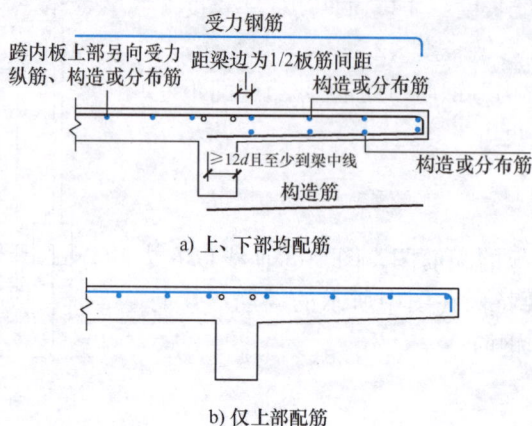

图 5-23　悬挑板内钢筋计算图

悬挑板支座非贯通纵筋分布筋长度 = 悬挑板长度 − 保护层厚度 × 2

支座非贯通纵筋分布筋根数 = （悬挑板净宽度 − 板筋间距 1/2 − 保护层厚度）/布筋间距 + 1

5.7.3 板上部钢筋计量

悬挑板上部钢筋见图 5-22 中的⑤筋，其具体构造如图 5-23a 所示的受力钢筋。

上部钢筋长度 = 非悬挑部分长度 + 悬挑段水平长度 − 保护层厚度 + 弯折长度

式中

弯折长度 = 悬挑板厚度 − 保护层厚度 × 2

悬挑板上部钢筋根数计算同板上部钢筋，见本模块 5.6.2 的内容。

5.7.4 悬挑板下部钢筋计量

悬挑板下部钢筋如图 5-23a 所示，包括构造筋和分布筋两种。

悬挑板下部构造钢筋长度 = 固定端锚入长度 + 悬挑板净跨长度 − 保护层厚度

式中

锚入长度 = max（支座宽度/2，12d）

悬挑板下部钢筋根数计算同板下部钢筋，见本模块 5.6.1 内容。

悬挑板下部分布筋计算见本模块 5.7.2 内容。

其余钢筋计算见本模块中 5.6 内容。

能力单元4　板钢筋计量实训

【实训】　完成附录所示工程 4.17m 标高处的①、②、Ⓐ、Ⓑ区块板的钢筋计量。

【理清思路】　板钢筋计量分析见表 5-4。

表 5-4　板钢筋计量分析

钢筋类型及部位			需要计算的量
底筋	X 方向底筋、Y 方向底筋		长度、根数、质量
面筋	X 方向面筋、Y 方向面筋		长度、根数、质量
	边支座	1#非贯通纵筋	长度、根数、质量
	中间支座	2#非贯通纵筋	长度、根数、质量

【计算基础】板所处环境见表 5-5。

表 5-5　板所处环境描述

混凝土强度等级	抗震等级	保护层厚度
C30	非抗震	15mm

【实例体验】

1. 板底筋

（1）X 方向底筋Φ10@150

板的支座为框架梁，板四周的框架梁宽均为 300mm。

$$X\ 方向底筋长度 = 净跨长 + 左支座底筋伸入长度 + 右支座底筋伸入长度$$

$$= (3900 + 150 + 150)\,mm$$

$$= 4.2m$$

$$X\ 方向净跨长 = (4200 - 150 - 150)\,mm$$

$$= 3900mm$$

$$支座底筋伸入长度 = \max(梁宽度/2,\ 5d)$$

$$= \max(300/2,\ 5 \times 10)\,mm$$

$$= 150mm$$

$$X\ 方向底筋根数 = X\ 方向底筋布筋范围/板筋间距 + 1$$

$$= 4350/150 + 1$$

$$= 30（根）$$

$$X\ 方向底筋布筋范围 = Y\ 方向净跨长 - 板筋间距/2 \times 2$$

$$= Y\ 方向净跨长 - 150mm/2 \times 2$$

$$= [(4800 - 150 - 150) - 150]\,mm$$

$$= 4350mm$$

（2）Y 方向底筋Φ10@150

板的支座为框架梁，此块板四周的框架梁宽均为300mm。

Y 方向底筋长度 = 净跨长 + 左支座底筋伸入长度 + 右支座底筋伸入长度

$$= (4500 + 150 + 150)\ \text{mm}$$

$$= 4.8\ \text{m}$$

Y 方向净跨长 $= (4800 - 150 - 150)\ \text{mm}$

$$= 4500\ \text{mm}$$

支座底筋伸入长度 $= \max(梁宽度/2, 5d)$

$$= \max(300/2, 5 \times 10)\ \text{mm}$$

$$= 150\ \text{mm}$$

Y 方向底筋根数 = Y 方向底筋布筋范围/板筋间距 + 1

$$= 3750/150 + 1$$

$$= 26(根)$$

Y 方向底筋布筋范围 = X 方向净跨长 - 板筋间距/2 × 2

$$= (3900 - 150/2 \times 2)\ \text{mm}$$

$$= 3750\ \text{mm}$$

2. 板面筋

（1）X 方向面筋Φ10@150

板的支座为框架梁，板四周的框架梁宽均为300mm。

X 方向板左支座为 KL4，其截面宽度为300mm，KL4 上部钢筋为2Φ25 + （2Φ14），即角筋直径为25mm。X 方向板右支座 KL5 截面宽度为300mm，KL5 上部钢筋为4Φ25，即角筋直径为25mm。

当设计按铰接时，水平段尺寸≥0.35l_{ab}考虑板非抗震、混凝土强度等级 C30 和钢筋牌号 HRB335，查表 1-12 得基本锚固长度 $l_{ab} = 29d = 29 \times 10\ \text{mm} = 290\ \text{mm}$。

锚固长度 $= \max$ （梁宽度 - 保护层厚度 - 梁角筋直径 + 15d, 0.35l_{ab} + 15d)

$$= \max(300 - 15 - 25 + 15 \times 10, 0.35 \times 29 \times 10 + 15 \times 10)\ \text{mm}$$

$$= \max(410, 251.5)\ \text{mm}$$

$$= 410\ \text{mm}$$

X 方向板面筋长度 = 净跨长度 + 左锚固长度 + 右锚固长度

$$= (3900 + 410 + 410)\ \text{mm}$$

$$= 4.72\ \text{m}$$

X 方向净跨长 $= (4200 - 150 - 150)\ \text{mm}$

$$= 3900\ \text{mm}$$

X 方向面筋根数 = X 方向面筋布筋范围/板筋间距 + 1

$$= 4350/150 + 1$$

$$= 30(根)$$

X 方向面筋布筋范围 = Y 方向净跨长 - 板筋间距/2 × 2

$$= [(4800 - 150 - 150) - 150/2 \times 2]\ \text{mm}$$

$$= (4500 - 150)\ \text{mm}$$

$$= 4350\ \text{mm}$$

（2）Y 方向面筋 $\Phi10@150$

板的支座为框架梁，板四周的框架梁宽均为 300mm。

Y 方向板左支座为 KL3，KL3 截面宽度为 300mm，其上部钢筋为 $2\Phi25+（2\Phi14）$，即角筋直径为 25mm。Y 方向板右支座为 KL2，KL2 截面宽度为 300mm，其上部钢筋为 $2\Phi25+（2\Phi14）$，即角筋直径为 25mm。

当设计按铰接时，水平段尺寸 $\geq0.35l_{ab}$。

$$锚固长度 = \max（梁宽度 - 保护层厚度 - 梁角筋直径 + 15d，0.35l_{ab}+15d）$$
$$= \max（300-15-25+15\times10，0.35\times29\times10+15\times10）$$
$$= \max（410，251.5）$$
$$= 410mm$$

$$Y 方向板面筋长度 = 净跨长 + 左锚固长度 + 右锚固长度$$
$$= （4500+410+410）mm$$
$$= 5.32m$$

$$Y 方向净跨长 = （4800-150-150）mm$$
$$= 4500mm$$

$$Y 方向面筋根数 = Y 方向面筋布筋范围/板筋间距 + 1$$
$$= 3750/150+1$$
$$= 26（根）$$

$$Y 方向面筋布筋范围 = X 方向净跨长 - 板筋间距/2\times2$$
$$= [（4200-150-150）-150/2\times2]mm$$
$$= 3750mm$$

3. 端支座非贯通纵筋 $\Phi10@150$

（1）1#非贯通纵筋长度

当设计按铰接时，水平段尺寸 $\geq0.35l_{ab}$

$$锚固长度 = \max（梁宽度 - 保护层厚度 - 梁角筋直径 + 15d，0.35l_{ab}+15d）$$
$$= \max（300-15-25+15\times10，0.35\times29\times10+15\times10）mm$$
$$= \max（410，251.5）mm$$
$$= 410mm$$

$$右侧弯折长度 = 板厚度 - 保护层厚度\times2$$
$$= （120-15\times2）mm$$
$$= 90mm$$

$$1#非贯通纵筋长度 = 板内净尺寸 + 左锚固长度 + 右侧弯折长度$$
$$= [（1250-150）+410+（120-15\times2）]mm$$
$$= 1.6m$$

（2）1#非贯通纵筋根数。

$$1#非贯通纵筋根数 = ①轴线非贯通纵筋根数 + Ⓐ轴线非贯通纵筋根数$$
$$= 30+26$$
$$= 56（根）$$

其中，

①轴线 1#非贯通纵筋根数 = ①轴线 1#非贯通纵筋布筋范围/板筋间距 + 1

$$= 4350/150 + 1$$

$$= 30（根）$$

①轴线 1#非贯通纵筋布筋范围 = Y 方向净跨长 – 板筋间距/2 × 2

$$= [（4800 – 150 – 150）– 150/2 × 2] mm$$

$$= 4350mm$$

Ⓐ轴线 1#非贯通纵筋根数 = Ⓐ轴线 1#非贯通纵筋布筋范围/板筋间距 + 1

$$= 3750/150 + 1$$

$$= 26（根）$$

Ⓐ轴线 1#非贯通纵筋布筋范围 = Y 方向净跨长 – 板筋间距/2 × 2

$$= [（4200 – 150 – 150）– 150/2 × 2] mm$$

$$= 3750mm$$

4. 中间支座 2#非贯通纵筋 Φ10@150

（1）2#非贯通纵筋长度

2#非贯通纵筋长度 = 水平长度 + 左侧弯折长度 + 右侧弯折长度

$$= [（1250 + 1250）+ 90 + 90] mm$$

$$= 2.68m$$

弯折长度 = 板厚度 – 保护层厚度 × 2

$$= （120 – 15 × 2）mm$$

$$= 90mm$$

（2）2#非贯通纵筋根数

2#非贯通纵筋根数 = ②轴线非贯通纵筋根数 + Ⓑ轴线非贯通纵筋根数

$$= 30 + 26$$

$$= 56（根）$$

其中，

②轴线 2#非贯通纵筋根数 = ②轴线 2#非贯通纵筋布筋范围/板筋间距 + 1

$$= 4350/150 + 1$$

$$= 30（根）$$

②轴线 2#非贯通纵筋布筋范围 = Y 方向净跨长 – 板筋间距/2 × 2

$$= [（4800 – 150 – 150）– 150/2 × 2] mm$$

$$= 4350mm$$

Ⓑ轴线 2#非贯通纵筋根数 = Ⓑ轴线 1#非贯通纵筋布筋范围/板筋间距 + 1

$$= 3750/150 + 1$$

$$= 26（根）$$

Ⓑ轴线 2#非贯通纵筋布筋范围 = X 方向净跨长 – 板筋间距/2 × 2

$$= [（4200 – 150 – 150）– 150/2 × 2] mm$$

$$= 3750mm$$

5. 钢筋工程量汇总

板钢筋工程量汇总见表 5-6。

表5-6 板钢筋工程量汇总

钢筋类别	单块板中钢筋数量/根	单根钢筋长度/m	每米钢筋理论质量/(kg/m)	单根钢筋质量/kg	板中钢筋总质量/kg
X方向底筋	30	4.2	0.617	2.591	77.73
Y方向底筋	26	4.8	0.617	2.962	77.01
X方向面筋	30	4.72	0.617	2.912	87.36
Y方向面筋	26	5.32	0.617	3.282	85.33
1#支座非贯通纵筋	56	1.6	0.617	0.987	55.27
2#支座非贯通纵筋	56	2.68	0.617	1.654	92.62
合计					475.32

知识链接：

按照配筋特点划分，楼板分为单向板和双向板。对于四边支承的板，当长边尺寸与短边尺寸之比≥3.0时，板为单向板，宜按沿短边方向受力的单向板计算。当长边尺寸与短边尺寸之比≤2.0时，宜按双向板计算。当2.0＜长边尺寸与短边尺寸之比＜3.0时，宜按双向板计算。

实际工程中，楼板常采用双向布筋。

能力模块内容回顾

本能力模块主要内容是：板受力及构造、板钢筋识图及施工、板钢筋计量。

具体内容为：上部钢筋、下部钢筋和马凳筋的计量。

板上部钢筋分为X方向钢筋和Y方向钢筋的计量，板下部钢筋也分为X方向钢筋和Y方向钢筋的计量。

模拟测试

1. 完成附录所示工程4.17m标高处②、③、Ⓐ、Ⓑ区块板的钢筋计量。

工程抗震设防烈度为7度，钢筋定尺长度为8m，采用机械连接方式。其余条件同附录所示工程。

2. 完成附录所示工程7.77m标高处②、③、Ⓑ、Ⓒ区块板的钢筋计量。

工程抗震设防烈度为7度，钢筋定尺长度为8m，采用机械连接方式。其余条件同附录所示工程。

3. 完成附录所示工程中屋面板的钢筋计量。

工程抗震设防烈度为7度，钢筋定尺长度为8m，采用机械连接方式。其余条件同附录所示工程。

模块六　基础钢筋计量

模块导读

本模块主要介绍基础的钢筋计量。

本模块介绍了独立基础、条形基础、桩基承台和筏形基础的钢筋计量。

模块内容以不同类型基础构件为载体。遵循"基础配筋计算—基础平法识图—基础钢筋识图及构造—基础钢筋计量—基础钢筋计量实训"的体系化能力构建流程，系统阐述不同类型基础钢筋计量的步骤、方法和技巧。

能力模块学习目标

通过对本能力模块的学习，要求熟悉不同类型基础的配筋计算，掌握基础钢筋构造、基础平法施工图制图规则，能够进行基础钢筋识图，掌握不同类型基础钢筋计量的原则、方法、流程、技巧。通过本书中基础钢筋计量实训案例的学习，要求能结合实际工程图纸熟练地进行不同类型基础钢筋的计量。

能力单元1　独立基础钢筋计量

基础作为承上启下的结构组成部分，其上为上部结构，其下为支承基础的土层即地基，上部结构的荷载通过基础传至地基。上部结构、地基与基础的关系如图6-1所示。

基础结构形式很多，按埋置深度和施工方法的不同，可分为浅基础和深基础。浅基础是指埋置深度在5m以内的基础，如独立基础、条形基础、筏形基础等。埋置深度大于5m的基础称为深基础，如桩基础、地下连续墙、沉井基础等。

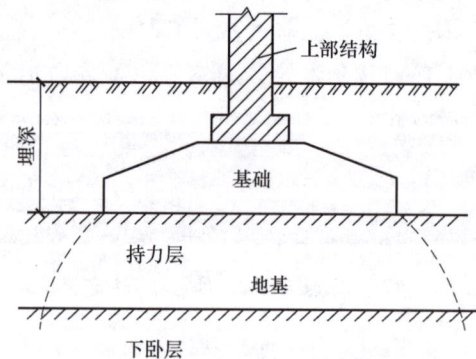

图6-1　上部结构、地基与基础的关系

浅基础除受到来自上部结构的荷载作用外，同时还受到基底反力的作用，其截面内力（弯矩、剪力、扭矩等）是多种荷载作用的结果。

6.1　独立基础构件设计及平法识图

6.1.1　独立基础构件设计

独立基础是浅基础中的一种，通常分普通独立基础和杯口独立基础两大类，如图 6-2 所示。

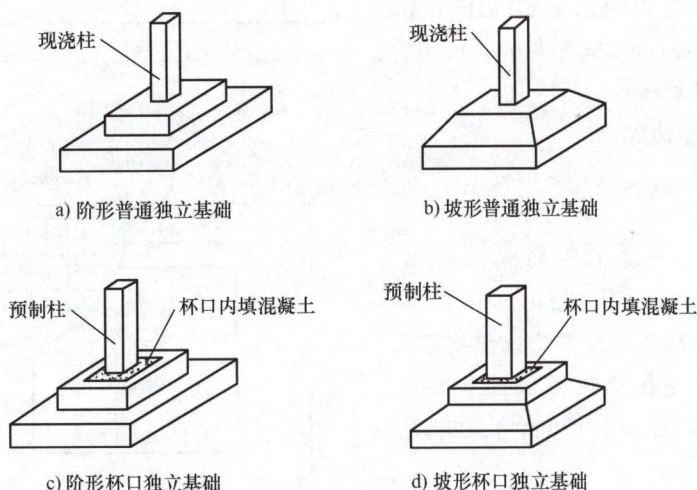

a) 阶形普通独立基础　　　　b) 坡形普通独立基础

c) 阶形杯口独立基础　　　　d) 坡形杯口独立基础

图 6-2　独立基础

独立基础底板受力钢筋截面面积计算公式如下：

$$A_s = \frac{M}{0.9 f_y h_0}$$

式中　A_s——受力钢筋截面面积；

M——控制截面弯矩设计值；

f_y——钢筋抗拉强度设计值；

h_0——截面有效高度。

独立基础受力钢筋最小配筋率不应小于 0.15%，底板受力钢筋的最小直径不应小于 10mm，间距不应大于 200mm，也不应小于 100mm。当有垫层时，钢筋保护层的厚度不应小于 40mm，无垫层时不小于 70mm。

【案例 6-1】　框架柱下的独立基础如图 6-3 所示。柱截面尺寸为 600mm×600mm，基础底面尺寸为 3.0m×3.6m，上阶平面尺寸为 1.8m×2.1m。已知：

1）基础高度 0.9m，基础埋深 1.5m。

2）作用在独立基础长边方向的弯矩设计值为 312.9kN·m，作用在独立基础短边方向的弯矩设计值为 208.0kN·m。

3）该基础选用 C20 混凝土，HRB335 钢筋。

请进行该独立基础底板受弯钢筋的计算。

【解】　取 $a_s = 40$mm，$h_0 = (900 - 40)$mm $= 860$mm，HRB335 钢筋 $f_y = 300$N/mm²。

1. 独立基础长边配筋

$$A_s = \frac{M}{0.9 f_y h_0} = 1347.5 \, \text{mm}^2$$

按最小配筋率计算的钢筋截面面积为 $A_s =$ $(3.6 \times 0.45 + 2.1 \times 0.45) \, \text{m}^2 \times 0.15\% =$ 3848mm^2，所以按照最小配筋率选配钢筋。

在 3.6m 宽的范围内配置 20Φ16（查表 1-7，$A_s = 20 \times 201.1 \text{mm}^2 = 4022 \text{mm}^2$），满足要求，钢筋间距 190mm。

2. 独立基础短边配筋

$$A_s = \frac{M}{0.9 f_y h_0} = 895.8 \, \text{mm}^2$$

按最小配筋率计算的钢筋截面面积为 $A_s = (3.0 \times 0.45 + 1.8 \times 0.45) \, \text{m}^2 \times 0.15\% =$ 3240mm^2，所以按照最小配筋率选配钢筋。

在 3.0m 宽的范围内配置 17Φ16（查表 1-7，$A_s = 17 \times 201.1 = 3419 \text{mm}^2$），满足要求，钢筋间距 190mm。

6.1.2　独立基础平法识图

独立基础平面注写分为集中标注和原位标注两部分。

1. 集中标注

集中标注内容包括：基础编号、基础截面竖向尺寸、基础配筋三项必注内容和基础底面标高、必要的文字注解这两项选注内容。独立基础编号见表 6-1。

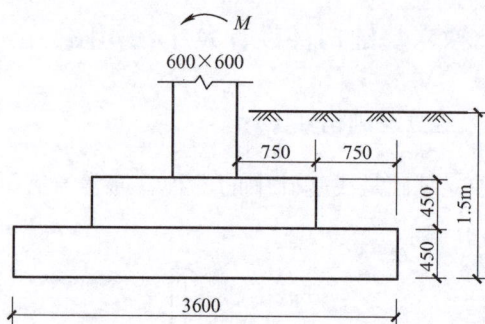

a) 受力图

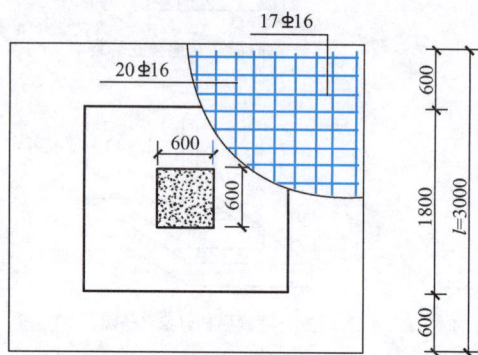

b) 配筋图

图 6-3　独立基础受力及配筋图

表 6-1　独立基础编号

类型	基础底板截面形状	代号	基础截面竖向尺寸
普通独立基础	阶形	DJ_J	$h_1/h_2/h_3/\cdots\cdots$
	坡形	DJ_P	$h_1/h_2/$
杯口独立基础	阶形	BJ_J	$a_0/a_1, \; h_1/h_2/h_3/\cdots\cdots$
	坡形	BJ_P	$a_0/a_1, \; h_1/h_2/h_3/\cdots\cdots$

独立基础底板配筋：以 B 代表独立基础底板的底部配筋，其中 X 向配筋以 X 打头注写，Y 向配筋以 Y 打头注写，两向配筋相同时以 X&Y 打头注写。

2. 原位标注

普通独立基础标注包括独立基础两向边长、柱截面尺寸、阶宽或坡形平面尺寸等。

杯口独立基础标注包括杯口独立基础两向边长、杯口上口尺寸、杯壁厚度、阶宽或坡形平面尺寸等。

独立基础竖向尺寸标注如图 6-4 所示，基础配筋如图 6-5 所示。

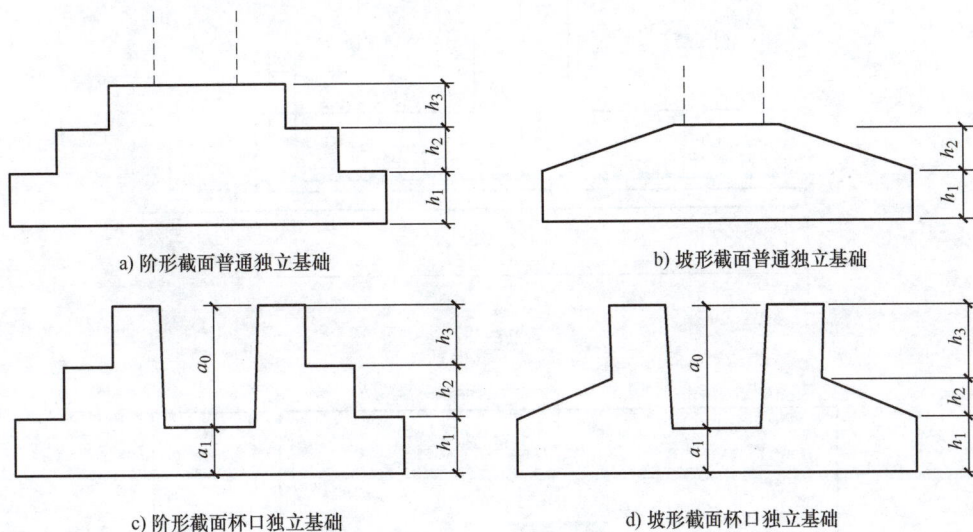

a) 阶形截面普通独立基础　　　　　　　　　b) 坡形截面普通独立基础

c) 阶形截面杯口独立基础　　　　　　　　　d) 坡形截面杯口独立基础

图 6-4　独立基础竖向尺寸标注

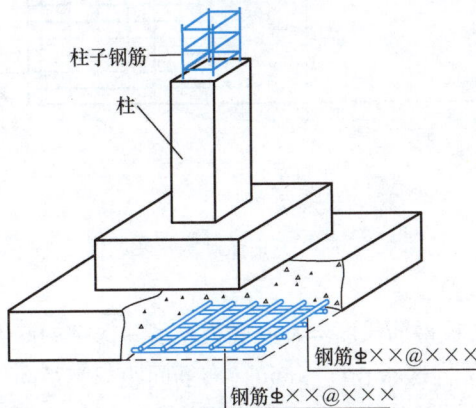

柱子钢筋

柱

钢筋⊈××@××××

钢筋⊈××@××××

图 6-5　独立基础配筋示意图

6.2　独立基础构造图解及钢筋计量

6.2.1　阶形独立基础钢筋计量

> **特别提示**：独立基础底板双向交叉钢筋的长向设置在下，短向设置在上。

阶形截面基础底板配筋构造如图 6-6 所示。

a) 配筋图

b) 平面图

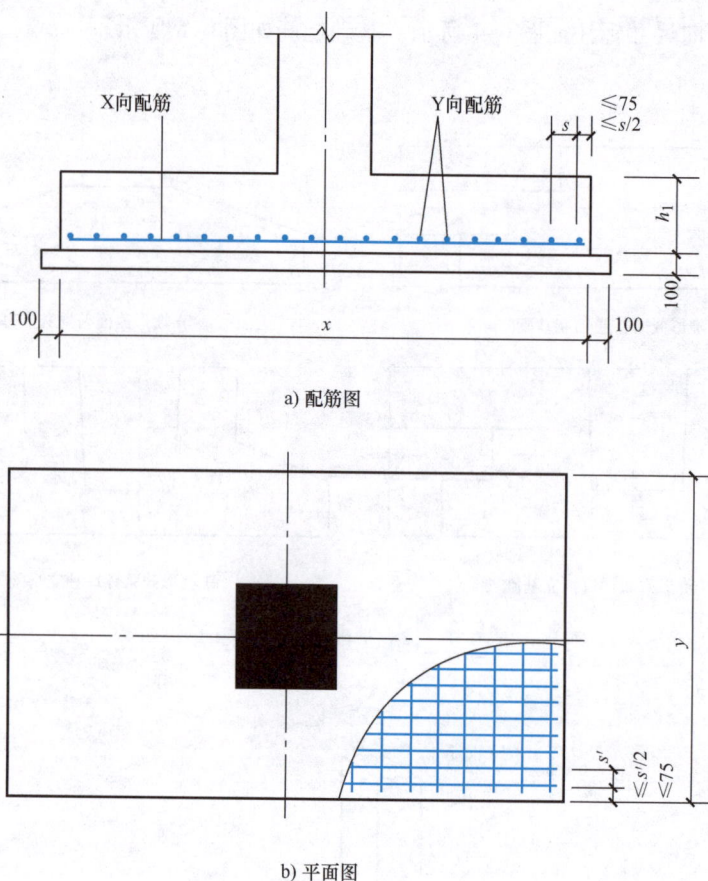

图6-6 阶形截面基础底板配筋构造

$$X 向底板钢筋长度 = X 向底板长度 - 保护层厚度 \times 2$$

$$X 向底板钢筋根数 = [Y 向底板长度 - min（布筋间距/2，75mm）\times 2]/布筋间距 + 1$$

$$Y 向底板钢筋长度 = Y 向底板长度 - 保护层厚度 \times 2$$

$$Y 向底板钢筋根数 = [X 向底板长度 - min（布筋间距/2，75mm）\times 2]/布筋间距 + 1$$

当独立基础底板长度 ≥ 2500mm 时，除外侧钢筋外，底板配筋长度可取相应方向底板长度的 0.9 倍。

> **特别提示**：当钢筋为 HPB300 时，需要在每端各加一个弯钩，每个弯钩长度为 $6.25d$。本模块其余钢筋计算同理。

6.2.2　坡形独立基础钢筋计量

坡形独立基础底板配筋构造如图6-7所示。

$$X 向底板钢筋长度 = X 向底板长度 - 保护层厚度 \times 2$$

$$X 向底板钢筋根数 = \left[Y 向底板长度 - \min(布筋间距/2, 75\mathrm{mm}) \times 2\right]/布筋间距 + 1$$

$$Y 向底板钢筋长度 = Y 向底板长度 - 保护层厚度 \times 2$$

$$Y 向底板钢筋根数 = \left[X 向底板长度 - \min(布筋间距/2, 75\mathrm{mm}) \times 2\right]/布筋间距 + 1$$

当独立基础底板长度 ≥ 2500mm 时，除外侧钢筋外，底板配筋长度可取相应方向底板长度的 0.9 倍。

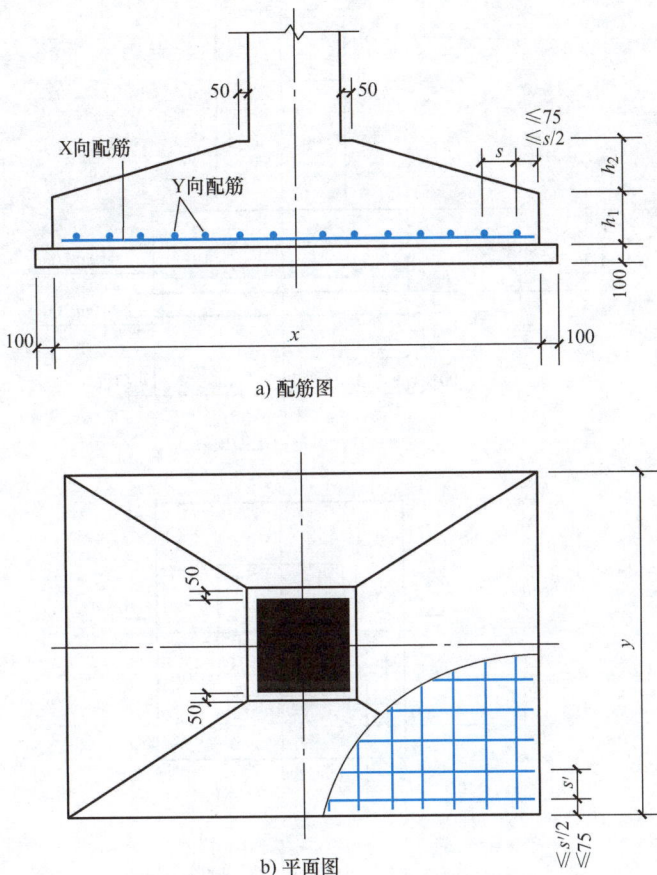

a) 配筋图

b) 平面图

图 6-7　坡形截面基础底板配筋构造

6.2.3　独立基础钢筋计量实训

【实训 6-1】　完成图 6-8 所示独立基础的钢筋计量。已知：

1）独立基础阶形截面的底板尺寸为 800mm × 800mm，高度为 300mm。

2）独立基础底板底部的配筋为 X 向：Φ10@200，Y 向：Φ10@200。

3）独立基础底标高 −1.2m。

4）混凝土强度等级为 C30。

5）混凝土垫层厚度 100mm，垫层宽 1000mm。

【理清思路】　独立基础钢筋计量分析见表 6-2。

表 6-2　独立基础钢筋计量分析

钢筋类型及部位	需要计算的量
X 向底板钢筋	长度、根数、质量
Y 向底板钢筋	长度、根数、质量

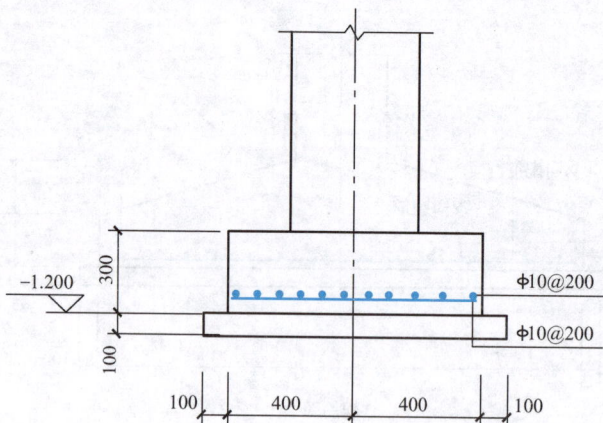

a) 1—1 剖面配筋图

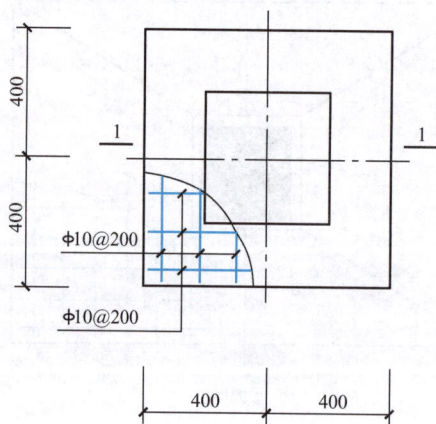

b) 平面图

图 6-8　实训 6-1 独立基础平面图及配筋图

【计算基础】　独立基础所处环境见表 6-3。

表 6-3　独立基础所处环境描述

混凝土强度等级	抗震等级	保护层厚度
C30	非抗震	40mm

【实例体验】　底板钢筋为 Φ10@200。

X 向底板钢筋长度 = X 向底板长度 − 保护层厚度 ×2 + 弯钩长度 $6.25d \times 2$

$$= \left[(800 - 40 \times 2) + 6.25 \times 10 \times 2 \right] \text{mm}$$

$$= 0.845 \text{m}$$

$$X 向底板钢筋根数 = \left[Y 向底板长度 - \min(布筋间距/2, 75) \times 2 \right] / 布筋间距 + 1$$
$$= \left[800 - \min(200/2, 75) \times 2 \right] / 200 + 1$$
$$= 4(根)$$

$$Y 向底板钢筋长度 = Y 向底板长度 - 保护层厚度 \times 2 + 弯钩长度 6.25d \times 2$$
$$= \left[(800 - 40 \times 2) + 6.25 \times 10 \times 2 \right] mm$$
$$= 0.845m$$

$$Y 向底板钢筋根数 = \left[X 向底板长度 - \min(布筋间距/2, 75) \times 2 \right] / 布筋间距 + 1$$
$$= \left[800 - \min(200/2, 75) \times 2 \right] / 200 + 1$$
$$= 4(根)$$

独立基础钢筋工程量汇总见表 6-4。

表 6-4　独立基础钢筋工程量汇总

钢筋类别	单块基础中钢筋数量/根	单根钢筋长度/m	每米钢筋理论质量/(kg/m)	单根钢筋质量/kg	基础中钢筋总质量/kg
X 向底板钢筋	4	0.845	0.617	0.521	2.09
Y 向底板钢筋	4	0.845	0.617	0.521	2.09
总计					4.18

能力单元 2　条形基础钢筋计量

6.3　条形基础构件设计及平法识图

6.3.1　条形基础构件设计

条形基础钢筋分为基础底板受力钢筋和分布钢筋。

条形基础受力钢筋最小配筋率不应小于 0.15%，底板受力钢筋的最小直径不应小于 10mm，间距不应大于 200mm，也不应小于 100mm。

条形基础分布钢筋的直径不应小于 8mm，间距不应大于 300mm；每延长米分布钢筋的面积不应小于受力钢筋截面面积的 15%。当有垫层时，钢筋保护层的厚度不应小于 40mm，无垫层时不应小于 70mm。

条形基础底板受力钢筋截面面积计算公式如下：

$$A_s = \frac{M}{0.9 f_y h_0}$$

式中　A_s——每米长基础底板受力钢筋截面面积；

　　　　M——控制截面弯矩设计值；

　　　　f_y——钢筋抗拉强度设计值；

　　　　h_0——截面有效高度，$h_0 = h - a_s$，见模块三内容。

【案例 6-2】　某条形基础的构造数据如下：

1）基础埋深 1.0m，基础宽度为 2.0m，基础高度 0.3m，距室外地坪 1.0m。

2）作用在条形基础上的弯矩设计值为 66.2kN·m。

3）基础采用 C20 混凝土，HPB300 钢筋。

请进行该条形基础底板的配筋计算。

【解】　取 $a_s = 40mm$，$h_0 = (300 - 40)mm = 260mm$，HPB300 钢筋 $f_y = 270N/mm^2$。

$$A_s = \frac{M}{0.9f_yh_0} = \frac{66.2 \times 10^6}{0.9 \times 270 \times 260}mm^2 = 1047.8mm^2$$

按最小配筋率计算的钢筋截面面积为 $A_s = 2.0m \times 0.3m \times 0.15\% = 900mm^2$，应按计算选配钢筋。

条形基础的受力钢筋选配Φ14@140（查表5-1，$A_s = 1099mm^2$），满足要求。

条形基础受力钢筋的分布钢筋选配Φ8@300。

6.3.2　条形基础平法识图

条形基础分为两类：梁板式条形基础和板式条形基础。条形基础编号见表6-5。

表6-5　条形基础编号

类型		代号	跨数及有无外伸
基础梁		JL	（××）端部无外伸
条形基础底板	坡形	TJB$_P$	（××A）一端有外伸
	阶形	TJB$_J$	（××B）两端有外伸

1. 基础梁平面注写

基础梁平面注写分为集中标注和原位标注。

集中标注内容包括：基础梁编号、截面尺寸、配筋三项必注内容，以及基础梁底面标高和必要的文字注写两项选注内容。基础梁配筋包括基础梁底部钢筋（以 B 打头）、顶部钢筋（以 T 打头）、侧面纵向钢筋（以 G 打头）和箍筋。

原位标注内容包括：基础梁端的底部全部纵筋、附加箍筋、（反扣）吊筋、基础梁外伸部位的变截面高度尺寸及其他内容。

2. 基础底板平面注写

基础底板的平面注写分集中标注和原位标注两部分。

集中标注内容包括：条形基础底板编号、截面竖向尺寸、配筋三项必注内容，以及基础底板底面标高、必要的文字注写两项选注内容。基础底板配筋包括基础底板底部配筋（以 B 打头）和顶部配筋（以 T 打头），用"/"分割条形基础底板的横向受力钢筋和分布钢筋。

原位标注主要是条形基础底板的平面尺寸及其他内容。

条形基础截面及其竖向尺寸标注如图6-9所示。

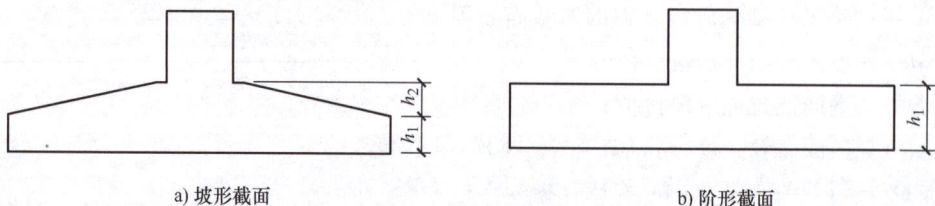

a) 坡形截面　　　　　　　　　　　　b) 阶形截面

图6-9　条形基础截面及其竖向尺寸标注

6.4 条形基础构造图解及钢筋计量

6.4.1 条形基础钢筋构造图解

图 6-10 所示条形基础，其底板布设 14mm 的 HRB400 受力钢筋，间距 150mm；分布筋为 8mm 的 HPB300 级钢筋，间距 250mm。

按照基础交接位置的不同，条形基础底板钢筋构造分为十字形交接型、丁字形交接型和 L 形交接型三种。

当条形基础设有基础梁时，基础底板的分布钢筋在梁宽范围内不设置。在两向受力钢筋交接处的网状部位，分布钢筋与同向受力钢筋的构造搭接长度为 150mm。

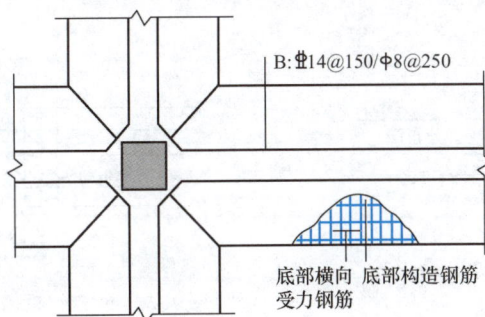

a) 平面图

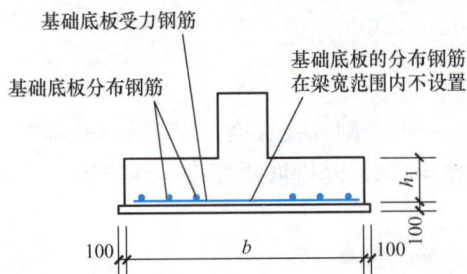

b) 配筋图

图 6-10 条形基础平面图及配筋图

6.4.2 条形基础钢筋计量

1. L 形交接基础底板钢筋（图 6-11）

（1）基础底板受力钢筋

基础底板受力钢筋长度 = 条形基础底板宽度 – 保护层厚度 ×2

基础底板受力钢筋根数 =（条形基础底板外皮长度 – 保护层厚度 ×2）/布筋间距 +1

特别提示：统计和计算受力钢筋根数、分布钢筋根数应分轴线进行。

（2）基础底板分布钢筋

基础底板分布钢筋长度＝条形基础轴线长度－条形基础宽度/2×2＋搭接长度×2

基础底板分布钢筋根数＝（条形基础底板宽度－保护层厚度×2）/布筋间距＋1

式中，搭接长度＝150mm。

2. 丁字形交接基础底板钢筋（图6-12）

（1）基础底板受力钢筋

基础底板受力钢筋长度＝条形基础底板宽度－保护层厚度×2

基础底板受力钢筋根数＝（条形基础轴线长度－条形基础宽度/2×2＋条形基础宽度/

4×2）/布筋间距＋1

＝（条形基础轴线长度－条形基础宽度/2）/布筋间距＋1

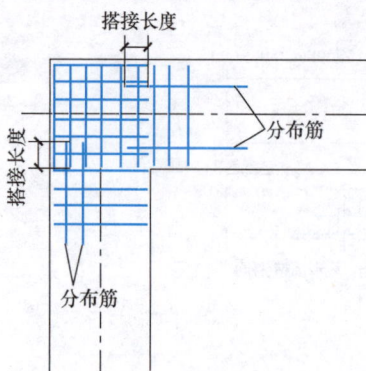

图6-11 L形交接基础钢筋示意图

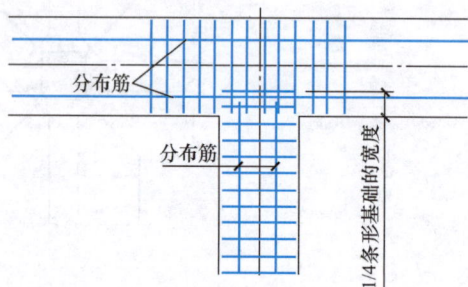

图6-12 丁字形交接基础钢筋示意图

（2）基础底板分布钢筋

基础底板分布钢筋长度＝条形基础轴线长度－1/2条形基础宽度×2＋搭接长度×2

基础底板分布钢筋根数＝（条形基础底板宽度－保护层厚度×2）/布筋间距＋1

式中，搭接长度＝150mm。

3. 十字形交接基础底板钢筋（图6-13）

（1）基础底板受力钢筋

基础底板受力钢筋长度＝

条形基础底板宽度－保护层厚度×2

基础底板受力钢筋根数＝条形基础底板布

筋范围/布筋间距＋1

（2）基础底板分布钢筋

基础底板分布钢筋长度＝条形基础轴线

长度－1/2条形基础宽度×2＋搭接长度×2

基础底板分布钢筋根数＝（条形基础轴线长度－

保护层厚度×2）/布筋间距＋1

式中，搭接长度＝150mm。

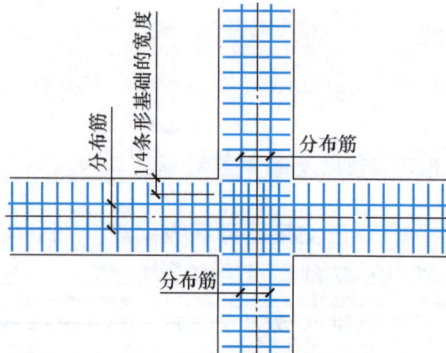

图6-13 十字形交接基础钢筋示意图

6.4.3 条形基础钢筋计量实训

【实训 6-2】 完成图 6-14 所示条形基础的钢筋计量。已知：

1）条形基础截面宽度 1200mm，高度为 $h_1/h_2 = 300/200$（基础底板根部总厚度为 500mm）。

2）条形基础底板底部的配筋为Φ12@200，分布筋为Φ8@200。

3）条形基础底标高 −1.5m。

4）条形基础混凝土强度等级为 C30。

5）混凝土垫层厚度 100mm，垫层宽度 1400mm。

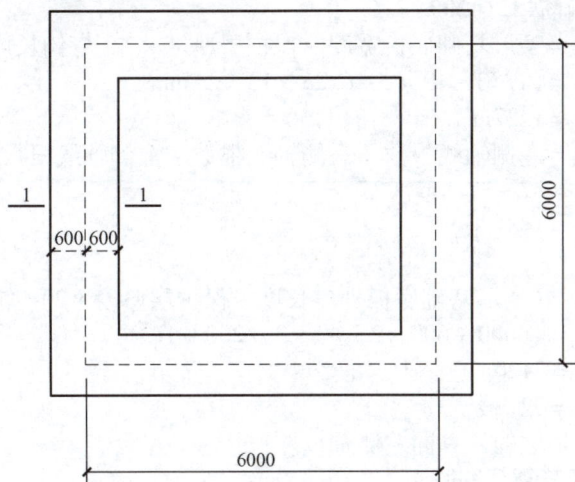

a) 平面图

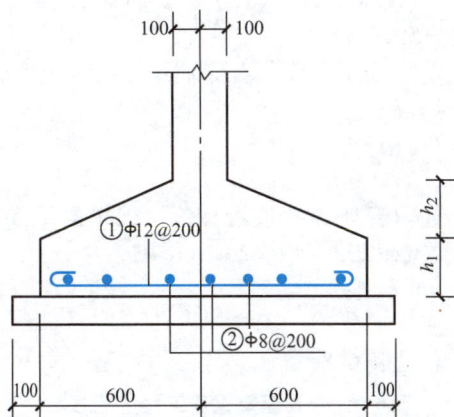

b) 1—1剖面配筋图

图 6-14 实训 6-2 条形基础平面图及配筋图

【理清思路】 条形基础钢筋计量分析见表 6-6。

表 6-6　条形基础钢筋计量分析

钢筋类型及部位	需要计算的量
条形基础底板受力钢筋	长度、根数、质量
条形基础底板分布钢筋	长度、根数、质量

【计算基础】　条形基础所处环境见表 6-7。

表 6-7　条形基础所处环境描述

混凝土强度等级	抗震等级	保护层厚度
C30	非抗震	40mm

【实例体验】

1. 基础底板受力钢筋$\phi 12@200$

$$\begin{aligned} 底板受力钢筋长度 &= 条形基础底板宽度 - 保护层厚度 \times 2 + 弯钩长度\ 6.25d \times 2 \\ &= (1200 - 40 \times 2 + 6.25 \times 12 \times 2)\,mm \\ &= 1.27m \end{aligned}$$

$$\begin{aligned} 底板受力钢筋根数 &= 左侧轴线根数 + 右侧轴线根数 + 上侧轴线根数 + 下侧轴线根数 \\ &= 37 + 37 + 37 + 37 \\ &= 148(根) \end{aligned}$$

式中

$$\begin{aligned} 左侧轴线受力钢筋根数 &= (条形基础底板外皮长度 - 保护层厚度 \times 2)/布筋间距 + 1 \\ &= (6000 + 600 \times 2 - 40 \times 2)/200 + 1 \\ &= 7120/200 + 1 \\ &= 37(根) \end{aligned}$$

其余轴线受力钢筋根数的计算同左侧轴线。

2. 基础底板分布钢筋$\phi 8@200$

$$\begin{aligned} 基础底板分布钢筋长度 &= 条形基础轴线长度 - 1/2\ 条形基础宽度 \times 2 + 150 \times 2 + 弯钩长 \\ &\quad\ 度\ 6.25d \times 2 \\ &= (6000 - 1/2 \times 1200 \times 2 + 150 \times 2 + 6.25 \times 8 \times 2)\,mm \\ &= 5.20m \end{aligned}$$

$$\begin{aligned} 基础底板分布钢筋根数 &= 左侧轴线根数 + 右侧轴线根数 + 上侧轴线根数 + 下侧轴线根数 \\ &= 4 \times 7 \\ &= 28(根) \end{aligned}$$

式中

$$\begin{aligned} 各轴线分布钢筋根数 &= (条形基础底板宽度 - 保护层厚度 \times 2)/布筋间距 + 1 \\ &= (1200 - 40 \times 2)/200 + 1 \\ &= 7(根) \end{aligned}$$

3. 钢筋工程量汇总

条形基础钢筋工程量汇总见表 6-8。

表 6-8　条形基础钢筋工程量汇总表

钢筋类别	单块基础中钢筋数量/根	单根钢筋长度/m	每米钢筋理论质量/(kg/m)	单根钢筋质量/kg	基础中钢筋总质量/kg
条形基础底板受力钢筋	148	1.27	0.888	1.128	166.94
条形基础底板分布钢筋	28	5.20	0.395	2.054	57.51
总计					224.45

能力单元 3　桩基承台钢筋计量

6.5　桩基承台平法识图

桩基承台分为独立承台和承台梁。独立承台按形式分为阶形截面承台和坡形截面承台。独立承台的平面注写方式，分为集中标注和原位标注两部分内容。

独立承台的集中标注内容中，承台编号、承台截面竖向尺寸、承台配筋三项为必注内容，基础底面标高和文字注解为选注内容。独立承台编号及截面竖向尺寸见表6-9。

独立承台顶部与底部的双向配筋应分别注写，以 B 打头注写底部钢筋，以 T 打头注写顶部钢筋。

表 6-9　独立承台编号及截面竖向尺寸

类型	独立承台截面形状	代号	竖向尺寸
独立承台	阶形	CT_J	$h_1/h_2/\cdots\cdots$
	坡形	CT_P	$h_1/h_2/\cdots\cdots$

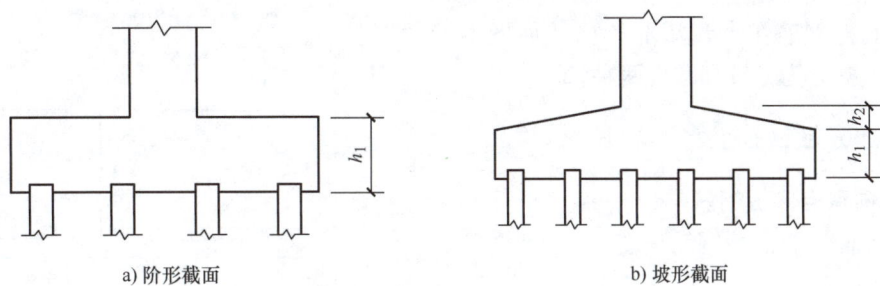

a) 阶形截面　　　　　　　　　　　　b) 坡形截面

图 6-15　独立承台截面及其竖向尺寸标注

矩形独立承台的原位标注内容包括承台两向边长、柱截面尺寸、阶宽或坡形平面尺寸、桩的中心距及边距（图6-16）。

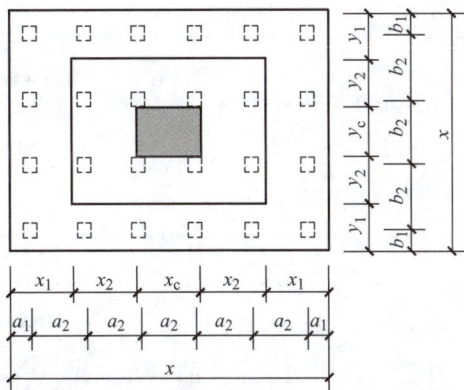

图 6-16　矩形独立承台平面原位标注

6.6 桩基承台构造图解及钢筋计量

6.6.1 桩基承台钢筋构造图解

图 6-17 所示为桩基承台配筋的构造，承台钢筋应双向均匀通长布置。

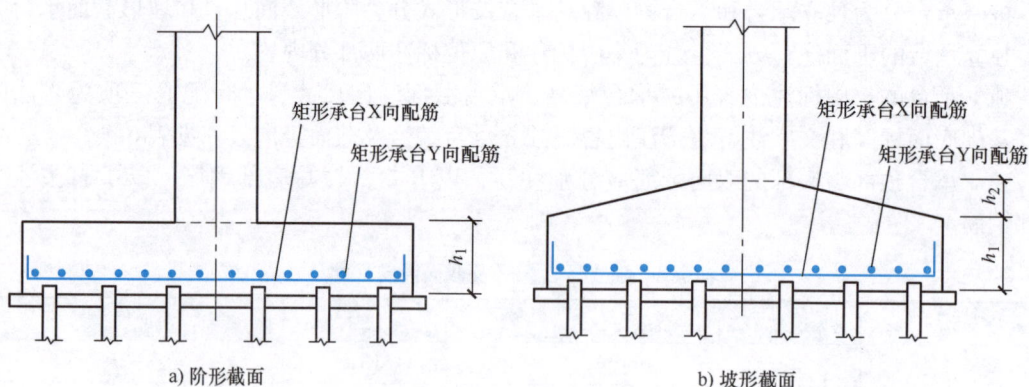

a) 阶形截面　　　　　　　　　　　b) 坡形截面

图 6-17　桩基承台配筋构造

承台底板钢筋在承台端部的构造如图 6-18 所示，承台下桩分为方桩和圆桩两种情况。

6.6.2 桩基承台钢筋计量

1. X 向承台底板钢筋

（1）X 向承台底板钢筋长度

X 向承台底板钢筋长度 = X 向承台底板边桩净距 + 左侧伸入长度 + 右侧伸入长度

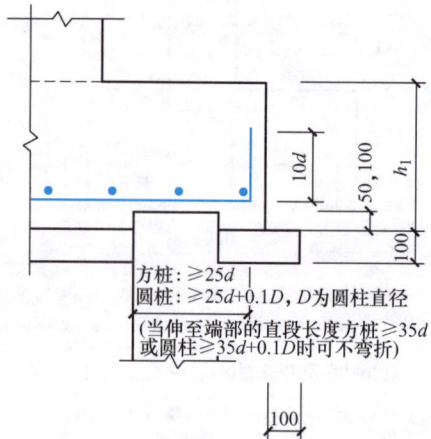

图 6-18　承台底板钢筋在端部的构造

注：当桩直径或桩截面边长 < 800mm 时，桩顶嵌入承台 50mm；当桩直径或桩截面边长 ≥ 800mm 时，桩顶嵌入承台 100mm。

式中，伸入长度计算分以下两种情况。

1）方桩：

当（边桩内侧到承台边的距离 − 保护层厚度）$\geq 35d$ 时，

伸入长度 = max（边桩内侧到承台边的距离 − 保护层厚度，$35d$）

当（边桩内侧到承台边的距离 − 保护层厚度）$< 35d$ 时，

伸入长度 = max（边桩内侧到承台边的距离 − 保护层厚度，$25d$）+ 弯折长度 $10d$

2）圆桩：

当（边桩内侧到承台边的距离 − 保护层厚度）$\geq 35d + 0.1D$（D 为圆桩桩径）时，

伸入长度 = max（边桩内侧到承台边的距离 − 保护层厚度，$35d$），

当（边桩内侧到承台边的距离 − 保护层厚度）$< 35d + 0.1D$ 时，

伸入长度 = max（边桩内侧到承台边的距离 − 保护层厚度，$25d + 0.1D$）+ 弯折长度 $10d$

（2）X 向承台底板钢筋根数

X 向承台底板钢筋根数 = Y 向承台底板布筋范围/布筋间距 + 1

2. Y 向承台底板钢筋

Y 向承台底板钢筋长度、钢筋根数同 X 向钢筋长度和根数计算。

6.6.3　桩基承台钢筋计量实训

【**实训 6-3**】　完成图 6-19 所示桩承台的钢筋计量。已知：

1）桩承台平面尺寸为 3000mm × 3000mm，9 根桩，承台上起柱。

2）桩为方桩，桩截面尺寸为 500mm × 500mm。

3）桩中心线间距为 1000mm，桩伸入承台内 50mm。

4）承台下混凝土垫层厚度 100mm，垫层宽 3200mm。

5）承台底标高 −2.1m。

6）承台混凝土强度等级 C30。

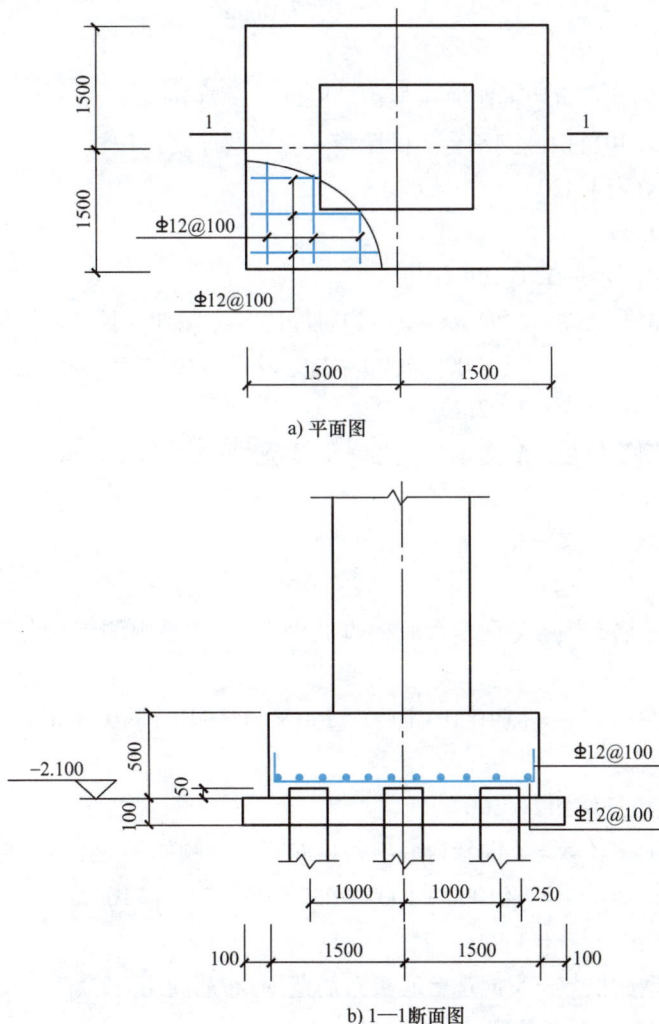

a) 平面图

b) 1—1 断面图

图 6-19　实训 6-3 所示桩承台平面图及配筋图

【理清思路】 桩承台钢筋计量见表6-10。

表6-10 桩承台钢筋计量分析

钢筋类型及部位	需要计算的量
X向承台底板钢筋	长度、根数、质量
Y向承台底板钢筋	长度、根数、质量

【计算基础】 桩承台所处环境见表6-11。

表6-11 桩承台所处环境描述

混凝土强度等级	抗震等级	保护层厚度
C30	非抗震	40mm

【实例体验】 该案例中桩为方桩，则有

$$（边桩内侧到承台边的距离 - 保护层厚度）= [（1500 - 1000 + 250）- 40] mm$$
$$= 710 mm$$

$$35d = 35 \times 12 mm = 420 mm$$

由于（边桩内侧到承台边的距离 - 保护层厚度）$= 710 mm > 35d = 420 mm$，所以

$$伸入长度 = max（边桩内侧到承台边的距离 - 保护层厚度, 35d）$$
$$= max（710, 420）mm$$
$$= 710 mm$$

1. X向承台底板钢筋 ⫝̸12@100

$$X向承台底板钢筋长度 = X向承台底板边桩净距 + 左侧伸入长度 + 右侧伸入长度$$
$$= [（1000 + 1000 - 250 \times 2）+ 710 + 710] mm$$
$$= 2.92 m$$

$$X向承台底板钢筋根数 = Y向承台底板布筋范围 / 布筋间距 + 1$$
$$= 2920 / 100 + 1$$
$$= 30 （根）$$

式中

$$Y向承台底板布筋范围 = Y向承台底板边桩净距 + （边桩内侧到承台边的距离 - 保护层厚度）\times 2$$
$$= [（1000 + 1000 - 250 \times 2）+ 710 + 710] mm$$
$$= 2.92 m$$

2. Y向承台底板钢筋 ⫝̸12@100

$$Y向承台底板钢筋长度 = Y向承台底板边桩净距 + 左侧伸入长度 + 右侧伸入长度$$
$$= [（1000 + 1000 - 250 \times 2）+ 710 + 710] mm$$
$$= 2.92 m$$

$$Y向承台底板钢筋根数 = X向承台底板布筋范围 / 布筋间距 + 1$$
$$= 2920 / 100 + 1$$
$$= 30 （根）$$

3. 钢筋工程量汇总

桩承台钢筋工程量汇总见表6-12。

表6-12 桩承台钢筋工程量汇总

钢筋类别	单块基础中 钢筋数量 /根	单根钢筋 长度 /m	每米钢筋 理论质量 /（kg/m）	单根钢筋 质量 /kg	基础中钢筋 总质量 /kg
X向承台底板钢筋	30	2.92	0.888	2.593	77.79
Y向承台底板钢筋	30	2.92	0.888	2.593	77.79
总计					155.58

能力单元4 筏形基础钢筋计量

6.7 筏形基础平法识图

筏形基础分为梁板式筏形基础和平板式筏形基础。

6.7.1 梁板式筏形基础平法识图

梁板式筏形基础由基础主梁、基础次梁和基础平板等构成，见表6-13。

表6-13 梁板式筏形基础构件类型及代号

构件类型	代号	跨数及有无外伸
基础主梁（柱下）	JL	（××）或（××A）或（××B）
基础次梁	JCL	（××）或（××A）或（××B）
梁板式筏基础平板	LPB	

1. 基础主（次）梁

（1）集中标注

1）梁编号：梁编号由梁类型代号、序号、跨数及有无悬挑代号组成。

2）梁截面尺寸：用 $b \times h$ 表示等截面梁的宽度和高度，用 $b \times h$ Y $c_1 \times c_2$ 表示加腋梁，c_1 为腋长，c_2 为腋高。

3）梁配筋：

基础梁箍筋：当采用一种箍筋间距时，需注写钢筋级别、直径、加密区与非加密区间距及肢数（括号内）。当采用两种箍筋间距时，用斜线"/"分隔不同箍筋，按照从基础梁两端向跨中的顺序注写。先注写第1段箍筋（在前面加注箍数），在斜线后注写第2段箍筋（不再加注箍数）。

基础梁的底部贯通钢筋以B打头，当跨中所注根数少于箍筋肢数时，需要在跨中加设架立筋以固定箍筋，用"+"将贯通纵筋与架立筋相联，架立筋注写在加号后面的括号内。以T打头注写梁顶部贯通纵筋，注写时用"；"将底部与顶部的贯通纵筋分隔开。以字母G打头注写基础梁两侧面对称设置的纵向构造钢筋的总配筋值（当梁腹板净高 h_w 不小于

450mm 时，根据需要配置）。当需要配置抗扭纵向钢筋时，梁两个侧面设置的抗扭纵向钢筋以 N 打头。

4）基础梁底面标高高差：基础梁底面标高是指基础梁相对于筏形基础平板底面标高的高差值。有高差时需将高差写入括号内，无高差时不注。

（2）原位标注

梁端（支座）区域的底部全部纵筋包括已集中注写的贯通纵筋在内的所有纵筋。当梁中间支座两边的底部纵筋配置不同时，需在支座两边分别标注；当梁中间支座的底部纵筋相同时，可仅在支座的一边标注配筋值。原位标注还包括附加箍筋、（反扣）吊筋、基础梁外伸部位变截面高度等。

2. 基础平板

梁板式筏形基础平板的平面注写分板底部、顶部贯通纵筋的集中标注与板底部附加非贯通纵筋的原位标注两部分内容。

（1）集中标注

集中标注包含：基础平板的编号、基础平板的截面尺寸、基础平板的底部与顶部贯通纵筋及其总长度。

先注写 X 向底部贯通纵筋与顶部贯通纵筋及纵向长度范围，再注写 Y 向底部（以 B 打头）贯通纵筋与顶部（以 T 打头）贯通纵筋及纵向长度范围（图面从左到右为 X 向，从下至上为 Y 向）。贯通纵筋的总长度注写在括号内，注写方式为"跨数及有无外伸"。基础平板的跨数以构成柱网的主轴线为准，两主轴线之间无论有几道辅助轴线（例如框筒结构中混凝土内筒中的多道墙体），均可按一跨考虑。

梁板式筏形基础平板贯通纵筋的集中标注，应在所表达的板区双向均为第一跨的板上引出。板厚相同、基础平板底部与顶部贯通纵筋配置相同的区域为同一板区。

（2）原位标注

原位标注主要表达板底部附加非贯通纵筋。板底部原位标注的附加非贯通纵筋，应在配置相同跨的第一跨表达。在配置相同跨的第一跨（或基础梁外伸部位），垂直于基础梁绘制一段中粗线，在虚线上注写编号、配筋值、横向布置的跨数及是否布置到外伸部位。

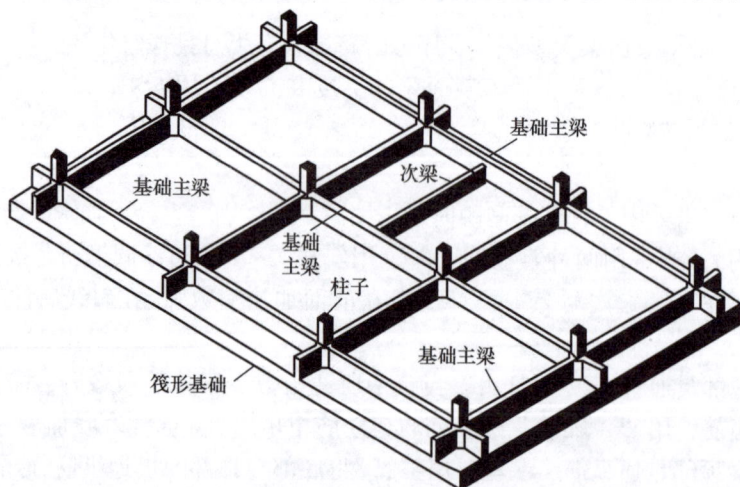

图 6-20　梁板式筏形基础

6.7.2 平板式筏形基础平法识图

平板式筏形基础（图6-21）可划分为柱下板带和跨中板带；也可不分板带，按基础平板进行表达。

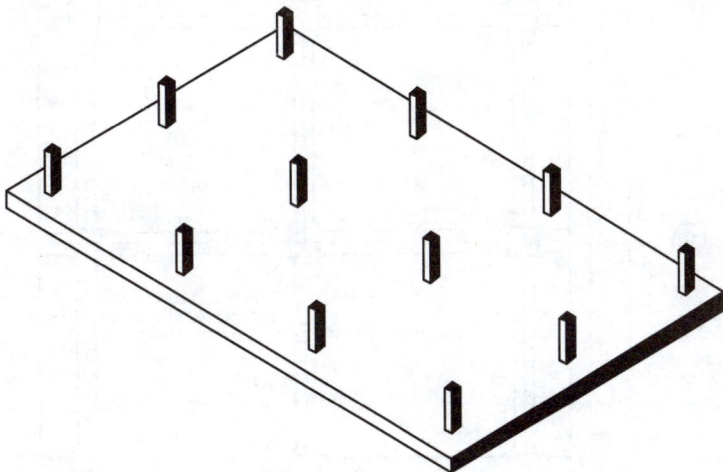

图6-21 平板式筏形基础

1. 平板式筏形基础构件类型

平板式筏形基础构件类型及代号见表6-14，表中（××A）为一端有外伸，（××B）为两端有外伸，外伸不计入跨数。其跨数及是否有外伸分别在X、Y两向的贯通纵筋之后表达。图面从左到右为X向，从下至上为Y向。

表6-14 平板式筏形基础构件类型及代号

构件类型	代号	跨数及有无外伸
柱下板带	ZXB	（××）或（××A）或（××B）
跨中板带	KZB	（××）或（××A）或（××B）
平板式筏形基础平板	BPB	

2. 柱下板带、跨中板带

柱下板带与跨中板带的平面注写，分集中标注与原位标注两部分。

集中标注，应在第一跨（X向为左端跨，Y向为下端跨）引出。具体包括注写编号、截面尺寸，底部（以B打头）与顶部（以T打头）贯通纵筋。

原位标注主要为底部附加非贯通纵筋。

3. 基础平板

基础平板的平面注写分集中标注与原位标注两部分。集中标注同梁板式筏形基础平板的标注，原位标注主要表达横跨柱中心线下的底部附加非贯通纵筋。

【案例6-3】 完成图6-22所示梁板式筏形基础的识图。

【解】 梁板筏基础平板LPB1，板厚度800mm，筏基平板平面尺寸为14400mm×14400mm。

X向的板底配筋为直径25mm的HRB335钢筋，间距200mm；X向的板顶配筋为直径22mm的HRB335钢筋，间距200mm。X向板两端外伸。

Y 向的板底配筋为直径 25mm 的 HRB335 钢筋，间距 200mm；Y 向的板顶配筋为直径 22mm 的 HRB335 钢筋，间距 200mm。Y 向板两端外伸。

板底钢筋的布置范围为两跨加两端悬挑，即（1200 + 6000 + 6000 + 1200）mm = 14400mm。

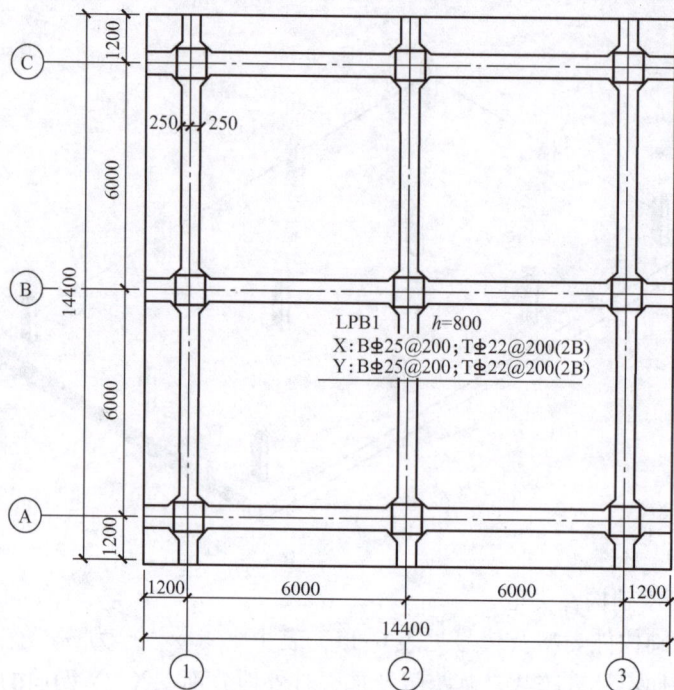

图 6-22　案例 6-3 筏形基础平板配筋图

6.8　筏形基础构造图解及钢筋计量

6.8.1　梁板式筏形基础钢筋计量

1. 基础平板

基础平板端部等截面外伸构造如图 6-23 所示。

> **特别提示：** 基础平板外边缘应该封边，如图 6-24 所示。

梁板式筏形基础平板端部等截面外伸构造的钢筋计量如下：

（1）底部通长筋

1）X 方向

X 方向底部通长筋长度 = X 方向基础外边线长度 − 保护层厚度 × 2 + 弯折长度 $12d × 2$

X 方向底部通长筋根数 = X 方向底部通长筋布筋范围/布筋间距 + 1

式中，布筋范围应分跨进行计算：

中间跨布筋范围 = 标注轴线长度 − 基础梁宽度/2 × 2 − min（板筋间距/2，75mm）× 2

悬挑端布筋范围 = 标注悬挑端长度 − 基础梁宽度/2 − 保护层厚度 − min（板筋间距/2，75mm）

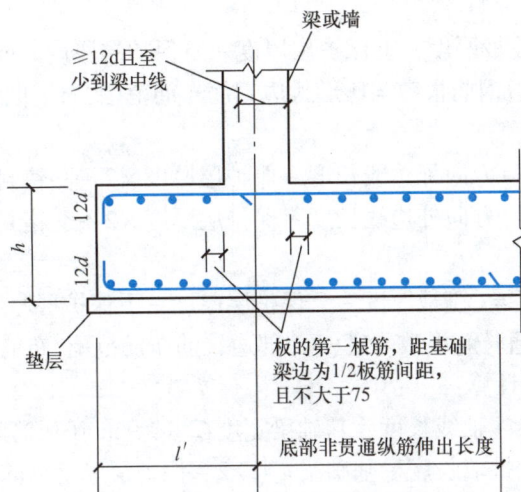

图 6-23 基础平板端部等截面外伸构造

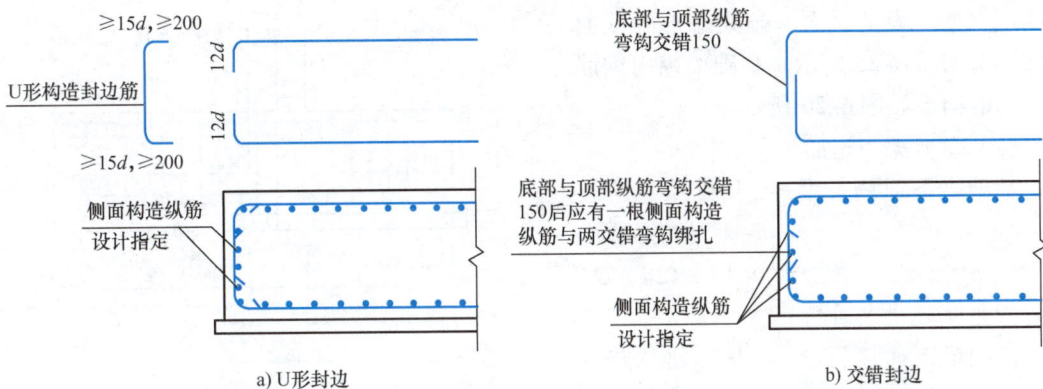

a) U形封边   b) 交错封边

图 6-24 封边构造

2）Y 方向

Y 方向底部通长筋长度和根数计算方法同 X 方向底部通长筋长度和根数计算。

（2）顶部通长筋

1）X 方向

X 方向顶部通长筋长度 = X 方向基础外边线长度 − 保护层厚度 × 2 + 弯折长度 12d × 2

X 方向顶部通长筋根数 = X 方向顶部通长筋布筋范围/布筋间距 + 1

式中，布筋范围应分跨进行计算：

中间跨布筋范围 = 标注轴线长度 − 基础梁宽度/2 × 2 − min(板筋间距/2，75mm) × 2

悬挑端布筋范围 = 标注悬挑端长度 − 基础梁宽度/2 − 保护层厚度 − min(板筋间距/2，75mm)

2）Y 方向

Y 方向顶部通长筋长度和根数计算方法同 X 方向顶部通长筋计算。

（3）板底非贯通纵筋

板底非贯通纵筋长度 = 图中标注的非贯通纵筋长度

板底非贯通纵筋根数 = 板底非贯通纵筋布筋范围/布筋间距 + 1

（4）U形封边构造

U形封边钢筋长度 = 筏板厚度 - 上保护层厚度 - 下保护层厚度 + max(15d,200mm) × 2

U形封边钢筋根数 = U形封边钢筋布筋范围/布筋间距 + 1

（5）交错封边的通长筋

底部通长筋长度 = X(Y)方向外边线长度 - 保护层厚度 × 2 + 交错封边钢筋增加长度 × 2

顶部通长筋长度 = X(Y)方向外边线长度 - 保护层厚度 × 2 + 交错封边钢筋增加长度 × 2

式中：

交错封边钢筋增加长度 = (筏板厚度 - 上保护层厚度 - 下保护层厚度 - 150mm)/2 + 150

底(顶)部通长筋根数 = 底(顶)部通长筋布筋范围/布筋间距 + 1

布筋范围应分跨进行计算：

中间跨布筋范围 = 标注轴线长度 - 基础梁宽度/2 × 2 - min(板筋间距/2,75mm) × 2

悬挑端布筋范围 = 标注悬挑端长度 - 基础梁宽度/2 - 保护层厚度 - min(板筋间距/2,75mm)

2. 基础梁

端部无外伸构造中基础梁底部与顶部纵筋成对连通设置，而基础梁端部等截面外伸构造如图6-25所示，基础梁纵向钢筋和箍筋的构造如图6-26所示。

（1）基础梁下通筋

基础梁下通筋长度 = (基础梁总跨长 - 保护层厚度 × 2) + 12d × 2

（2）基础梁上通筋

基础梁下通筋长度 = (基础梁总跨长 - 保护层厚度 × 2) + 12d × 2

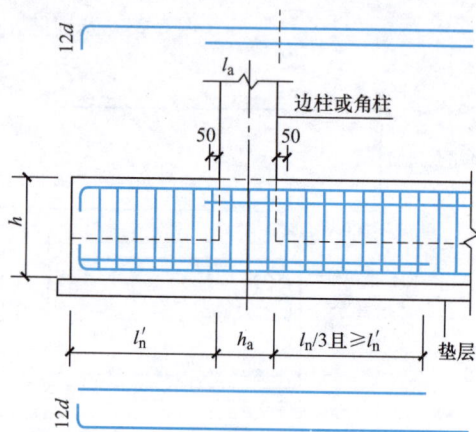

图6-25　基础梁端部等截面外伸构造

（3）基础梁箍筋

箍筋长度 = (基础梁宽度 - 保护层厚度 × 2) × 2 + (基础梁高度 - 下保护层厚度 - 上保护层厚度) × 2 + 1.9d × 2 + max(10d,75mm) × 2

= [(基础梁宽度 - 保护层厚度 × 2) + (基础梁高度 - 下保护层厚度 - 上保护层厚度)] × 2 + 1.9d × 2 + max(10d,75mm) × 2

箍筋根数应分跨进行，注意悬挑端和支座处也有箍筋，计算时不要漏算。基础主梁箍筋配置如图6-27所示。

中间跨箍筋根数 = 左加密区根数 + 右加密区根数 + 非加密区根数

式中

加密区根数 = (设计标注加密区长度 - 50mm)/布筋间距 + 1

非加密区根数 = (净跨净长 - 设计标注左加密区长度 - 设计标注右加密区长度)/布筋间距 - 1

边跨箍筋根数 = (边跨长 - 保护层厚度 - 50mm)/布筋间距 + 1

与支座交接处箍筋根数 = 支座宽度/布筋间距

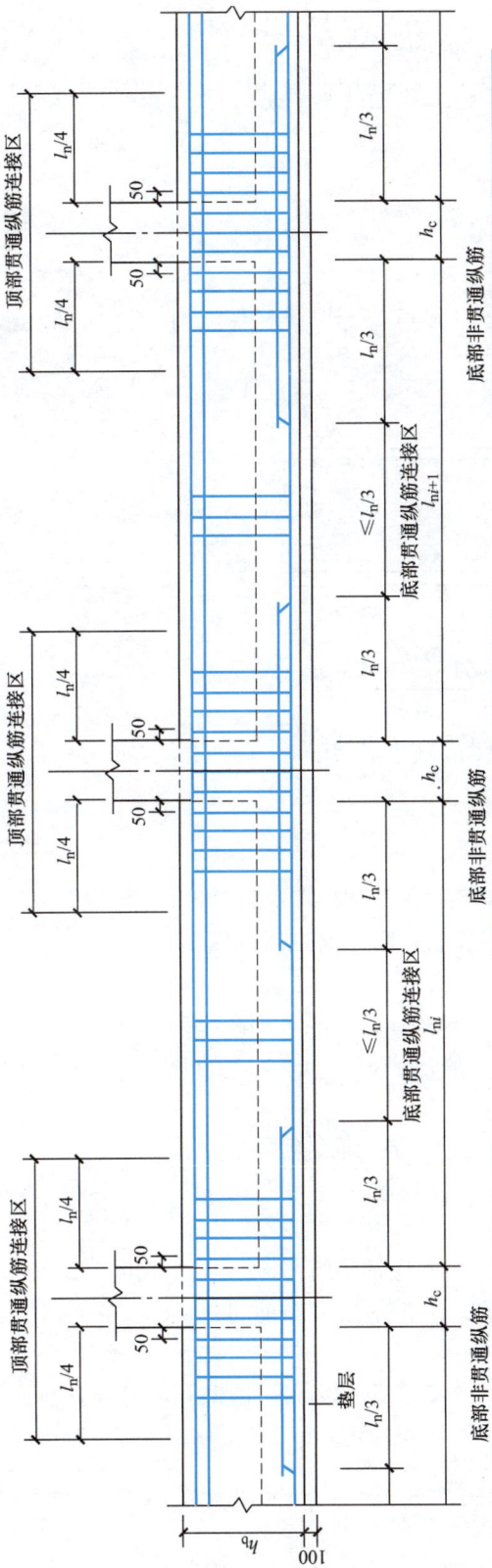

图6-26　基础梁纵向钢筋和箍筋构造

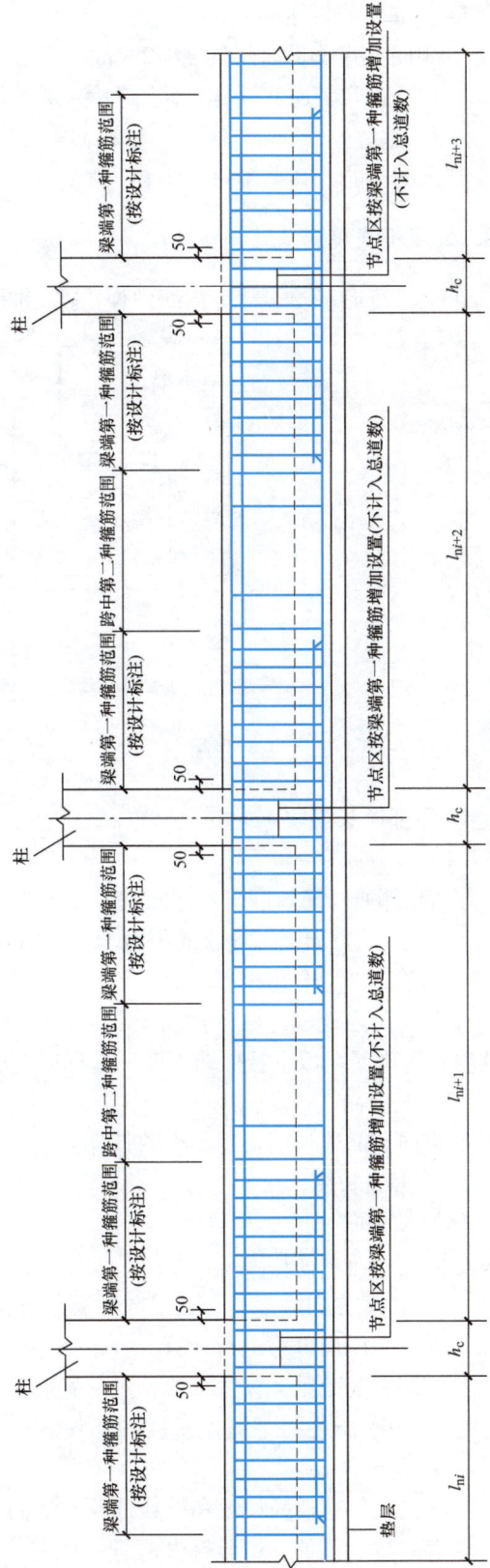

图6-27　基础主梁箍筋配置示意图

（4）支座非贯通筋

中间支座非贯通筋长度 = 2 × max（第一跨净跨长，第二跨净跨长）/3 + 支座宽度

边支座非贯通筋长度 =（边跨长 − 保护层厚度）+ max（中间跨净跨长/3，边跨净跨长）
+ 支座宽度

其余钢筋的计算见模块三内容。

6.8.2 平板式筏形基础钢筋计量

平板式筏形基础端部等截面外伸构造如图 6-28 所示。

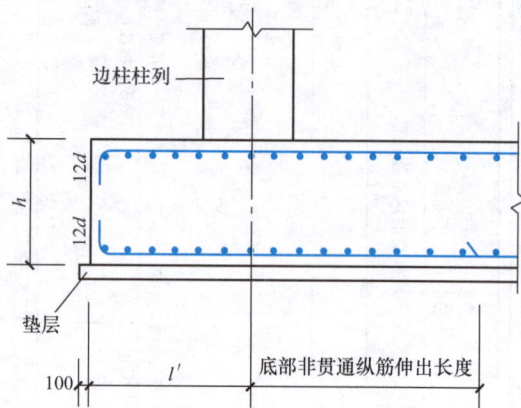

图 6-28 平板式筏形基础端部等截面外伸构造

1. 顶部通长筋

（1）X 方向

X 方向顶部通长筋长度 = X 方向基础外边线长度 − 面筋保护层厚度 × 2 + 弯折长度 $12d$ × 2

X 方向顶部通长筋根数 = X 方向顶部通长筋布筋范围/布筋间距 + 1

式中，布筋范围应分跨进行计算：

中间跨布筋范围 = 标注轴线长度 − 基础梁宽度/2 × 2 − min（板筋间距/2，75mm）× 2

悬挑端布筋范围 = 标注悬挑端长度 − 基础梁宽度/2 − 保护层厚度 − min（板筋间距/2，75mm）

（2）Y 方向

Y 方向顶部通长筋长度和根数计算方法同 X 方向顶部通长筋计算。

2. 底部通长筋

（1）X 方向

X 方向底部通长筋长度 = X 方向基础外边线长度 − 底筋保护层厚度 × 2 + 弯折长度 $12d$ × 2

X 方向底部通长筋根数 = X 方向底部通长筋布筋范围/布筋间距 + 1

式中，布筋范围应分跨进行计算：

中间跨布筋范围 = 标注轴线长度 − 基础梁宽度/2 × 2 − min（板筋间距/2，75mm）× 2

悬挑端布筋范围 = 标注悬挑端长度 − 基础梁宽度/2 − 保护层厚度 − min（板筋间距/2，75mm）

（2）Y 方向

Y 方向底部通长筋长度和根数计算方法同 X 方向底部通长筋计算。

板底非贯通纵筋、U 形封边钢筋、交错封边通长筋计算同梁板式筏形基础。

能力单元5 基础钢筋计量实训

【**实训6-4**】 完成图6-22所示筏形基础平板LPB的钢筋计量。已知：

1）筏形基础混凝土采用C30，构件按照非抗震设计。

2）基础梁截面尺寸 $b \times h = 500mm \times 1000mm$，梁的中心线与轴线重合。

3）钢筋定尺长度8m，采用绑扎连接。

4）基础平板按无封边构造考虑。

【**理清思路**】 筏形基础钢筋计量分析见表6-15。

表6-15 筏形基础钢筋计量分析

钢筋类型及部位		需要计算的量
底部钢筋	X方向底部通长筋	长度、根数、质量
	Y方向底部通长筋	长度、根数、质量
顶部钢筋	X方向顶部通长筋	长度、根数、质量
	Y方向顶部通长筋	长度、根数、质量

【**计算基础**】 筏形基础所处环境见表6-16。

表6-16 筏形基础所处环境描述

混凝土强度等级	抗震等级	保护层厚度
C30	非抗震	40mm

【**实例体验**】

1. 底部通长筋 ⊕25@200

（1）X方向

1）通长筋长度

X方向底部通长筋长度 = X方向外边线长度 − 保护层厚度×2 + 弯折长度 $12d \times 2$

$$= (14400 - 40 \times 2 + 12 \times 25 \times 2)mm$$

$$= 14920mm$$

钢筋定尺长度8000mm，本例计算的14920mm需要一个搭接。

考虑C30混凝土、非抗震、HRB335钢筋因素，查表1-12得基本锚固长度 $l_{ab} = 29d$。按纵向钢筋搭接接头面积百分率为50%考虑，$\zeta_l = 1.4$。

搭接长度 $= \zeta_l \times \zeta_a \times \zeta_{ab}$

$$= 1.4 \times 1.0 \times 29d$$

$$= (1.4 \times 1.0 \times 29 \times 25)mm$$

$$= 1015mm$$

考虑搭接长度后的X方向底部通长筋长度 $= (14920 + 1015)mm = 15.935m$

2）通长筋根数

X方向底部通长筋根数 = X方向底部通长筋布筋范围/布筋间距 +1

　　　　　　　　　　 = Ⓐ轴线以下布筋根数 + Ⓒ轴线以上布筋根数 + Ⓐ~Ⓑ轴线布筋

根数 + Ⓑ ~ Ⓒ轴线布筋根数

$$= (835/200 + 1) + (835/200 + 1) + (5350/200 + 1) + (5350/200 + 1)$$

$$= 5 + 5 + 28 + 28$$

$$= 66 (根)$$

式中，各布筋范围计算如下：

Ⓐ轴线以下布筋范围 = 悬挑端长度 − 基础梁宽度/2 − 保护层厚度 − min（板筋间距/2, 75mm)

$$= [1200 − 500/2 − 40 − min(200/2, 75)] mm$$

$$= 835mm$$

Ⓒ轴线以上布筋范围 = Ⓐ轴线以下布筋范围 = 835mm

Ⓐ ~ Ⓑ轴线布筋范围 = 轴线长度 − 上梁宽度/2 − 下梁宽度/2 − min（钢筋间距/2, 75mm) × 2

$$= [6000 − 500/2 − 500/2 − min(200/2, 75) × 2] mm$$

$$= 5350mm$$

Ⓑ ~ Ⓒ轴线布筋范围 = Ⓐ ~ Ⓑ轴线布筋范围 = 5350mm

（2）Y 方向

Y 方向底部通长筋长度 = X 方向底部通长筋长度 = 15.935m

Y 方向底部通长筋根数 = X 方向底部通长筋根数 = 66 （根）

2. 顶部通长筋Φ22@200

（1）X 方向

1）通长筋长度

X 方向顶部通长筋长度 =（X 方向外边线长度 − 保护层厚度 × 2 + 弯折长度 $12d × 2$) + 搭接长度

$$= [(14400 − 40 × 2 + 12 × 22 × 2) + 1.4 × 1.0 × 29 × 22] mm$$

$$= (14848 + 893.2) mm$$

$$= 15.741m$$

2）通长筋根数

X 方向顶部通长筋根数 = X 方向顶部通长筋布筋范围/布筋间距 +1

= Ⓐ轴线以下布筋根数 + Ⓒ轴线以上布筋根数 + Ⓐ ~ Ⓑ轴线布筋根数 + Ⓑ ~ Ⓒ轴线布筋根数

$$= (835/200 + 1) + (835/200 + 1) + (5350/200 + 1) + (5350/200 + 1)$$

$$= 5 + 5 + 28 + 28$$

$$= 66 (根)$$

式中，各布筋范围计算如下：

Ⓐ轴线以下布筋范围 = 悬挑端长度 − 基础梁宽度/2 − 保护层厚度 − min（板筋间距/2, 75mm)

$$= [1200 − 500/2 − 40 − min(200/2, 75)] mm$$

$$= 835mm$$

Ⓒ轴线以上布筋范围 = Ⓐ轴线以下布筋范围 = 835mm

Ⓐ～Ⓑ轴线布筋范围=5350mm

Ⓑ～Ⓒ轴线布筋范围=5350mm

（2）Y方向

Y方向顶部通长筋长度=X方向顶部通长筋长度=15741mm

Y方向顶部通长筋根数=X方向顶部通长筋根数=66（根）

3. 钢筋工程量汇总

筏形基础平板钢筋工程量汇总见表6-17。

表6-17 筏形基础平板钢筋工程量汇总表

钢筋类别	单块基础中钢筋数量/根	单根钢筋长度/m	每米钢筋理论质量/(kg/m)	单根钢筋质量/kg	筏基中钢筋总质量/kg
X方向底部通长筋	66	15.935	3.85	61.350	4049.10
Y方向底部通长筋	66	15.935	3.85	61.350	4049.10
X方向顶部通长筋	66	15.741	2.98	46.908	3095.93
Y方向顶部通长筋	66	15.741	2.98	46.908	3095.93
合计					14290.06

【实训6-5】 完成图6-29所示筏形基础梁JL3的钢筋计量。已知：

1）构件按照非抗震设计考虑。

2）钢筋定尺长度8m，采用焊接。

3）图中框架柱宽为450mm。

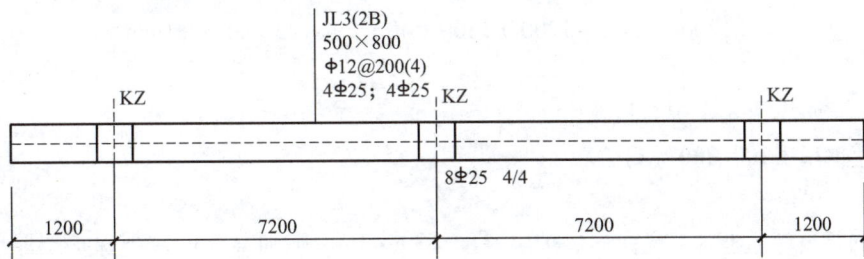

图6-29 基础梁JL3配筋图

【理清思路】 基础梁钢筋计量分析见表6-18。

表6-18 基础梁钢筋计量分析

钢筋类型及部位		需要计算的量
纵筋	上部通长筋	长度、根数、质量
	下部通长筋	长度、根数、质量
	中间支座负筋	长度、根数、质量

（续）

钢筋类型及部位		需要计算的量
箍筋	左悬挑跨	长度、根数、质量
	与支座交接处 1	长度、根数、质量
	第一跨	长度、根数、质量
	与支座交接处 2	长度、根数、质量
	第二跨	长度、根数、质量
	与支座交接处 3	长度、根数、质量
	右悬挑跨	长度、根数、质量

【计算基础】　基础梁 JL3 所处环境见表 6-19。

表 6-19　基础梁 JL3 所处环境描述

混凝土标号	抗震等级	保护层厚度
C30	非抗震	40mm

【实例体验】

1. 基础梁下通筋 4⸰25

下通筋长度 ＝（基础梁总跨长度 － 下保护层厚度 ×2）＋12d×2

$$= \left[(1200 + 7200 + 7200 + 1200 - 40 \times 2) + 12 \times 25 \times 2 \right] mm$$

$$= 17.32m$$

每根钢筋长度为 17.32m，需要 2 个接头，4 根下通筋需要 8 个焊接接头。

2. 基础梁上通筋 4⸰25

上通筋长度 ＝（基础梁总跨长度 － 上保护层厚度 ×2）＋12d×2

$$= \left[(1200 + 7200 + 7200 + 1200 - 40 \times 2) + 12 \times 25 \times 2 \right] mm$$

$$= 17.32m$$

4 根上通筋需要 8 个焊接接头。

3. 箍筋⸰12@100/200（4）

（1）第一跨

1#箍筋长度 ＝（基础梁宽度 － 保护层厚度 ×2）×2 ＋（基础梁高度 － 下保护层厚度 － 上保护层厚度）×2 ＋1.9d×2 ＋ max(10d,75mm) ×2

$$= \left[(基础梁宽度 - 保护层厚度 \times 2) + (基础梁高度 - 下保护层厚度 - 上保护层厚度) \right] \times 2 + 1.9d \times 2 + \max(10d,75mm) \times 2$$

$$= \{ \left[(500 - 2 \times 40) + (800 - 40 - 40) \right] \times 2 + 1.9 \times 12 \times 2 + \max(10 \times 12, 75) \times 2 \} mm$$

$$= \left[(420 + 720) \times 2 + 1.9 \times 12 \times 2 + \max(10 \times 12, 75) \times 2 \right] mm$$

$$= (2280 + 45.6 + 240) mm$$

$$= 2.566m$$

箍筋根数 ＝（净跨长度 － 50×2）/箍筋间距 ＋1

$$= (7200 - 450 - 50 \times 2)/200 + 1$$

$$= 6650/200 + 1$$

$$= 34（根）$$

2#箍筋长度 $= \big[（基础梁宽度 - 保护层厚度 \times 2 - 2d - 2 \times D_主/2）/3 + 2 \times D_主/2 + 2d\big] \times 2 +（基础梁高度 - 下保护层厚度 - 上保护层厚度）\times 2 + 1.9d \times 2 + \max（10d,75\mathrm{mm}）\times 2$

$$= \{\big[（500 - 2 \times 40 - 2 \times 12 - 2 \times 25/2）/3 \times 1 + 2 \times 25/2\big] \times 2 +（800 - 40 - 40）\times 2 + 4 \times 12 + 1.9 \times 12 \times 2 + \max（10 \times 12,75）\times 2\}\mathrm{mm}$$

$$=（149 \times 2 + 740 \times 2 + 48 + 45.6 + 240）\mathrm{mm}$$

$$= 2.072\mathrm{m}$$

2#箍筋根数 = 1#箍筋根数 = 34（根）。

（2）左悬挑跨箍筋

左悬挑跨 1#箍筋长度 = 2.566m

左悬挑跨 1#箍筋根数 =（1200 - 450/2 - 40 - 50）/200 + 1

$$= 885/200 + 1$$

$$= 5（根）$$

左悬挑跨 2#箍筋长度 = 2.072m

左悬挑跨 2#箍筋根数 = 左悬挑跨 1#箍筋根数 = 5（根）

（3）第二跨

1#箍筋长度 = 2.566m

1#箍筋根数 = 34（根）

2#箍筋长度 = 2.072m

2#箍筋根数 = 34（根）

（4）右悬挑跨箍筋

右悬挑跨 1#箍筋长度 = 2.566m

右悬挑跨 1#箍筋根数 = 5（根）

右悬挑跨 2#箍筋长度 = 2.072m

右悬挑跨 2#箍筋根数 = 5（根）

（5）交接处基础梁箍筋

1）与支座交接处 1 的箍筋

交接处 1 的 1#箍筋长度 = 2.566m，2#箍筋长度 = 2.074m。

交接处 1 的 1#、2#箍筋根数 = 支座宽度/200 - 1

$$= 450/200 - 1$$

$$= 2（根）$$

2）与支座交接处 2 的箍筋

交接处 2 的 1#箍筋长度 = 2.566m，2#箍筋长度 = 2.074m。

交接处 2 的 1#、2#箍筋根数 = 支座宽度/200 - 1

$$= 450/200$$

$$= 2（根）$$

3）与支座交接处 3 的箍筋

交接处 3 的 1#箍筋长度 = 2.566m，2#箍筋长度 = 2.072m。

交接处 3 的 1#、2#箍筋根数 = 2 根

箍筋根数合计 = 第一跨根数 + 第二跨根数 + 左悬挑跨根数 + 右悬挑跨根数 + 与支座交接处 1 的箍筋根数 + 与支座交接处 2 的箍筋根数 + 与支座交接处 3 的箍筋根数

$$= 34 + 34 + 5 + 5 + 2 + 2 + 2$$
$$= 84（根）$$

4. 第二跨左支座非贯通筋 4Φ25

第二跨左支座非贯通筋长度 = 2 × max（第一跨净跨长，第二跨净跨长）/3 + 支座宽度

$$= \{2 \times \max[(7200 - 450),(7200 - 450)]/3 + 450\}\text{mm}$$
$$= 4.95\text{m}$$

5. 钢筋工程量汇总

基础梁钢筋工程量汇总见表 6-20。

表 6-20　基础梁钢筋工程量汇总表

钢筋类别	单根梁中钢筋数量/根	单根钢筋长度/m	每米钢筋理论质量/（kg/m）	单根钢筋质量/kg	筏形基础中钢筋总质量/kg	接头/个
上部通长筋	4	17.32	3.85	66.682	266.73	8
下部通长筋	4	17.32	3.85	66.682	266.73	8
中间支座非贯通筋	4	4.95	3.85	19.058	76.23	
1#箍筋	84	2.566	0.888	2.279	191.44	
2#箍筋	84	2.072	0.888	1.839	154.48	
合计					955.61	

知识链接：基础是建筑物的组成部分，它承受着建筑物的全部荷载，并将其均匀地传给地基。基础按构造形式分为独立基础、条形基础、筏板基础、箱型基础和桩基础。

基础按其埋置深度大小分为浅基础和深基础。从经济角度看，基础埋深越小，工程造价越低。但基础对其底面的土有挤压作用，为防止基础因此产生滑移而失去稳定，基础需要足够厚度的土层来包围，因此基础应有一个合适的埋深，既能保证建筑物的坚固稳定，又能节约钢材，加快施工。基础的埋深不应小于 500mm。

能力模块内容回顾

本能力模块主要内容是：独立基础、条形基础、桩基承台和筏形基础的钢筋计量。

　　具体内容为：独立基础分为 X 向底板钢筋和 Y 向底板钢筋计量。条形基础分为基础底板受力钢筋和分布钢筋计量。桩基承台基础分为 X 向承台底板钢筋和 Y 向承台底板钢筋计量。筏形基础分为筏形基础平板和基础梁钢筋计量。基础平板钢筋分为底部通长钢筋（X 方向、Y 方向），顶部通长钢筋（X 方向、Y 方向）、板底非贯通纵筋、封边构造（U 形构造封边、纵筋弯钩交错封边）钢筋。

模 拟 测 试

　　1. 完成附录所示工程中筏形基础平板 LPB 的钢筋计量。

　　筏形基础混凝土采用 C30，工程抗震设防烈度为 7 度，钢筋定尺长度为 8m，采用机械连接方式。

　　其余条件同附录所示工程。

　　2. 完成附录所示工程中 JL1 的钢筋计量。

　　筏形基础混凝土采用 C30，工程抗震设防烈度为 7 度，钢筋定尺长度为 8m，采用机械连接方式。

　　其余条件同附录所示工程。

　　3. 完成附录所示工程中 JL2 的钢筋计量。

　　筏形基础混凝土采用 C30，工程抗震设防烈度为 7 度，钢筋定尺长度为 8m，采用机械连接方式。

　　其余条件同附录所示工程。

　　4. 完成附录所示工程中 JL3 的钢筋计量。

　　筏形基础混凝土采用 C30，工程抗震设防烈度为 7 度，钢筋定尺长度为 8m，采用机械连接方式。

　　其余条件同附录所示工程。

模块七　楼梯钢筋计量

模块导读

本模块主要介绍楼梯的钢筋计量。

模块内容以楼梯构件为载体，遵循"楼梯体系—楼梯平法识图—楼梯钢筋构造图解—楼梯钢筋计量—楼梯钢筋计量实训"的体系化能力构建流程，系统阐述楼梯钢筋计量的步骤、方法和技巧。

能力模块学习目标

通过对本能力模块的学习，要求掌握楼梯平法施工图制图规则，掌握 AT 型楼梯钢筋计量的原则、方法、流程、技巧。通过本书中楼梯钢筋计量实训案例的学习，要求能结合实际工程图纸熟练地进行楼梯钢筋的计量。

能力单元1　楼梯平法识图

7.1　楼梯的分类及构成

钢筋混凝土楼梯的楼梯段和平台（楼层平台和中间平台）浇筑在一起，整体性好，刚度大，坚固耐久。

楼梯按结构形式不同，分为板式楼梯（图 7-1）和梁板式楼梯（图 7-2）。板式楼梯由梯段板、平台板和平台梁组成。梁板式楼梯由踏步板、斜梁、平台板和平台梁组成。

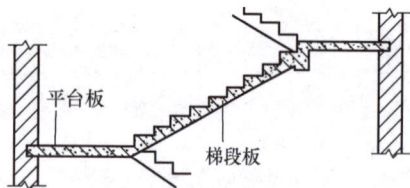

图 7-1　板式楼梯

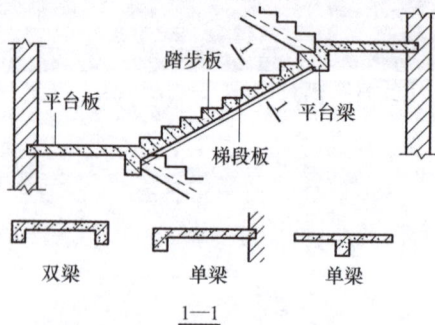

图 7-2　梁板式楼梯

板式楼梯的荷载传递路径为：梯段上的均布荷载传递给平台梁，平台梁同时承受梯段板和平台板传递的均布荷载，最终平台梁以集中荷载的形式将其传递给楼梯间墙（柱）。

7.2　板式楼梯平法识图

按平法设计绘制的楼梯施工图由楼梯平法施工图和标准构造详图两部分组成。现浇混凝土板式楼梯平法施工图有平面注写、剖面注写和列表注写方式三种。

7.2.1　楼梯类型

楼梯类型见表7-1。

表7-1　楼梯类型

梯板代号	适用范围	
	抗震构造措施	适用结构
AT、BT	无	框架结构、剪力墙结构、砌体结构
CT、DT	无	框架结构、剪力墙结构、砌体结构
ET、FT	无	框架结构、剪力墙结构、砌体结构
GT	无	框架结构
HT		框架结构、剪力墙结构、砌体结构
ATa、ATb、ATc	有	框架结构

1. AT～ET 型板式楼梯（图7-3～图7-7）

AT～ET 型板式楼梯代号代表一段带上下支座的梯板。梯板的主体为踏步段，还可包括低端平板、高端平板和中位平板。AT～ET 梯板的截面形状见表7-2。

表7-2　AT～ET 梯板的截面形状

梯板代号	组成内容
AT	踏步段
BT	低端平板、踏步段
CT	高端平板、踏步段
DT	低端平板、高端平板、踏步段
ET	低端踏步段、中位平板、高端踏步段

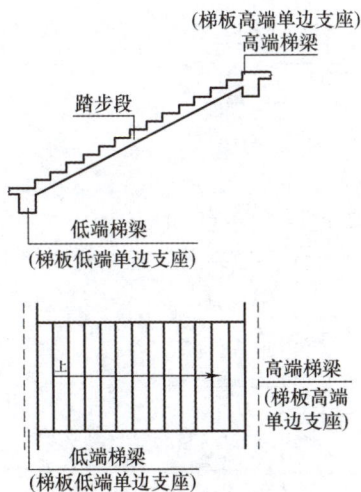

图7-3　AT 型楼梯　　　　　　　图7-4　BT 型楼梯

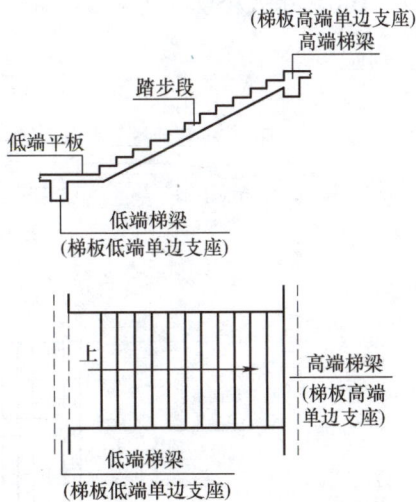

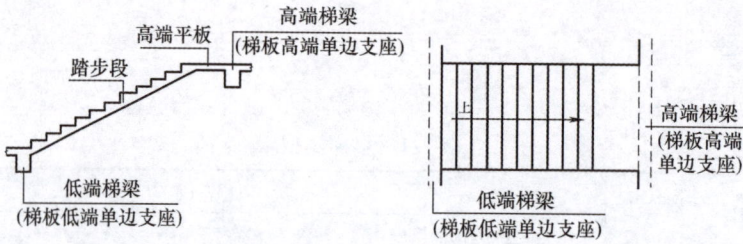

图 7-5　CT 型楼梯

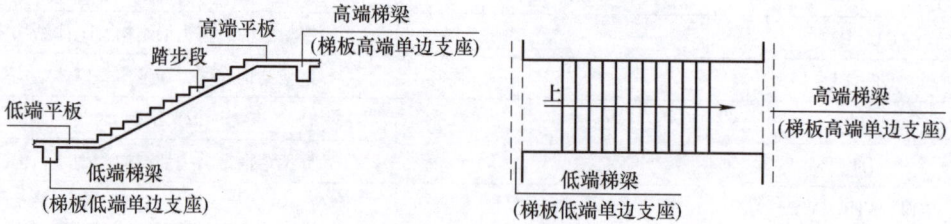

图 7-6　DT 型楼梯

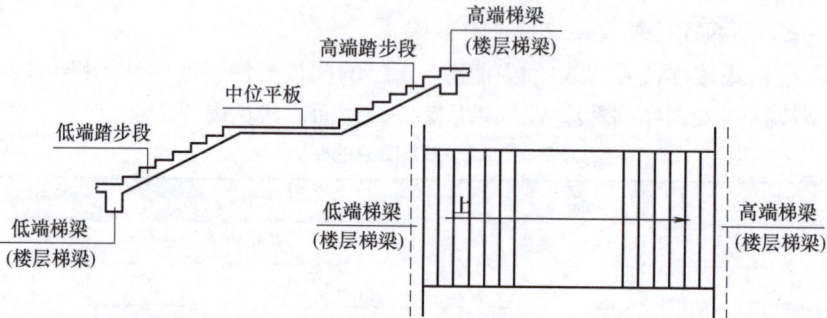

图 7-7　ET 型楼梯

AT ~ ET 型梯板的两端分别以（低端和高端）梯梁为支座，采用该组板式楼梯的楼梯间内部既要设置楼层梯梁，也要设置层间梯梁（其中 ET 型梯板两端均为楼层梯梁），以及与其相连的楼层平台板和层间平台板。

2. FT ~ HT 型板式楼梯（图 7-8 ~ 图 7-10）

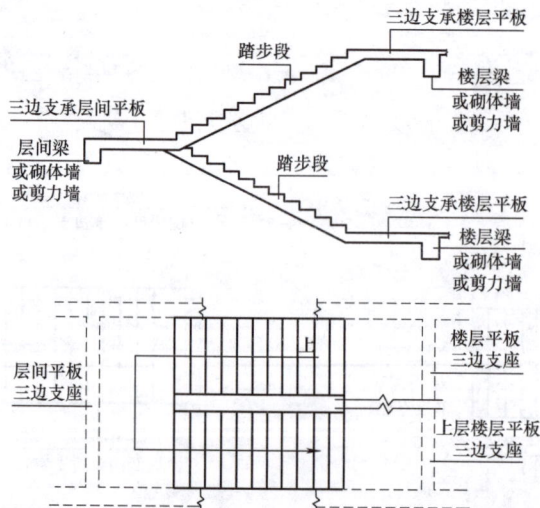

图 7-8　FT 型楼梯

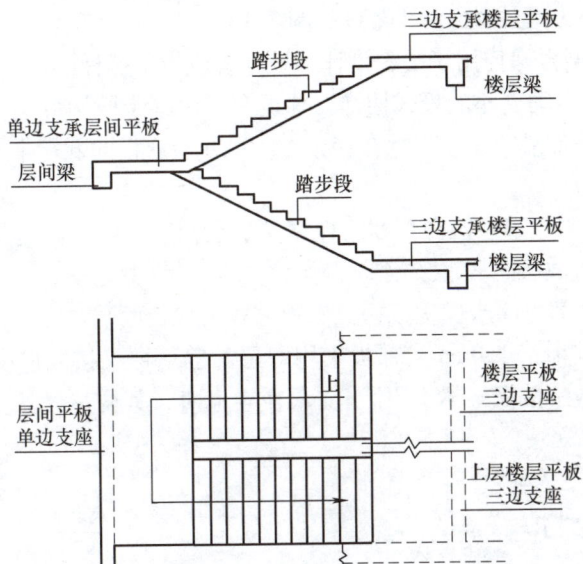

图 7-9 GT 型楼梯

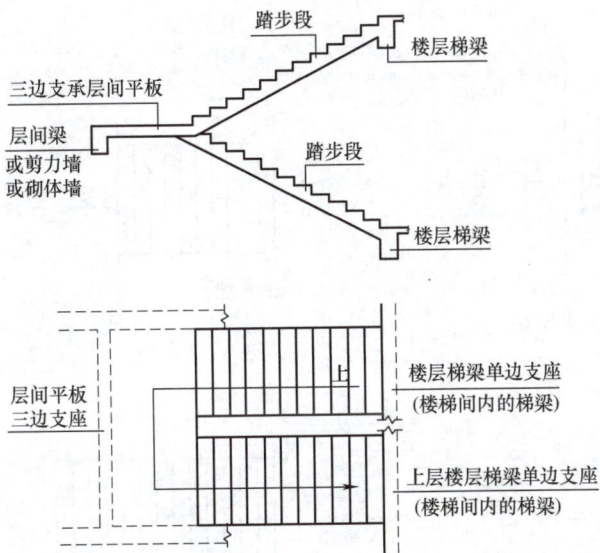

图 7-10 HT 型楼梯

FT ~ HT 型楼梯代号代表两跑踏步段和连接它们的楼层平板及层间平板，见表7-3。

表 7-3 FT ~ HT 型楼梯梯板构成及支承方式

梯板代号	层间平板端	楼层平板端	构成内容
FT	三边支承	三边支承	层间平板、踏步段、楼层平板
GT	单边支承	三边支承	
HT	三边支承	—	层间平板、踏步段

特别提示： 表7-3中 HT 型梯板踏步段端（楼层处）采用单边支承（在梯梁上）。

3. ATa、ATb、ATc 型楼梯（图 7-11 ~ 图 7-13）

ATa、ATb、ATc 型楼梯均用于抗震设计，设计者应指定楼梯的抗震等级。

ATa、ATb 型为带滑动支座的板式楼梯，梯板全部由踏步段构成，梯板高端支承在梯梁上，ATa 型梯板的低端带滑动支座支承在梯梁上，ATb 型梯板的低端带滑动支座支承在梯梁的挑板上。

ATa、ATb 型梯板采用双层双向配筋。梯梁支承在梯柱上时，其构造做法同框架梁 KL；支承在梁上时，其构造做法同非框架梁 L。

ATc 型板式楼梯全部由踏步段构成，其支承方式为梯板两端均支承在梯梁上。梯板厚度应按计算确定，且不宜小于 140mm。梯板采用双层配筋。梯梁按双向受弯构件计算，当支承在梯柱上，其构造做法按框架梁 KL；当支承在梁上时，其构造做法按非框架梁 L。平台板也按双层双向配筋。

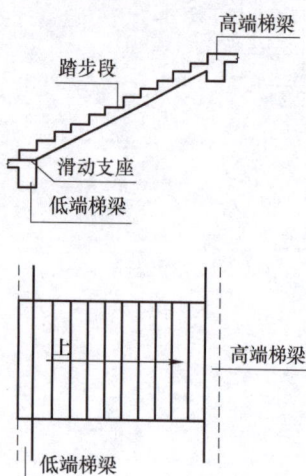

图 7-11　ATa 型楼梯

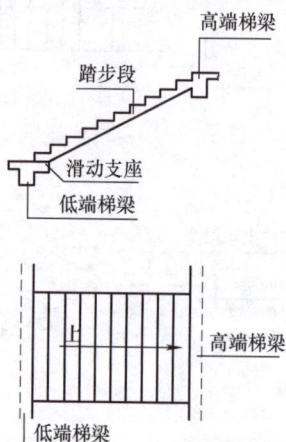

图 7-12　ATb 型楼梯

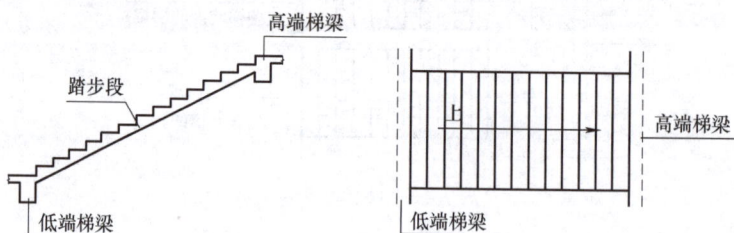

图 7-13　ATc 型楼梯

7.2.2　平面注写方式

楼梯平面注写方式包括集中标注和外围标注。

1. 楼梯集中标注

（1）梯板类型代号与序号，如 AT××。

（2）梯板厚度，注写为 $h = × × ×$。当为带平板的梯板且梯段板厚度和平板厚度不同时，可在梯段板厚度后面的括号内以字母 P 打头注写平板厚度。如"$h = 120$（P150）"表示梯段板厚度 120mm，梯板平板段的厚度 150mm。

（3）踏步段总高度和踏步级数间以"/"分隔。

（4）梯板支座上部纵筋与下部纵筋间以";"分隔。

（5）梯段分布筋，以 F 打头注写分布钢筋具体值，该项也可在图中统一注明。

2. 楼梯外围标注

楼梯外围标注包括楼梯间的平面尺寸、楼层结构标高、层间结构标高、楼梯的上下方向、梯板的平面几何尺寸、平台板配筋、梯梁及梯柱配筋等。

7.2.3　剖面注写方式

楼梯剖面注写分平面注写和剖面注写两部分内容。

平面注写包括楼梯间的平面尺寸、楼层结构标高、层间结构标高、楼梯的上下方向、梯板的平面几何尺寸、梯板类型及编号、平台板配筋、梯梁及梯柱配筋等。

剖面注写包括梯板集中标注、梯梁梯柱编号、梯板水平及竖向尺寸、楼层结构标高、层间结构标高等。

7.2.4　列表注写方式

用列表注写梯板截面尺寸和配筋具体数值来表达楼梯施工图的方式称为列表注写。列表注写方式的具体要求同剖面注写方式，仅将剖面注写方式中的梯板集中标注内容中的梯板配筋注写改为列表注写即可。梯板列表格式见表 7-4。

表 7-4　梯板列表格式

梯板编号	踏步段总高度/踏步级数	板厚	上部纵向钢筋	下部纵向钢筋	分布筋

7.2.5　楼梯识图案例

【案例 7-1】　完成图 7-14 所示的楼梯配筋图的识图。

【解】　（1）图中集中标注的信息

图中标注的 1 号楼梯是 AT 型板式楼梯。

梯板板厚 $h=120$mm。

踏步段总高度为 1950mm。

踏步级数 13 级。

梯板上部纵筋Φ10@200，即直径为 10mm 的 HPB300 钢筋，间距 200mm。

梯板下部纵筋Φ12@200，即直径为 12mm 的 HPB300 钢筋，间距 200mm。

梯板分布筋为Φ8@200，梯板下部纵筋和梯板上部纵筋的分布筋为直径 8mm 的 HPB300 钢筋，间距 200mm。

（2）楼梯外围标注的信息

楼梯间的平面尺寸：楼梯间的长度 7760mm，宽度 4200mm。

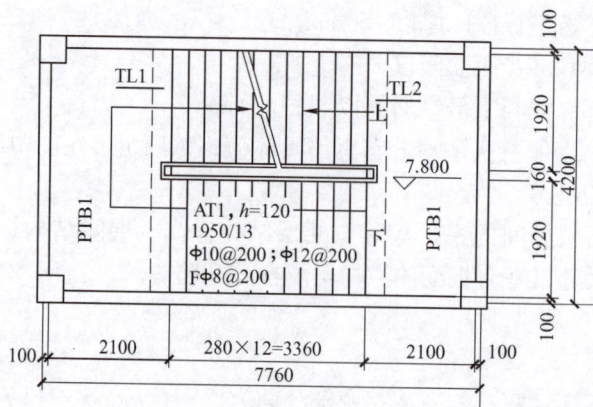

a) 平面图

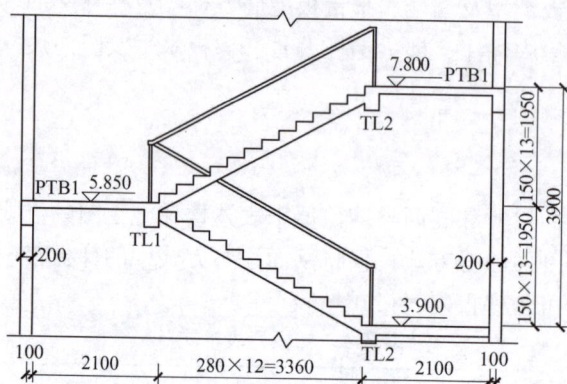

b) 剖面图

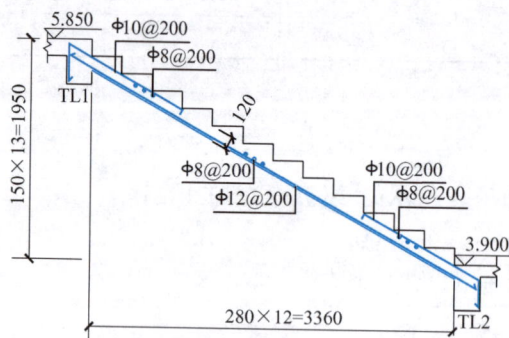

c) 楼梯板配筋图

图 7-14　某楼梯配筋图

结构标高：低端平台板的标高为 3.90m，高端平台板的标高为 5.85m，梯段高度
（5.85 – 3.90）m = 1.95m。

梯板的平面几何尺寸：踏步宽度为 280mm，共 12 个踏步；梯段的长度为 280mm × 12 =
3360mm，梯段宽度为 1920mm；楼梯休息平台宽度为 2100mm；楼梯井宽 160mm。

能力单元 2 楼梯钢筋计量

7.3 板式楼梯钢筋构造图解

AT 型楼梯板配筋构造如图 7-15 所示。上部纵筋有条件时可直接伸入平台板内锚固，从支座内边算起总锚固长度不小于 l_a。反之，当设计按铰接情况考虑时，上部纵筋锚固长度 $\geqslant 0.35l_{ab}$ 且伸至支座对边后再向下弯折 $15d$；当设计按充分考虑发挥钢筋抗拉强度考虑时，上部纵筋锚固长度 $\geqslant 0.6l_{ab}$ 且伸至支座对边后再向下弯折 $15d$。

当采用 HPB300 光面钢筋时，除梯板上部纵筋的跨内端头做 90°直角弯钩外，所有末端应做 180°的弯钩，每个 180°弯钩长度为 6.25d。

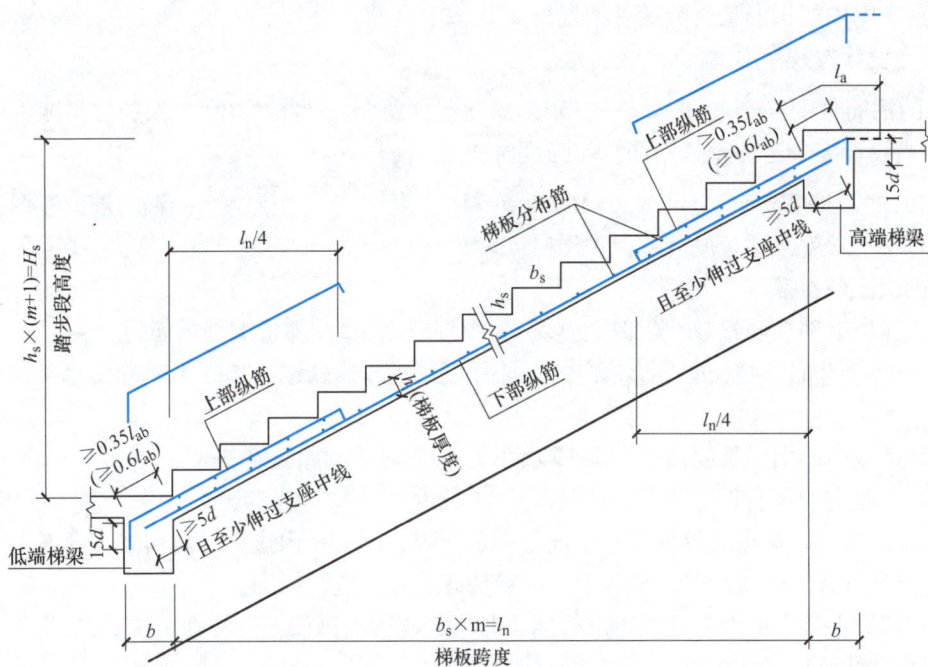

图 7-15　AT 型楼梯板配筋构造图

7.4 板式楼梯钢筋计量

板式楼梯钢筋包括梯板下部钢筋和梯板上部钢筋。

7.4.1 梯板下部钢筋计量

1. 梯板下部纵筋

梯板下部纵筋根数 =（梯板宽度 - 保护层厚度×2）/梯板下部纵筋间距 +1

梯板下部纵筋长度 = 楼梯板内的钢筋长度 + 支座内的钢筋长度

式中

楼梯板内的钢筋长度 = $\sqrt{梯板水平投影尺寸^2 + 梯板铅垂方向尺寸^2}$；

支座内的钢筋长度 = max(5d,低端梯梁斜向宽度/2) + max(5d,高端梯梁斜向宽度/2)。

2. 梯板下部纵筋分布筋

梯板下部纵筋分布筋根数 = 梯板下部纵筋分布筋布筋范围/布筋间距 + 1

梯板下部纵筋分布筋长度 = 梯板宽度 − 保护层厚度 × 2

7.4.2 梯板上部钢筋计量

1. 梯板上部纵筋（低端）

梯板上部纵筋根数 =(梯板宽度 − 保护层厚度 × 2)/梯板上部纵筋间距 + 1

梯板上部纵筋长度 = 梯板内的钢筋长度 + 支座内的钢筋长度 + 弯折长度

式中

（1）梯板内的钢筋长度是指图 7-15 所示 l_n/4 所对应的斜长度。

（2）支座内的钢筋长度分两种情况

1）当设计按铰接考虑时，

支座内的钢筋长度 = max $\left(0.35l_{ab} + 15d, \sqrt{支座宽度^2 + 平台板厚度^2} − 保护层厚度 + 15d\right)$

2）当设计充分考虑发挥钢筋抗拉强度时，

支座内的钢筋长度 = max $\left(0.6l_{ab} + 15d, \sqrt{支座宽度^2 + 平台板厚度^2} − 保护层厚度 + 15d\right)$

（3）弯折长度 = 梯板厚度 − 保护层厚度 × 2

2. 梯板上部纵筋（高端）

梯板上部纵筋根数 =(梯板宽度 − 保护层厚度 × 2)/梯板上部钢筋间距 + 1

梯板上部纵筋长度 = 梯板内的钢筋长度 + 支座内的钢筋长度 + 弯折长度

式中

（1）梯板内的钢筋长度是指图 7-15 所示 l_n/4 所对应的斜长度。

（2）支座内的钢筋长度分两种情况

1）有条件时，梯板上部纵筋直接锚入平台板内，从支座内边算起总锚固长度不小于 l_a。

2）当不符合上述条件时，梯板上部纵筋伸入支座内进行锚固。

（3）梯板上部纵筋伸入支座内进行锚固时，支座内的钢筋长度的确定如下：

1）当设计按铰接考虑时，

支座内的钢筋长度 = max$\left(0.35l_{ab} + 15d, \sqrt{支座宽度^2 + 平台板厚度^2} − 保护层厚度 + 15d\right)$

2）当设计充分考虑发挥钢筋抗拉强度时，

支座内的钢筋长度 = max$\left(0.6l_{ab} + 15d, \sqrt{支座宽度^2 + 平台板厚度^2} − 保护层厚度 + 15d\right)$

（4）弯折长度 = 梯板厚度 − 保护层厚度 × 2

3. 梯板上部纵筋分布筋

梯板上部纵筋分布筋根数 = 梯板上部纵筋分布筋布筋范围/布筋间距 + 1

梯板上部纵筋分布筋长度 = 梯板宽度 − 保护层厚度 × 2

能力单元 3　楼梯钢筋计量实训

【实训】 完成图7-14 所示楼梯的钢筋计量。

已知：楼梯平台板 PTB 厚度 120mm，低端梯梁 TL2 宽 300mm，高端梯梁 TL1 宽 300mm，其余尺寸见图所示；楼梯采用 C30 混凝土现浇，梯板钢筋采用 HPB300。

【理清思路】　梯板钢筋计量分析见表 7-5。

表 7-5　梯板钢筋计量分析

钢筋类型及部位	需要计算的量
梯板下部纵筋	根数、长度、质量
梯板上部纵筋	根数、长度、质量
梯板上部纵筋分布筋	根数、长度、质量
梯板下部纵筋分布筋	根数、长度、质量

【计算基础】　梯板所处环境见表 7-6。

表 7-6　梯板所处环境描述

混凝土强度等级	环境类别	保护层厚度
C30	一级	15mm

【实例体验】　根据混凝土强度等级 C30、钢筋牌号 HPB300，查表 1-12 得基本锚固长度 $l_{ab}=30d$。

1. 梯板下部钢筋计量

（1）梯板下部纵筋 Φ12@200

梯板下部纵筋根数 =（梯板宽度 − 保护层厚度 ×2）/梯板下部纵筋间距 +1

　　　　　　　=（1920 − 15×2）/200 +1

　　　　　　　=10（根）

梯板下部纵筋长度 = 梯板内的钢筋长度 + 支座内的钢筋长度 + 弯钩长度 6.25d×2

　　　　　　　=（3812 + 340 + 6.25×12×2）mm

　　　　　　　=4.302m

式中

梯板内的钢筋长度 = $\sqrt{梯板水平投影尺寸^2 + 梯板铅垂方向尺寸^2}$

　　　　　　　=（$\sqrt{3360^2 + 1800^2}$）mm

　　　　　　　=3812mm

斜向系数 =3812/3360 =1.135

支座内的钢筋长度 = max(5d,低端梯梁斜向宽度/2) + max(5d,高端梯梁斜向宽度/2)

　　　　　　　= max(5d,300×1.135mm/2) + max(5d,300×1.135mm/2)

　　　　　　　=（170 + 170）mm

　　　　　　　=340mm

（2）梯板下部纵筋分布筋 Φ8@200

梯板下部纵筋分布筋根数 = 梯板下部纵筋分布筋布筋范围/布筋间距 +1

　　　　　　　=3812/200 +1

　　　　　　　=20（根）

式中

梯板下部纵筋分布筋布筋范围 $= \sqrt{梯板水平投影尺寸^2 + 梯板铅垂方向尺寸^2}$

$$= (\sqrt{3360^2 + 1800^2})\,mm$$

$$= 3812\,mm$$

梯板下部纵筋分布筋长度 = 梯板宽度 - 保护层厚度 × 2 + 弯钩长度 $6.25d$ × 2

$$= (1920 - 15 × 2 + 6.25 × 8 × 2)\,mm$$

$$= 1.990\,m$$

2. 梯板上部钢筋计量

（1）梯板上部纵筋（低端）Φ10@200

梯板上部纵筋根数 = (梯板宽度 - 保护层厚度 × 2)/板上部纵筋间距 + 1

$$= (1920 - 15 × 2)/200 + 1$$

$$= 10(根)$$

梯板上部纵筋长度 = 梯板内的钢筋长度 + 支座内的钢筋长度 + 弯折长度 + 弯钩长度 $6.25d$

$$= (953 + 458.1 + 90 + 62.5)\,mm$$

$$= 1.564\,m$$

式中

梯板内的钢筋长度 $= \sqrt{梯板水平投影尺寸^2 + 梯板铅垂方向尺寸^2}/4$

$$= 3812/4\,mm$$

$$= 953\,mm$$

支座内的钢筋长度计算按铰接情况考虑。

支座内的钢筋长度 $= \max(0.35l_{ab} + 15d, \sqrt{支座宽度^2 + 平台板厚度^2} - 保护层厚度 + 15d)$

$$= \max(0.35 × 30 × 10 + 15 × 10, \sqrt{300^2 + 120^2} - 15 + 15 × 10)\,mm$$

$$= \max(255, 458.1)\,mm$$

$$= 458.1\,mm$$

弯折长度 = 梯板厚度 - 保护层厚度 × 2

$$= (120 - 15 × 2)\,mm$$

$$= 90\,mm$$

（2）梯板上部纵筋（高端）Φ10@200

梯板上部纵筋根数 = (梯板宽度 - 保护层厚度 × 2)/梯板上部纵筋间距 + 1

$$= (1920 - 15 × 2)/200 + 1$$

$$= 10(根)$$

梯板上部纵筋长度 = 梯板内的钢筋长度 + 支座内的钢筋长度 + 弯折长度 + 弯钩长度 $6.25d$

$$= (953 + 300 + 90 + 62.5)\,mm$$

$$= 1.406\,m$$

式中

梯板内的钢筋长度 $= \sqrt{梯板水平方向投影尺寸^2 + 梯梯板铅垂方向尺寸^2}\big/4$

$$= 3812/4 \text{mm}$$

$$= 953 \text{mm}$$

支座内的钢筋长度计算按在平台板内锚固考虑。

支座内的钢筋长度 $= l_a = l_{ab} = 30 \times 10 \text{mm} = 300 \text{mm}$

弯折长度 = 梯板厚度 - 保护层厚度 $\times 2 = 90 \text{mm}$

（3）梯板上部纵筋分布筋Φ8@200

梯板上部纵筋分布筋长度 = 梯板宽度 - 保护层厚度 $\times 2$ + 弯钩长度 $6.25d \times 2$

$$= (1920 - 15 \times 2 + 6.25 \times 8 \times 2) \text{mm}$$

$$= 1.990 \text{m}$$

梯板上部低端纵筋分布筋根数 = 梯板上部低端纵筋分布筋布筋范围/布筋间距 + 1

$$= (\sqrt{3360^2 + 1800^2}\big/4)/200 + 1$$

$$= 6（根）$$

梯板上部高端纵筋分布筋根数 = 梯板上部高端纵筋分布筋布筋范围/布筋间距 + 1

$$= (\sqrt{3360^2 + 1800^2}\big/4)/200 + 1$$

$$= 6（根）$$

梯板上部分布筋根数（低端和高端）= 6 + 6 = 12（根）

3. 钢筋工程量汇总

楼梯钢筋工程量汇总见表7-7。

表7-7　楼梯钢筋工程量汇总表

钢筋类别	单根构件中钢筋数量/根	单根钢筋长度/m	每米钢筋理论质量/(kg/m)	单根钢筋质量/kg	梯板中钢筋总质量/kg
板下部纵筋	10	4.302	0.888	3.820	38.20
板下部纵筋分布筋	20	1.990	0.395	0.786	15.72
板上部纵筋（低端）	10	1.564	0.617	0.965	9.65
板上部纵筋（高端）	10	1.406	0.617	0.868	8.68
板上部纵筋分布筋	12	1.990	0.395	0.786	9.43
合计					81.68

特别提示：

楼梯是联系建筑物上下层的主要垂直交通设施。

当人们连续上楼梯时，容易疲劳，所以规定一个楼梯段的踏步数一般不应超过18级；又由于人的行走有习惯性，故楼梯段的踏步数也不应少于3级。

踏步的高度，成人以150mm左右为宜，不应高于175mm。踏步的宽度以300mm左右为宜，不应窄于260mm。实际工程中最常用的楼梯踏步宽度和高度是300mm和150mm。

能力模块内容回顾

本能力模块主要内容是：楼梯平法识图、楼梯钢筋构造图解、楼梯钢筋计量等。

具体内容为：AT 型板式楼梯钢筋计量。

AT 型板式楼梯分为梯板下部钢筋和梯板上部钢筋的计量。

模 拟 测 试

1. 完成图 7-16 所示楼梯梯板的钢筋计量。

楼梯平台板 PTB1 厚度 =150mm，梯梁 TL1 宽度 300mm。

楼梯采用 C30 混凝土现浇，梯板钢筋采用 HPB300。

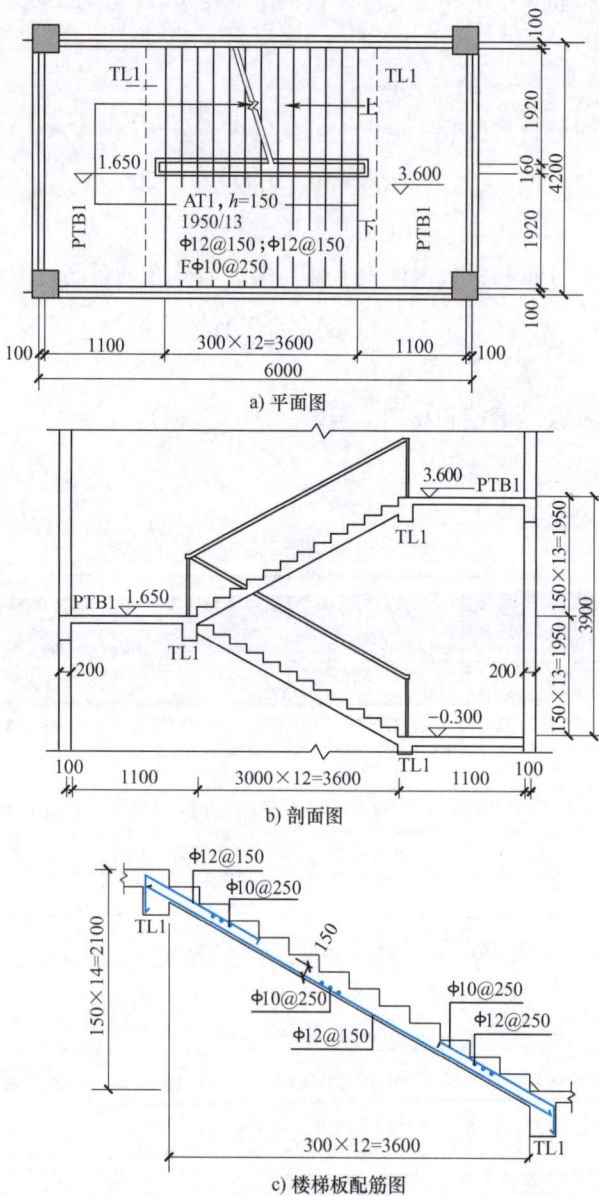

a) 平面图

b) 剖面图

c) 楼梯板配筋图

图 7-16　楼梯配筋图

模块八　钢筋计量软件

模块导读

本模块主要介绍钢筋计量软件的基本操作。

本模块以广联达钢筋抽样软件为例，介绍了该软件在进行钢筋计量时的计量流程、方法和应用。

能力模块学习目标

通过对本能力模块的学习，要求熟悉软件应用流程，熟悉常见结构构件的属性定义和特性设置，掌握不同构件的绘制方法，能依据工程实际图纸进行建筑结构构件的绘制，熟练地查看钢筋量，并能进行钢筋汇总报表的打印。

能力单元 1　钢筋计量软件

随着工程造价改革的不断深入和信息技术在建筑行业内的应用，软件产业得到快速的发展和完善。钢筋计量软件的应用将造价人员从繁杂的重复性工作中解脱出来，其所带来的积极效果是非常显著的。应用钢筋计量软件可以大大提高钢筋计量的效率，方便地进行数据的修改，最终提供制作精美的计量报表。用钢筋计量软件进行建筑结构钢筋的计量是整个行业发展的必然趋势。

行业对钢筋计量软件的核心要求为：

（1）软件必须要符合人工进行钢筋工程量计算的习惯。

（2）软件必须符合国家相关规范和图集的要求。

（3）软件计算结果要准确，也就是必须要达到直观易懂、易校对的要求。

（4）钢筋计量软件必须界面简洁，操作简单，调整灵活。

（5）报表必须要美观、实用，且能够进行自由设计，以满足不同的数据统计需求。

目前市面上的钢筋计量软件很多，本书以广联达钢筋抽样软件 GGJ2009 来介绍钢筋计量软件的计算流程和方法。

8.1　软件启动与退出

8.1.1　软件的启动

有两种方法可以启动 GGJ2009 软件；

方法 1：通过"开始"菜单—"所有程序"—"广联达建设工程造价管理整体解决方案"—"广联达钢筋抽样 GGJ2009"来启动 GGJ2009 软件。

方法 2：通过双击桌面上的"广联达钢筋抽样 GGJ2009"快捷图标来启动软件。

8.1.2 软件的退出

要退出 GGJ2009 软件，有以下两种方法：

方法 1：单击软件界面右上角的"✖"按钮。

方法 2：通过"文件"菜单下的"退出"功能来退出 GGJ2009 软件。

8.2 软件主界面

GGJ2009 软件主界面包括：工程设置页面、绘图输入页面、单构件输入页面和报表预览页面。

8.2.1 工程设置页面

工程设置页面分为六个页签："工程信息"页签、"比重设置"页签、"弯钩设置"页签、"损耗设置"页签、"计算设置"页签和"楼层设置"页签。工程设置页面主要进行工程共有信息的统一设置。

8.2.2 绘图输入页面

绘图输入页面（图 8-1）包括的主要内容有：

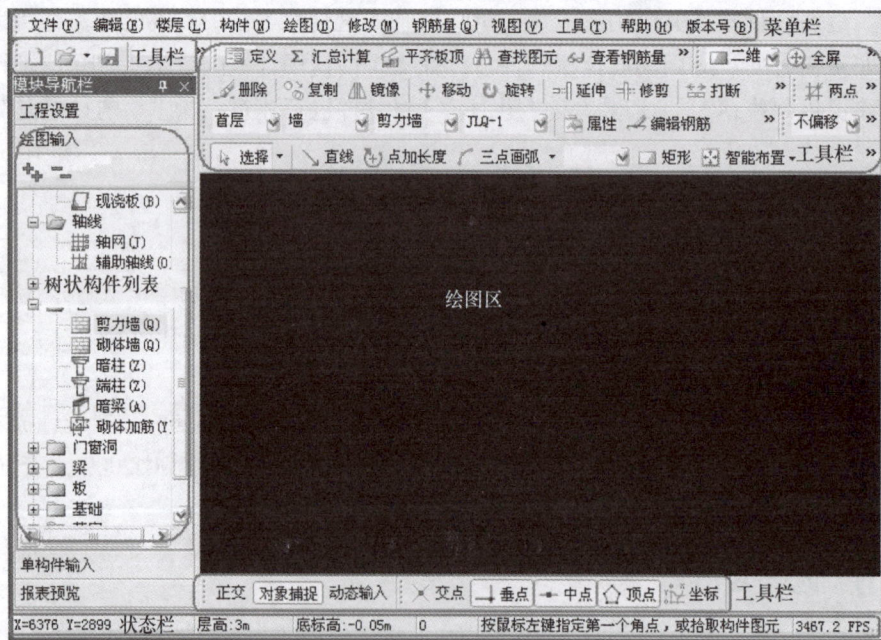

图 8-1　绘图输入页面

1. 标题栏

标题栏从左向右分别显示 GGJ2009 图标、当前所操作的工程文件名称、最小化按钮、最大化按钮和关闭按钮。

2. 菜单栏

点击菜单栏中的每一个菜单名称将会弹出相应的下拉菜单。

3. 工具栏

工具栏包括多项内容，分别为"工程工具栏""常用工具栏""视图工具栏""修改工具栏""轴网工具栏""构件工具栏""偏移工具栏""辅助功能设置工具栏"和"捕捉工具栏"。

4. 树状构件列表

树状构件列表显示了软件中各个构件类型，可以在各个构件间方便地进行切换。

5. 绘图区

绘图区是用户按照工程实例图纸进行绘图的区域。

6. 状态栏

状态栏显示各种状态下的绘图信息。

8.2.3　单构件输入页面

单构件输入钢筋有四种方式：直接输入、梁平法输入、柱平法输入和参数法输入。

1. 直接输入

直接输入法中，在表格内填入钢筋参数后，软件会根据输入的参数计算钢筋工程量。直接输入可以处理所有工程中涉及的钢筋。

2. 梁平法输入

梁平法界面的工具栏如图 8-2 所示。

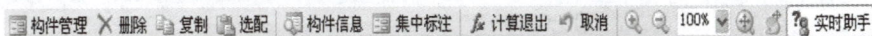

构件管理　删除　复制　选配　构件信息　集中标注　计算退出　取消　100%　实时助手

图 8-2　梁平法界面的工具栏

点击平法梁界面中的"集中标注"，打开"梁集中标注定义"界面（图 8-3），可将梁的集中标注信息录入到软件中。

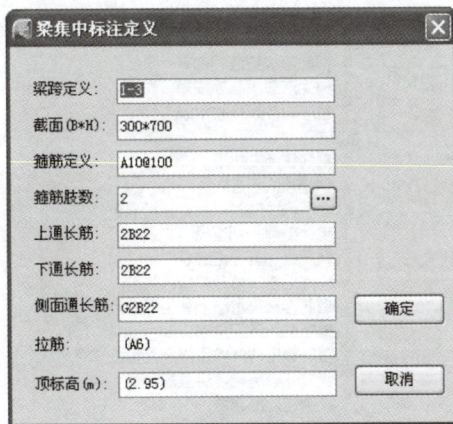

梁集中标注定义

梁跨定义：1~3
截面(B*H)：300*700
箍筋定义：A10@100
箍筋肢数：2
上通长筋：2B22
下通长筋：2B22
侧面通长筋：G2B22　确定
拉筋：(A6)
顶标高(m)：(2.95)　取消

图 8-3　"梁集中标注定义"界面

梁平法表格（图 8-4）中有用于输入和显示平法梁的参数，当然也可以录入梁的原位标注信息。

	跨号	构件尺寸(mm)							上通长筋	左支座钢筋
		标高(m)	A1	A2	A3	A4	跨长	截面(B*H)		
1	1	(2.95)	300	300	300		3000	300*700	2B25	4B25
2	2	(2.95)		300	300		5600	300*700		4B25
3	3	(2.95)		300	300	300	3000	300*700		4B25
4										

图 8-4　梁平法表格界面

3. 柱平法输入

柱平法输入界面的工具栏如图 8-5 所示。

图 8-5　柱平法输入界面的工具栏

点击平法柱界面中的"集中标注"，可将柱中的集中标注信息录入到软件中。

4. 参数法输入

参数法输入就是选择已经定义的参数构件图集，通过输入构件参数、钢筋信息等自动计算钢筋。

8.2.4　报表预览页面

报表共分为定额指标报表、明细表报表和汇总表报表三大类型，如图 8-6 所示。

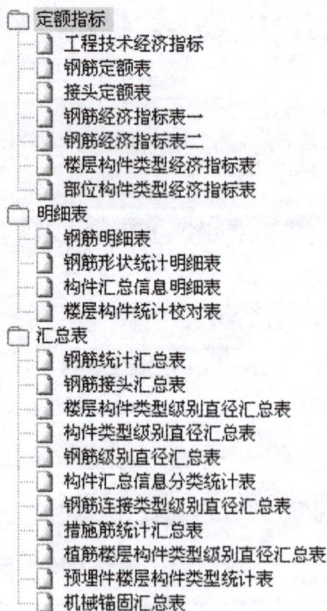

```
📁 定额指标
   📄 工程技术经济指标
   📄 钢筋定额表
   📄 接头定额表
   📄 钢筋经济指标表一
   📄 钢筋经济指标表二
   📄 楼层构件类型经济指标表
   📄 部位构件类型经济指标表
📁 明细表
   📄 钢筋明细表
   📄 钢筋形状统计明细表
   📄 构件汇总信息明细表
   📄 楼层构件统计校对表
📁 汇总表
   📄 钢筋统计汇总表
   📄 钢筋接头汇总表
   📄 楼层构件类型级别直径汇总表
   📄 构件类型级别直径汇总表
   📄 钢筋级别直径汇总表
   📄 构件汇总信息分类统计表
   📄 钢筋连接类型级别直径汇总表
   📄 措施筋统计汇总表
   📄 植筋楼层构件类型级别直径汇总表
   📄 预埋件楼层构件类型统计表
   📄 机械锚固汇总表
```

图 8-6　报表预览页面

8.3 软件应用流程

8.3.1 新建工程

点击【新建向导】按钮，新建一个工程项目。根据所计算实例工程的具体情况，输入工程名称、选择损耗模板、报表类别、计算规则、汇总方式后，点击【完成】按钮即可完成工程的新建。

8.3.2 楼层设置

在左侧导航栏中选择"工程设置"下的"楼层设置"，输入首层的"底标高"，点击【插入楼层】按钮，进行楼层的添加，然后对照实例工程的具体情况输入楼层的层高。

8.3.3 建立轴网

在左侧导航栏中选择"绘图输入"，软件默认定位在"轴网"定义界面。点击【新建】按钮，选择相应的轴网类型，新建一个轴网构件。列表上方的页签默认为"下开间"，对照实例工程图纸输入相应的轴号，在右侧界面的常用值列表中选择需要的数值作为轴网的轴距，并点击【添加】按钮，在列表中会显示所添加的开间轴距。在列表上方的页签中选择"左进深"，对照实例工程图纸输入相应的轴号，在常用值的列表中选择需要的数值作为轴网的轴距，点击【添加】按钮，在列表中会显示所添加的进深轴距。轴网定义完毕后，点击【绘图】按钮，或者在构件列表区域双击鼠标左键，切换到"绘图界面"。在弹出的"请输入角度"界面中输入相应角度，点击【确定】按钮，绘图区域会显示所建立的轴网。

8.3.4 定义构件

以剪力墙的定义为例，介绍软件的操作流程。

在"绘图输入"导航栏中的构件结构列表中选择"剪力墙"，点击【定义】按钮，进入剪力墙的定义界面。点击【新建】按钮，建立剪力墙构件，然后根据实例工程图纸中剪力墙的实际情况输入其属性值。点击【绘图】按钮，回到绘图界面。

8.3.5 绘制构件

继续以剪力墙为例，介绍软件中绘制构件的操作流程。

在绘图界面，点击鼠标左键选择"直线"绘制剪力墙。在轴网中点击鼠标左键，选择剪力墙的起点；然后再点击剪力墙的终点，点击鼠标右键确定，在屏幕的绘图区域内会出现所绘制的剪力墙。

8.3.6 汇总计算

点击"常用菜单栏"中的【汇总计算】按钮，屏幕弹出"汇总计算"界面，点击【计算】按钮，屏幕弹出"计算汇总"的界面；点击【确定】按钮，即可进行汇总计算。

8.3.7 报表打印

在左侧导航栏中先选择"报表预览"中相应的报表，在右侧就会出现报表预览界面，点击【打印】按钮则可打印该张报表。

8.4 构件绘制方法

工程实例软件绘制中，建筑结构可以拆解为不同类型的构件，软件将这些构件分为三类：

（1）点状实体：在软件中为一个点，通过画点的方式绘制，如柱、独立基础、门、窗、墙洞等。

（2）线状实体：在软件中为一条线，通过画线的方式绘制，如墙、梁、条形基础等。

（3）面状实体：在软件中为一个面，通过画一封闭区域的方法绘制。如板、筏形基础平板等。

8.4.1 点式绘制

点式绘制主要适用于点式构件。

具体操作步骤为：在"构件列表"中选择已经定义好的构件，点击"绘图"中的【点】按钮，在绘图区左键点击一点作为构件的插入点，完成绘制。

8.4.2 旋转点式绘图

旋转点式绘图是指在点式绘图的同时通过对实体进行旋转的方法来绘制构件，主要适用于实体旋转一定角度的情况。

操作步骤为：在"构件列表"选择定义好的构件，点击"绘图"中的【旋转点】按钮，在绘图区点击一点作为构件的插入点，按鼠标左键指定第二点确定构件图元的旋转角度即可。

8.4.3 点加长度绘制

使用"点加长度"功能，可以快速绘制一定长度或角度的线性构件图元，如短肢剪力墙。

具体操作步骤为：在构件工具栏或构件列表中选择一种定义好的构件，点击"绘图"中的【点加长度】按钮，在绘图区点击一点作为构件的插入点，在绘图区内按下鼠标左键指定第二点确定角度，软件会弹出"点加长度设置"界面，输入具体的数值，完成操作。

8.4.4 直线绘制

直线绘制主要用于绘制各类线性构件，如墙、梁、条形基础等。

操作步骤为：在"构件列表"中选择一种定义好的线性构件，点击"绘图"中的【直线】按钮，在绘图区连续点击多个位置，完成绘制。

在确定线性构件端点时，如果点不在轴线交点上，可以按住"Shift"键点击基准点打开"输入偏移量"界面进行设置。

8.4.5 矩形画法

矩形画法就是点取一个矩形的对角线两点，一次性画出四道直线或一个矩形的画法。主要用于绘制面状实体，如板、筏形基础平板等。

具体操作步骤为：在"构件列表"中选择一种定义好的面状构件，点击"绘图"中的【矩形】按钮，左键点击矩形对角线的两个点，即可完成绘制。

8.4.6 三点画弧

实际工程中，若遇到非直型的构件（圆弧状的阳台、圆弧墙），可以采用三点画弧的绘制方法。

操作步骤为：在"构件列表"中选择一种已经定义的构件，点击"绘图"中的【三点画弧】按钮，在绘图区域点击不在同一直线上的三个点作为弧线的起点、中间点和终点，完成弧形构件的绘制。

8.5 构件定义和绘制示例

8.5.1 构件定义示例

以附录所示案例工程图纸中的 KZ3 为例，进行构件的定义和特性设置。

点击工具栏"构件"下的【定义】按钮，进入定义界面（图 8-7、图 8-8）。软件钢筋信息中 A 表示 HPB300 钢筋、B 表示 HRB335 钢筋。

	属性名称	属性值	附加
1	名称	KZ-3	
2	类别	框架柱	☐
3	截面编辑	否	
4	截面宽(B边)(mm)	400	☐
5	截面高(H边)(mm)	400	☐
6	全部纵筋		
7	角筋	4B25	
8	B边一侧中部筋	2B22	☐
9	H边一侧中部筋	2B22	☐
10	箍筋	A10@100/200	☐
11	肢数	4*4	
12	柱类型	(中柱)	☐
13	其它箍筋		
14	备注		☐
15	⊞ 芯柱		
20	⊞ 其它属性		
33	⊞ 锚固搭接		

图 8-7 柱构件属性定义界面

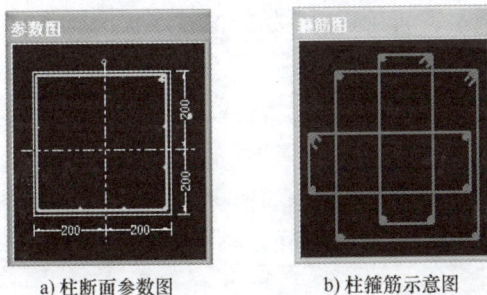

a) 柱断面参数图 b) 柱箍筋示意图

图 8-8 定义好属性信息的柱参数及箍筋图

8.5.2　构件绘制示例

附录所示案例工程图纸中的柱 KZ3 构件定义好后，开始进行柱构件的绘制。

（1）点击工具栏"构件"中的【绘图】按钮，进入绘图界面。

（2）由于柱属于点式构件，所以采用"点式绘制"方法进行柱的绘制。

"点式绘制"操作步骤：在"构件列表"中选择定义好的 KZ3 构件，点击"绘图"中的【点】按钮，在绘图区左键点击一点作为构件的插入点，完成绘制。

（3）如果构件的插入点不是轴线的交点或处于偏轴状态，那么可以采用偏移插入点画法。即在按下键盘"Shift"键的同时点击鼠标左键，则会弹出图 8-9 所示的界面。按照实际工程图纸中的偏移值输入后点击【确定】按钮即可。

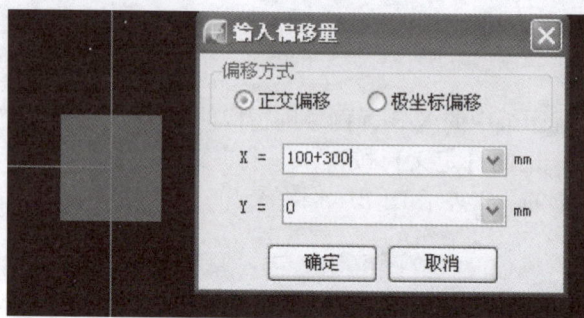

图 8-9　偏移插入点画法界面

8.6　查看钢筋量和汇总报表

8.6.1　查看钢筋量

当所有的构件绘制完毕，使用"汇总计算"功能来统计钢筋工程量。

在菜单栏点击"钢筋量"中的"汇总计算"；选择需要汇总的楼层及范围，点击【计算】按钮，开始计算。

汇总计算后，要在绘图区查看选中构件钢筋总量的操作步骤是：在菜单栏点击"钢筋量"中的"查看钢筋量"，在绘图区域选择需要图元，软件会弹出"查看钢筋量表"界面。

8.6.2　汇总报表

报表共分为定额指标报表、明细表报表和汇总表报表三大类报表。

1. 定额指标报表

定额指标报表中包含的七张报表都与经济指标有关。

2. 明细表报表

明细表报表中包含四张报表。其中，钢筋形状统计明细表用于统计当前工程中各种形状的钢筋的数量、长度、质量，该表显示钢筋的级别、直径、形状、根数、单长、总长、单根质量、总质量信息。

3. 汇总表报表

汇总表报表中包含十一张报表，报表名称如图 8-6 所示。

能力模块内容回顾

本能力模块主要介绍了广联达钢筋抽样软件的基本操作。主要内容包括：软件的应用流程，常见结构构件的属性定义和特性设置，不同构件的绘制方法，钢筋工程量的查看，钢筋汇总报表的打印。

附 录

图纸说明

一、工程概况

1. 本工程为某市综合楼工程，建筑占地面积 503.73m²，建筑面积为 1511.20m²。
2. 建筑结构形式：钢筋混凝土三层框架结构。
3. 结构合理使用年限为 50 年，结构安全等级为二级，基础设计等级为丙级。
4. 工程为三层钢筋混凝土框架结构，场地土类别为 III 类。
5. 工程抗震设防烈度为 7 度，设计基本地震加速度 0.05g，按三级抗震等级设计。
6. 基本风压为 0.50kN/m²，基本雪压为 0.30kN/m²。
7. 混凝土环境类别为一类。
8. 建筑耐火等级为二级；屋面防水等级为 III 级，建筑耐久性等级为 II 级。
9. 图中尺寸以"mm"为单位，标高以"m"为单位。

二、设计规范

1. 《混凝土结构设计规范》（GB 50010—2010）。
2. 《建筑结构可靠度设计统一标准》（GB 50068—2001）。
3. 《建筑地基基础设计规范》（GB 50007—2011）。
4. 《建筑结构荷载规范》（GB 50009—2012）。
5. 《建筑工程抗震设防分类标准》（GB 50223–2008）。

三、其他

1. 混凝土
基础垫层：C10。
基础、梁、柱、板、楼梯：C30。
2. 构件主钢筋保护层

构件类别	保护层厚度/mm
楼板、墙	15
梁	20
柱	20
基础（梁）	40

3. 图中Φ表示 HPB300 钢筋；Φ表示 HRB335 钢筋。
4. 板配筋图中，未注明板厚为 120mm，未注明板支座非贯通筋为Φ10@150。

5. 结构层楼面标高

屋面	11. 37	
3	7.77	3. 6
2	4. 17	3. 6
1	− 0. 03	4. 2
−1	− 2. 53	2. 5
层号	标高/m	层高/m

6. 钢筋其他未尽事宜详见钢筋混凝土平面整体表示方法图集（11G101 系列）。

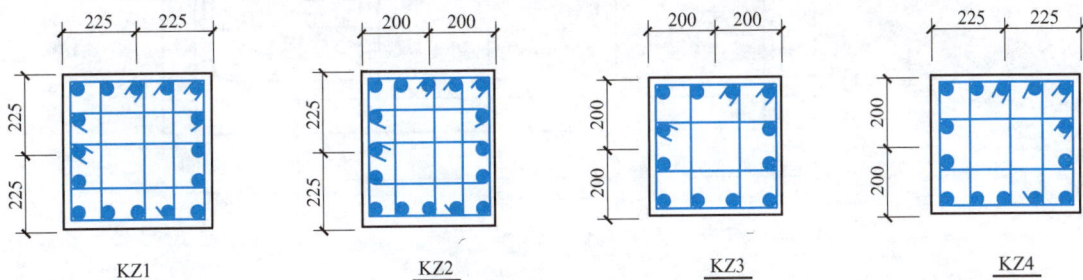

框架柱配筋基础数据

柱号	标高	$b \times h$	b_1	b_2	h_1	h_2	角筋	b边一侧中部筋	h边一侧中部筋	箍筋类型号	箍筋
KZ1	−2.53∼11.37	450×450	225	225	225	225	4Φ25	3Φ25	3Φ25	5×5	Φ10@100/200
KZ2	−2.53∼11.37	400×450	200	200	225	225	4Φ25	3Φ22	3Φ22	5×5	Φ10@100/200
KZ3	−2.53∼11.37	400×400	200	200	200	200	4Φ25	2Φ22	2Φ22	4×4	Φ10@100/200
KZ4	−2.53∼11.37	450×400	225	225	200	200	4Φ25	3Φ22	2Φ25	5×4	Φ10@100/200

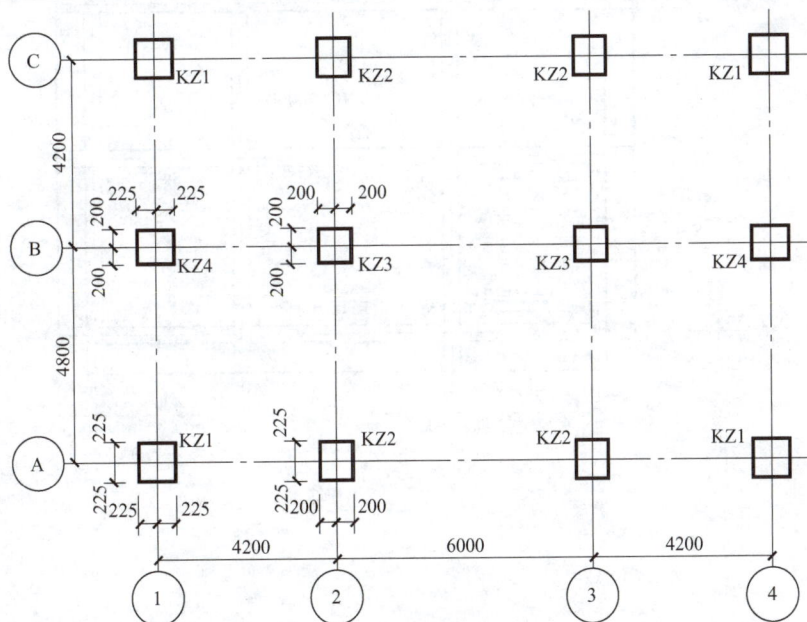

柱布置平面图

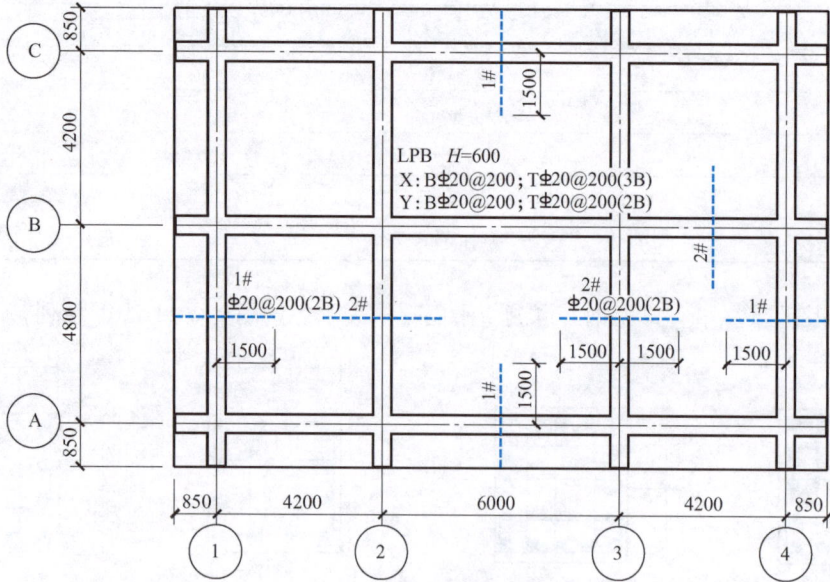

筏形基础板配筋图

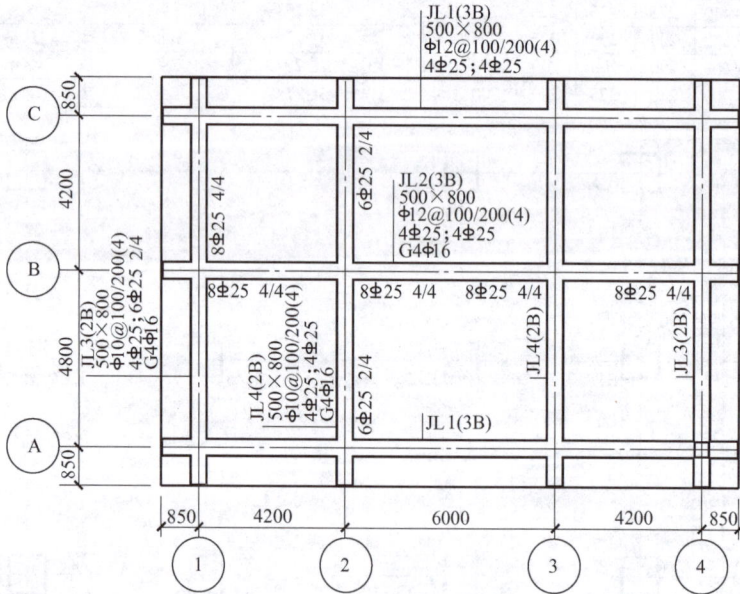

基础梁配筋图

KL1(3)
300×600
Φ10@100/200(2)
4Φ25；6Φ25 2/4
N4Φ16

6Φ25 4/2　　　　6Φ25 4/2

C

L1(1)
250×400
Φ8@200(2)
2Φ20；2Φ20
(+0.1)

2Φ25+2Φ22

4Φ22

6Φ22 2/4

4Φ10　　2Φ18

KL2(3)
300×600
Φ10@100/200(4)
2Φ25+(2Φ14)；4Φ25
G4Φ12

B

4Φ25　　　　4Φ25

4Φ25　　　4Φ25

KL4(2)
300×600
Φ10@100/200(4)
2Φ25+(2Φ14)
G4Φ12

4Φ25

4Φ25

KL5(2)
300×600
Φ10@100/200(4)
4Φ25

4Φ25

KL3(2)
300×600
Φ10@100/200(4)
2Φ25+(2Φ14)；4Φ25
N4Φ16

KL6(2)
300×600
Φ10@100/200(4)
4Φ25；6Φ25

KL7(2)
300×600
Φ10@100/200(4)
4Φ25；4Φ25

A

2Φ25+2Φ22

2Φ25+2Φ22 4Φ25

4Φ25 2Φ25+2Φ22

1　　　　2　　　　3　　　　4

4200　　　　6000　　　　4200

4200

4800

一层梁配筋图(4.17标高)

C

1#　　1#　　2#　　1#　　2#　　1#

Φ8@150　　Φ8@150　　Φ10@150　　Φ8@150　　Φ8@150

Φ8@150　　Φ8@150　　Φ10@150　　Φ8@150　　Φ8@150

Φ8@150　　Φ10@150　　Φ8@150　　1#

B

2#　　2#　　2#　　2#

Φ10@150　　Φ12@150　　Φ10@150

Φ10@150　　Φ10@150　　Φ12@150　　Φ12@150　　Φ10@150　　Φ10@150

1#　　Φ10@150　　2#　　Φ12@150　　Φ10@150　　1#

A

1#　　1#　　1250　1250　　1#　　1#　　1250

1　　　　2　　　　3　　　　4

4200　　　　6000　　　　4200

4200

4800

一层板配筋图(4.17标高)

二层梁配筋图(7.77标高)

二层板配筋图(7.77标高)

WKL1(3)
300×500
Φ10@100/200(2)
4Φ22；4Φ22
N4Φ16

6Φ22 4/2   6Φ22 4/2

C

4200

WKL2(3)
300×500
Φ10@100/200(4)
2Φ22+(2Φ14)；4Φ22
G4Φ12

6Φ22 4/2

WKL4(2)
300×500
Φ10@100/200(2)
2Φ22；4Φ22
G4Φ12

4B22

4Φ22   4Φ22   4Φ22   4Φ22

B

4800

WKL5

6Φ22 4/2

WKL5(2)
300×500
Φ10@100/200(4)
2Φ22+(2Φ14)；4Φ22
G4Φ12

WKL4

WKL3(2)
300×500
Φ10@100/200(2)
2Φ22；4Φ22
N4Φ16

6Φ22 4/2

4Φ22   4Φ22   4Φ22   4Φ22

A

4200   6000   4200

① ② ③ ④

层面梁配筋图(11.37标高)

C

4200

Φ10@150   Φ10@150   1#   Φ10@150   Φ10@150

Φ10@150

B

2#   2#

4800

Φ10@150

1#   2#   1#   1#

1250 1250   1250

A

4200   6000   4200

① ② ③ ④

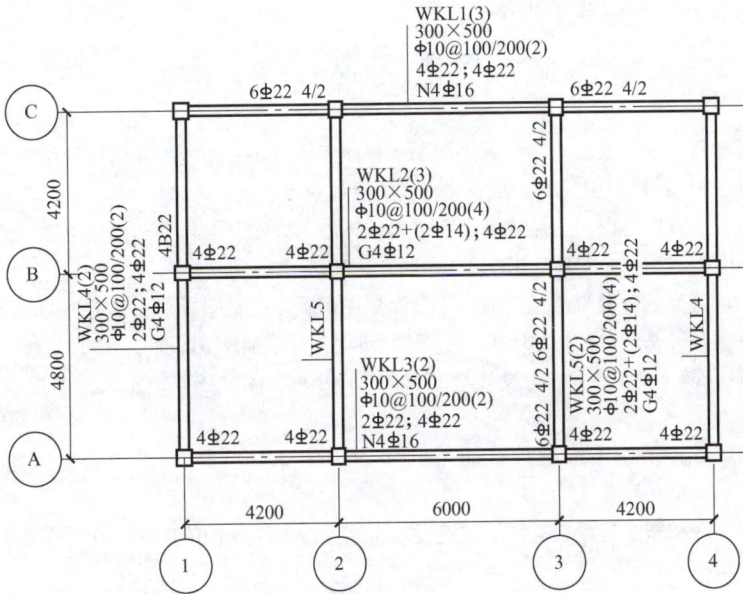

层面板配筋图(11.37标高)

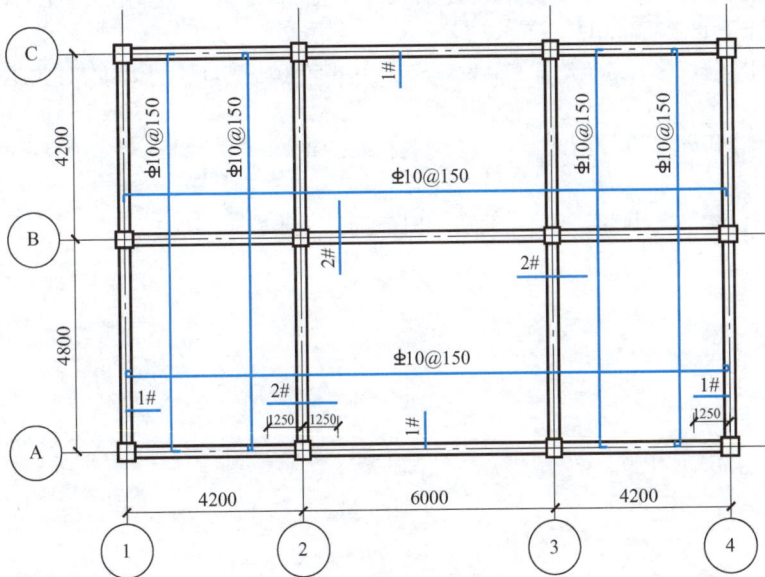

参 考 文 献

［1］中国建筑标准设计研究院．混凝土结构施工图平面整体表示方法制图规则和构造详图（现浇混凝土框架、剪力墙、梁、板）：11G101－1［S］．北京：中国计划出版社，2011．

［2］中国建筑标准设计研究院．混凝土结构施工图平面整体表示方法制图规则和构造详图（现浇混凝土板式楼梯）：11G101－1［S］．北京：中国计划出版社，2011．

［3］中国建筑标准设计研究院．混凝土结构施工图平面整体表示方法制图规则和构造详图（独立基础、条形基础、筏形基础及桩基承台）：11G101－1［S］．北京：中国计划出版社，2011．

［4］中国建筑科学研究院．混凝土结构设计规范：GB 50010—2010［S］．北京：中国建筑工业出版社，2011．

［5］中国建筑科学研究院．建筑抗震设计规范：GB 50011—2010［S］．北京：中国建筑工业出版社，2011．

［6］中华人民共和国住房和城乡建设部．高层建筑混凝土结构技术规程：JGJ3—2010［S］．北京：中国建筑工业出版社，2010．

［7］中华人民共和国住房和城乡建设部．房屋建筑与装饰工程工程量计算规范：GB 50854—2013［S］．北京：中国计划出版社，2013．

［8］中国建筑科学研究院．混凝土结构工程施工质量验收规范：GB 50204—2015［S］．北京：中国建筑工业出版社，2011．

［9］中国建筑标准设计研究院．建筑物抗震构造详图（多层和高层钢筋混凝土房屋）：11G329－1［S］．北京：中国计划出版社，2011．

［10］中国建筑科学研究院．建筑地基基础设计规范：GB 50007—2011［S］．北京：中国建筑工业出版社，2011．

［11］中国建筑科学研究院．建筑工程抗震设防分类标准：GB 50223—2008［S］．北京：中国建筑工业出版社，2011．

［12］高竞．平法结构钢筋图解读［M］．北京：中国建筑工业出版社，2009．